세상 끝 오지를 가다

세상에서 가장 아름답고 깊숙한 여행

세상 끝 오지를 가다

2010년 6월 15일 초판 1쇄 발행
지은이 · 이정식

펴낸이 · 박시형
책임편집 · 최세현 | 표지 디자인 · 박보희 | 본문 디자인 · 김애숙

경영총괄 · 이준혁
디자인 · 김애숙, 백주영, 서혜정 | 출판기획 · 고아라, 김이령
편집 · 최세현, 권정희, 이선희, 김은경, 이혜선, 이혜진
마케팅 · 권금숙, 김석원, 김명래
경영지원 · 김상현, 이연정
펴낸곳 · (주) 쌤앤파커스 | 출판신고 · 2006년 9월 25일 제313-2006-000210호
주소 · 서울시 마포구 동교동 203-2 신원빌딩 2층
전화 · 02-3140-4600 | 팩스 · 02-3140-4606 | 이메일 · info@smpk.co.kr

ISBN 978-89-92647-99-1 (03980)

세상에서 가장 아름답고 깊숙한 여행

세상 끝 오지를 가다

글 · 사진 이정식
(사진작가 · 오지여행 전문가)

쌤앤파커스

프롤로그 – 사라져가는 인류 최후의 땅을 가다!

세계를 떠돌아다닌 지 벌써 30년이 넘었다. 65개국 이상의 나라를 돌아다니면서 그중 가장 인상적인 10곳을 골라서 한 권의 책으로 엮게 되었다. 아직 가보지 못한 수백, 수천 곳의 오지가 있지만, 그중에서도 이 10곳은 '지금이 아니면 볼 수 없는 인류 최후의 보고(寶庫)'라는 공통점을 가졌다. 다채롭게 펼쳐지는 전통적인 생활방식과 독특한 문화를 지켜나가고 있는 곳들이다. 이미 많은 것이 파괴되었고 젊은이들은 떠나갔지만, 그럼에도 불구하고 자신들의 문화와 자연환경을 올곧게 지켜가고 있는 곳에서 나는 어렴풋하나마 희망과 낙관을 느낄 수 있었다.

10여 년쯤 전이었나? 한 라디오 프로그램의 인터뷰를 한 적이 있었다. 진행자는 호기심 가득한 목소리로 "선생님은 왜 하고 많은 여행지 중에서 하필이면 그렇게 오지로만 다니시나요?"라고 물어왔다. 그때 나는 이렇게 대답했다.
"물론 좋은 여행지는 시간이 갈수록 더욱 좋아지고 편해지지요. 발리 섬만 해도 예전에는 그저 소박한 시골 바닷가에 지나지 않았지만 지금은 세계적인 휴양지로 발전했잖아요? 하지만 오지는 그와 반대로 시간이 갈수록 오염되고 사라져요. 그것도 아주 빠른 속도로…. 저는 그런 오지가 없어지기 전에 가급적 많이 가보고 싶고, 다른 사람들에게도 많이 보여주고 싶습니다."
사실 그렇다. 1970년대부터 오지여행에 매료된 나는 혼자 또는 지인들과 같이 세계의 여러 오지들을 여행했다. 때로는 더위나 풍토병과 싸우고, 때로는 현지인들과의 잘못된 의사소통으로 위험스러운 상황에 처하기도 했다. 그렇게 지독히 고생하고 위험천만하고 아찔한 순간을 겪고 돌아오면 '다시는 가지 말아야지'라고 생각하지만, 그러다가도 얼마간 시간이 흐르면 다시 가고 싶어서 안절부절못하는 나 자신이 이상하게 느껴질 때도 있었다. 그럴 때마다 나는 스스로에게 '왜 그렇게 오지여행을 좋아하느냐?'고 질문해보곤 했다.

오지여행의 매력은, 알려지지 않은 미지의 세계를 탐험하고 그곳에 살고 있는 사람들과 교감하는 것이다. 사람 사는 곳은 어디나 다 비슷해서, 아무리 멀고 깊고 험한 곳에 가도 낯선 여행자를 경계하는 사람들보다는 따스하게 맞아주고 넉넉하게 품어주는 사람들이 훨씬 많다. 피부색이 다르고 말이 전혀 통하지 않아도 뜻밖의 우정을 나누고 세상 어느 곳에서도 느껴본 적 없는 깊은 감동을 느끼곤 했다.

사실 나는 그들이 가진 인간적인 매력, 근원적으로 선하고 때 묻지 않은 사람냄새가 정말 좋다. 사람들은 '오지'라고 하면 문명세계와는 완전히 동떨어진, 가난하고 비참하게 살아가고 있는 지역이라고만 생각하는데, 실제로 오지를 여행해보면 주어진 자연환경에 순응하며 순수하고 순박한 생태지향적 생활상과 전통을 지켜가고 있는 그곳 사람들의 자부심이 더 인상적으로 다가온다. 선진국을 여행할 때와는 너무도 다른, 가슴 뭉클한 즐거움이다.

"인간은 모험의 길을 갈망해왔습니다. 낮은 임금, 혹독한 추위, 오랜 기간의 칠흑 같은 어둠, 끊임없는 위험들, 살아 돌아오리라는 확신도 없습니다. 성공할 때 얻는 것이라곤 명예와 주변의 인정뿐입니다."

20세기 초반 영국의 탐험대를 이끌고 남극탐험에 나섰던 섀클턴 경이 탐험대원을 모집하기 위해 낸 모집광고다. 당시로서는 가장 파격적이면서도 가장 성공적인 모집광고였다. 이 광고를 통해 섀클턴 경은 우수한 탐험대원을 뽑았다.

나도 만약 광고를 낸다면 "형편없는 잠자리, 맛없는 식사, 힘든 일정이지만 모험과 도전을 원하신다면 환영합니다." 이렇게 해야 하는 것 아닐까 생각해본다. 실제로 오지여행이라고 해서 전부 다 불편한 환경에서 죽도록 고생만 하는 것은 아니지만 일반적인 여행보다 힘든 것이 사실이다.
하지만 남들이 가지 않는 곳, 개발이라는 미명 하에 점점 사라져가는 지구 위의 몇 안 남은 지역을 여행하다 보니 힘들다는 생각보단, 가슴이 벅차올 때가 더 많았다. 아쉬운 것은 이제 이런 오지가 너무 빨리 사라지고 있어 앞으로 얼마나 더 다닐 수 있을지 알 수 없다는 것이다. 지금 이 글을 쓰고 있는 순간에도 라디오 하나 없던 시골에 TV가 들어오고 있을지 모르고, 오늘 이야기한 것들이 불과 몇 주 후면 아득한 옛날 일로 변해 있을지도 모른다. 이런 생각을 하면 정말 초조해진다. 다 사라져버리기 전에 더 많은 사람들이 볼 수 있도록 부족한 글과 사진이지만 이렇게라도 남기고픈 것이 솔직한 바람이다.
이 책에서 '우리'라고 표현한 사람들은 나와 동행했던 여행자들이다. 매번 멤버는 바뀌고 인원도 달라졌지만, 함께 고생하며 기쁨과 어려움을 나누어온 사람들이다. 이 자리를 빌려 그 분들께 감사를 전하고 싶다. 그리고 근사한 사진 2장을 책에 수록하도록 흔쾌히 허락해주신 성천문화재단 유인걸 이사장님께도 감사드린다.
각 장의 맨 끝에는 본문에 수록된 여행 일정을 다시 한 번 정리해두었다. 보름 내외인 경우가 보통인데, 그보다 더 짧은 일정이나 긴 일정도 함께 수록했다. 실제로 여행 계획을 세우고자 하는 분들께 도움이 되었으면 좋겠다.
'여행이라는 몸의 독서가 아니라면 우리는 세상의 한 조각도 제대로 읽어내지 못할 것이다'라는 말이 있다. 고작 책 한 권으로 그곳에서 느낀 모든 것을 다 전할 수는 없겠지만, 호기심으로 가득 찬 여행자에게 지금 당장 떠날 수 있는 용기를 조금이라도 보태주었다면 이 책의 역할은 다한 게 아닌가 싶다.

차례

3. 왕들의 땅에서 맛본 깊고 진한 인도의 맛 - 라자스탄

4. 문명의 단맛을 거부한 소수민족을 찾아서 - 베트남 북부

5. 찬란했던 과거를 간직한 실크로드의 오아시스 – 간쑤성

6. 신장을 보기 전에는 중국이 크다고 말하지 말라 – 신장 웨이우얼

7. 세상에서 가장 진기한 장례풍습을 만나다 – 타라토라자

8. 소박한 정이 넘치는 바오밥 나무의 고향 – 마다가스카르

9. 가끔이 길을 잃고 싶은 북아프리카의 진주 – 모로코

10. 세기의 영웅들이 남긴 상처의 기록들 – 아프가니스탄

국명 인도 공화국
라다크의 인구 15만 명(카슈미르 전체의 인구의 20%)
라다크의 면적 9만 8,000㎢(남한 면적과 비슷함)
주도 레(Leh)
주요 언어 라다크어, 티베트어
종교 티베트 불교(96%), 이슬람교(4%), 기타

하늘과
맞닿은
신실한
영혼의 땅
라다크, 레
1

라다크는 한마디로 인도 속의 티베트다. 그래서 종종 '리틀 티베트(little Tibet)'라 불리기도 한다. 라다크는 사람이 거주하고 있는 지역으로는 세계에서 가장 척박한 땅이라고 해도 과언이 아니지만, 티베트 불교가 이곳에 사는 사람들의 정신적 지주가 되어 마음을 풍성하게 채워주고 있다. 그래서 티베트 불교는 이들의 생활 속 모든 곳에 녹아 있다.

라다크 여행의 꿈은 《오래된 미래》라는 책에서 시작되었다. 인도 속에 티베트가 존재한다는 사실이 내게는 무척이나 새롭게 들렸다. 중국 속의 티베트는 이제는 그 옛날의 티베트가 아니었다. 중국의 강제 침략으로 수많은 사찰과 불탑이 파괴되고 많은 사람들이 무력에 희생된 후, '복구'라는 이름으로 다시 지어지고 부활하게 된 '중국 속의 티베트'는 많은 부분이 너무나도 중국스럽게(?) 변하고 말았던 것이다.
라다크 또한 역사적으로 주변의 침략을 많이 받기는 했지만 최근 들어서는 특별히 인도 정부로부터 탄압을 받거나 간섭을 받은 적이 없었다. 오히려 달라이 라마에게 망명 정부를 마련해주는 등 티베트인들에게 우호적이었다. 따라서 날로 늘어가는 관광객들이 흘리고 가는 오염물질만 아니라면, 라다크는 티베트의 옛 모습을 볼 수 있는 유일한 곳인지도 모른다는 생각이 들었다. 역시 라다크는 나의 그런 기대를 저버리지 않았다.

라다크의 영적인 분위기에 젖어들다 보면, 이곳이 바로 '샹그릴라'가 아닐까 하는 생각마저 든다. 그리고 종교란 과연 무엇이기에 인간에게 이토록 크고 대단한 열정을 불러일으키는 것인가 하는 새삼스런 질문도 해보았다. 척박한 지역에서 살아가는 소박한 사람들의 영혼과 숨결을 느끼며, 그들로부터 답을 구하기보다는 나 스스로에게 많은 질문을 던지게 된 여행이었다.

일정상 라다크와 맞닿은 카슈미르 지방을 빼놓을 수 없어서 마지막 여정은 스리나가르로 결정했다. 사람들의 생김새나 종교는 라다크와 너무 다른 곳이었지만 선입견과는 다르게 모두 너무나 친절하고 아름다웠다. 카슈미르는 분쟁지역이라 안전문제가 다소 걱정스러운 부분이었지만 막상 방문해보니 생각했던 것처럼 살벌한 곳은 아니었다.

《오래된 미래》에서 말하는 것처럼 라다크 지역 사람들도 이제는 더 이상 전통적인 과거의 사회상만을 고수하지는 않는다. 서구화된 사고방식이 침투하기 시작한 것이다. 하지만 아직도 우리가 어린 시절에 보고 자랐던 모습과 많이 닮아 있다.

동생을 업고 다니며 돌보는 어린아이들도 보이고, 아무리 작고 사소한 것도 서로 나누는 정겨운 모습도 남아 있다. 서로 상부상조하는 그들의 모습들을 보고 있으니 우리의 과거가 떠오르기도 하고, 한편으로는 삭막한 도시생활에 무뎌진 우리의 일상이 다시 보였다. '오래된 미래'라는 책 제목이 이야기하듯 이런 '오래된' 과거의 모습이야말로 우리가 앞으로 만들어가야 할 '미래' 사회의 모습이 아닐까?

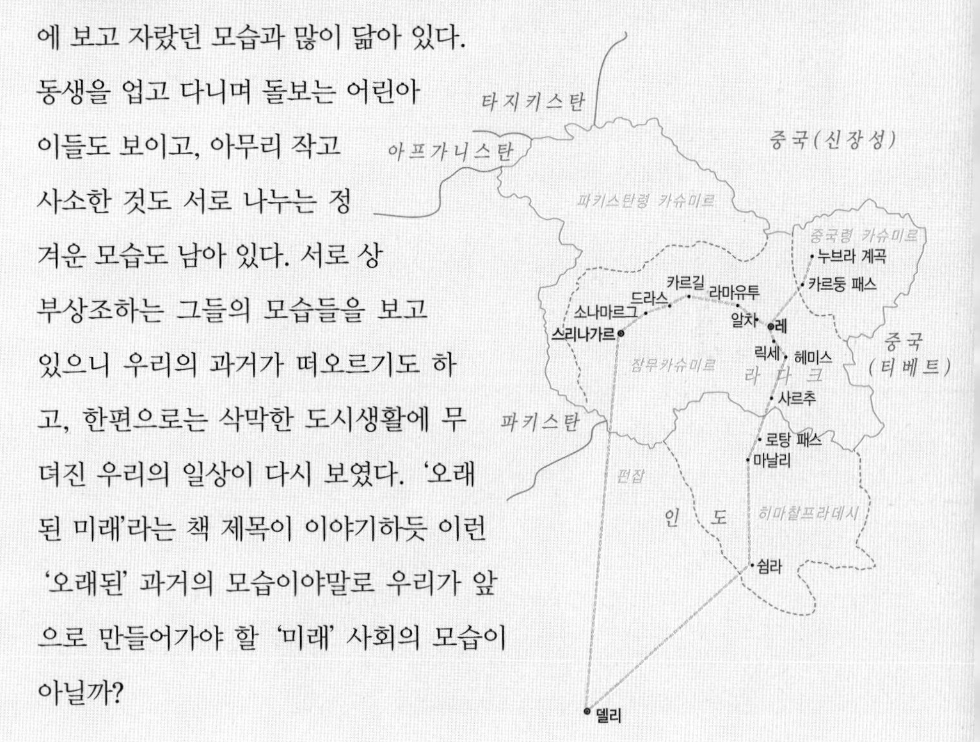

돈푼에 자존심을 팔지 않는 반듯하고 소박한 심성 – 쉼라, 마날리

아침 7시 정각에 칼카(Khalka) 행 특급열차가 덜컹거리며 서서히 델리(Delhi) 북부역을 빠져나가기 시작했다. 이번 여행의 주 목적지인 인도 북부 라다크(Ladakh) 지방의 주도(州都) 레(Leh)로 가는 가장 쉬운 방법은 델리에서 비행기를 타고 가는 것인데, 하늘 길로는 2시간도 채 걸리지 않는 거리지만 육로를 이용하면 꼬박 나흘이 걸린다.

하지만 우리는 육로를 선택했다. 시간이 걸리더라도 가는 길에 있는 도시와 마을들의 생생한 모습을 보고 싶기도 했고, 험준한 고갯길을 직접 넘어보고 싶기도 해서 굳이 어려운 길을 택한 것이다. 험난한 여정이 예상되었지만 어쩐지 이 루트를 통과해야만 진정한 북인도 최북단을 경험할 수 있을 것 같았다. 그런 강렬한 욕구가 치밀 때는 순순히 거기 따르는 것이 답이다. 인생처럼 여행도 끊임없는 선택의 연속이고, 모름지기 나 자신이 주인공이 되어야만 여행도 인생처럼 재미있어지는 것 같다.

어젯밤 늦게 델리에 도착해서 아침 일찍 열차에 오르다 보니 꽤 피곤했다. 하지만 새로운 여행에 대한 기대로 다소 들뜬 기분이었다. 오늘의 목적지는 델리 북쪽에 위치한 고산도시 쉼라(Shimla)인데, 육로로 라다크, 잠무카슈미르(Jammu Kashmir) 쪽으로 가려면 한 번쯤 거쳐 가는 도시 중 하나다.

기차가 델리 도심을 빠져 나가면서 차츰 농촌의 모습이 눈에 들어오기 시작했다. 여름철의 인도는 전체적으로 몬순시즌(7~9월)에 속하기 때문에 비가 많이 오는데, 올해는 웬일인지 비가 오지 않았다고 한다. 가뭄 탓에 농작물 수확은 좀 별로라고 하지만, 그래도 농촌의 풍경은 번잡스러운 델리와는 사뭇 다르게 녹색의 벌판이 끝없이 펼쳐져 있다. 반듯반듯 각이 잡혀 있는 논들은 마치 초록색 타일을 깔아 놓은 넓은 축구장 같았다. 끝이 안 보이는 평야가 눈앞에 펼쳐지니 '인도는 정말 크구나!' 하는 생각이 절로 들었다.

지루한 풍경과 규칙적인 기차의 진동에 어느덧 긴장이 조금씩 풀리면서 피로가 서서히 몰려왔다. 스르르 눈이 감겼다. 열차는 지금까지 인도에서 타본 것 중 가장 쾌적하고 조용했다. 건너편 좌석에 앉아 휴대전화로 수다를 떨고 있는 젊은 인도 여자의 목소리가 아련한 자장가로 들려왔다.

누군가 내 어깨를 흔들기에 눈을 떠보니 젊은 인도 사내가 커다란 생수 한 병을 건네주었다. 비몽사몽간에 '대체 누가 남의 단잠을 깨우면서까지 생수를 파는 거야?' 싶어서 조금 짜증이 났다. 그래서 "안 사요." 하고 말하고 고개를 돌렸는데, 그 사내는 그대로 생수 한 병을 내 옆자리에 툭 던져 놓고는 가버렸다. 나중에 알고 보니 그 남자는 장사꾼이 아니라 이 열차의 승무원이었다. 그때부터 그는 커피와 홍차, 과자, 심지어 점심 도시락까지 모든 승객에게 나누어주기 시작했다. 마치 비행기를 타면 스튜어디스가 차와 음료수, 그리고 기내식을 나누어주는 것과 같았다. 좀 불친절하긴 하지만, 이 열차의 요금에는 이런 서비스가 모두 포함된 모양이었다. 인도에서뿐만 아니라 전 세계 어느 곳의 열차에서도 받아보지 못했던 새로운 경험이었다.

열차는 정시에 출발했지만 종착역인 칼카에는 도착 예정 시간보다 거의 1시간이나 늦게 도착했다. 인도의 기차는 연발과 연착으로 악명이 높아서 1시간 연착은 양호한 편에 속한다. 칼카는 델리가 속해 있는 하리아나 주의 북쪽 마지막 도시이며, 우리의 목적지인 쉼라는 그 인접 주인 히마찰프라데시 주의 주도다.

역에는 미리 예약해두었던 4륜구동 지프들이 가이드와 함께 우리를 기다리고 있었다. 이제부터 이 지프는 3박 4일 동안 쉼라와 마날리를 경유해서 로탕 패스(Rohtang Pass)와 탕랑라 패스(Tanglang-la Pass)를 넘어 우리를 라다크의 레까지 데려다줄 것이다. 지붕에 짐을 싣고 차에 올라타자, 지프는 '부릉부릉' 하며 시동을 걸고 달리기 시작했다. 잠시 후, 우리의 지프는 어느덧 가파른 고개를 오르고 있었다. 주위의 풍경은 열차를 타고 올 때 보았던 드넓은 평원 대신 깊은 계곡과 구름에 덮인 봉우리의 모습들로 바뀌고 있었다.

계곡을 지나고 봉우리를 몇 개 넘자 저 멀리 쉼라의 모습이 보이기 시작했다. 쉼라의 첫인상은 가파른 산 위에 자리 잡은 뉴욕의 맨해튼 같은 느낌이라고나 할까? 그렇다고 진짜 맨해튼같이 초고층 빌딩이 들어선 것은 아니지만 가파른 산비탈에 집과 아파트들이 촘촘히 들어서 있는 모습이 멀리서 보면 그렇게 보였다. 초록색 봉우리와 계곡만 계속 보다가 갑자기 신기루처럼 나타난 이 고산도시의 모습은 마치 만화 '은하철도 999'에 나오는 우주 정거장 같은 분위기가 들었다. 인도의 다른 지역에서는 볼 수 없는 이곳만의 독특한 모습이다.

'히마찰프라데시(Himachal Pradesh)'의 '히마'는 눈(雪)이고, '아찰'은 산(山), 그리고 '프라데시'는 주(州)라는 뜻이다. 다시 말해서 '설산의 주', 즉 '히말라야의 주'라는 의미를 가질 만큼 경치가 아름다운 곳이기도 하다.

쉼라는 이러한 히마찰프라데시 주의 주도로 인구가 600만 명이 넘는 큰 도시다. 이곳이 지금처럼 발전하게 된 것은 19세기 중반 영국이 인도를 식민지배 하면서부터였다. 델리에 거처를 두었던 영국의 귀족과 관리들이 견디기 어려운 델리의 더위를 피할 피서지를 물색하던 중 이곳을 발견하고 본격적으로 개발하기 시작한 것이다. 당시 영국령 인도의 수도였던 콜카타(Kolkata)와 비교적 가까우면서도 해발 2,130m의 고원지대라 여름에도 무척 선선하고 쾌적한 기후이고, 아름다운 경치와 함께 주변에 과실나무들이 풍부해서 피서지로는 더할 나위 없는 완벽한 조건을 지니고 있기 때문이다. 영국인들에 의해 개발되어서 그런지 시내 곳곳에 유럽풍의 건물들이 많다. 지금은 영국인들보다는 인도의 부유층이 많은 별장을 소유하고 있는 아름다운 휴양도시다.

이곳에서부터 우리가 기차에서 내린 칼카까지 흥미로운 관광열차가 운행되는데, 이른바 '토이 트레인(toy train)'이라 불리는 이 작은 열차는 무척 가파른 쉼라의 계곡을 힘겹게 오르내리며 관광객들에게 또 다른 즐거움을 선사한다.

호텔에 여장을 풀고 쉼라의 가장 위쪽에 위치한 자쿠만디르 사원으로 갔다. 하누만 템플(Hanuman Temple)이라고도 불리는 사원인데, '하누만'은 인도어로 원숭이를 뜻하므로 이 사원은 문자 그대로 원숭이를 숭배하는 힌두 사원이다.

침엽수로 빼곡한 가파른 길을 차로 힘겹게 올라간 끝에 사원의 주차장에 내린 우리는 계단을 올라갔다. 사원 자체는 작고 아담해서 볼거리는 별로 없었지만 원숭이들은 정말 많았다. 이곳의 원숭이들은 좀 사나운 편이라 사람을 공격할 수도 있다고 한다. 그 말을 듣고 우리 일행은 다들 안경과 지갑, 시계 등을 호주머니 깊숙이 집어넣어야만 했다.

잠시 후, 갑자기 원숭이 한 마리가 마치 줄을 타고 날아오는 타잔처럼 공중에서 점프를 하며 일행 중 한 사람을 공격했다. 카메라를 노린 공격이었다. 다행히 미수에 그치긴 했지만 공격을 당한 일행은 놀란 가슴을 쓸어내렸다.

이곳에는 관광객을 상대로 원숭이 먹이를 파는 한 노파가 있었는데, 원숭이들은 호시탐탐 그 먹이를 노렸다. 재미있는 것은 원숭이들로부터 먹이를 지키기 위해 두 마리의 개가 노파와 먹이 주변을 맴돌며 끊임없이 원숭이들과 대치하고 있는 광경이었다. 원숭이들이 사방에서 동시에 습격을 하는 경우도 있고, 공중에서 낙하하는 경우도 있으므로 한 순간도 경계를 늦출 수 없는 개들의 눈이 매섭게 반짝이고 있었다. 불현듯 '견원지간(犬猿之間)'이라는 말이 바로 이런 것이구나 하는 생각이 들었다.

그러다가 노파가 개를 부르면 개들은 일순간 눈빛이 부드러워지면서 꼬리까지 흔들며 노파에게 다가가 머리를 조아린다. '개 같은 자식'이라는 말은 욕이라기보다는 차라리 칭찬이 아닐까?

쉼라는 가파른 언덕 위에 세워진 도시이다 보니, 차에서 내려 언덕 위에 있는 도심으로 들어가려면 예상치 못한 산행을 해야 한다. 이런 수고를 덜기 위해 이곳에는 주차장에서 도심으로 단숨에 올라가는 엘리베이터도 설치되어 있다.

쉼라는 인도의 여느 도시들과는 참 많이 다르다. 이곳에는 거리를 배회하는 흰소도 없고, 구걸하는 걸인도 없었다. 인도의 대도시에서 흔히 볼 수 있는 빈민가나 맨발로 걸어 다니는 성자도 없다. 거리는 깨끗하고 시내 중심가는 깔끔하게 정돈된 상점들과 쇼핑을 즐기는 말쑥한 차림의 내국인 관광객들로 붐빈다.

도심의 구(舊) 시가에는 영국 식민지 시절에 조성된 유럽풍 건물들과 교회, 그리고 웅장한 석조 건물인 시(市) 청사가 있었다. 이곳에는 '스캔들 포인트(Scandal Point)'라는 재미있는 이름을 가진 장소가 있는데, 식민지 시절에 정치적인 스캔들이 있었던 자리라고만 알려져 있다. 무슨 스캔들인지는 정확히 알려진 바가 없었는데, 없다면 만들어야 하는 것이 스캔들이 아닌가 하는 생각이 들었다. '스캔들 포인트'에도 왔는데 스캔들 하나쯤은 기념으로 만들어도 좋을 것 같았다. 물론, 진짜 만들었는지는 밝힐 수 없지만.

호텔로 돌아온 우리는 정원에서 바비큐 파티를 했다. '찹슬리'라는 이름의 이 호텔은 과거 쉼라를 다스리던 마하라자(지방 영주 혹은 번왕국의 왕)의 궁전이었다. 그 후 후손들이 이 소규모의 궁전을 호텔로 개조하여 관광객들에게 숙소로 제공하고 있었다. 작은 로비에는 과거 마하라자가 사냥의 전리품으로 남긴 호랑이와 사슴의 박제와 왕족의 가족사진들이 걸려 있었다.

인도에는 이렇게 과거 마하라자가 살던 성이나 궁전을 호텔로 개조한 곳이 많은데, 이런 호텔에 숙박하는 것 자체가 여행의 또 다른 즐거움이다. 우리나라 사람들은 화려한 겉모습과 최신식 내부시설을 짱짱하게 갖춰놓은 현대식 호텔을 선호하는 경향이 있지만, 서양 사람들, 특히 유럽인들은 이렇게 역사가 깊고 고풍스러운 호텔에 머무는 것을 영광으로 생각한다. 이런 마하라자의 성에서 보내는 하룻밤은 인도 여행에서만 느낄 수 있는 또 다른 멋이 아닐까? 쉼라는 산 속에 있어서 그런지, 평지보다 밤이 일찍 찾아왔다.

이튿날, 아직도 하늘에 별이 반짝이는 이른 새벽에 우리는 호텔을 출발했다. 오늘의 목적지인 마날리(Manali)까지는 10시간 이상 가야 하기 때문이다. 마날리는 라다크나 히말라야 방향으로 넘어가기 위한 거점도시다. 쉼라가 발전하면서 도시 자체가 커지고 면적도 넓어졌지만, 산악지대라는 지역 특성상 더 이상 확장할 땅이 없자 마날리가 그 대안으로 떠오르게 된 것이다. 길을 떠나며 돌아보니, 어슴푸레한 새벽에 다시 보는 쉼라의 '산 위의 맨해튼' 같은 풍경은 다시 보아도 정말 신기루 같았다.

쉼라와 마날리는 고도가 비슷해 특별한 기후의 차이는 없으나, 마날리까지 가는 길은 생각보다 길고 덥고 지루했다. 끊임없이 이어지는 특징 없는 계곡과 꼬불꼬불한 길, 좋지 않은 도로사정, 그리고 무엇보다 더위가 우리를 괴롭혔다.

상황이 이렇다 보니 멀미라고는 평생 한 번밖에 안 해본 나도 멀미가 날 지경이었다. 우리가 탄 지프는 불행히도 에어컨이 없었고, 기온은 40℃에 육박했다. 더구나 중간에 점심을 먹을 만한 적당한 식당이 없다고 해서 어제 묵었던 호텔에 도시락을 부탁했는데, 그것조차 편히 앉아서 먹을 만한 장소가 없었다. 도중에 여러 곳을 헤매다 겨우 작은 정자를 하나 발견하고 불편한 자세로 허겁지겁 점심을 먹었다.

그래도 오후가 되자 더위는 한풀 꺾이는 듯했다. 마지막 고개를 오르니 넓은 계곡 전체가 배나무와 사과나무로 뒤덮인 드넓은 과수원이 눈에 들어왔다. 끝없이 이어진 과수원에 사과와 배들이 얼마나 많이 매달려 있는지 가지치기를 한다거나 솎아주는 일은 이곳에서는 애초에 불가능해 보였다. 사과 수확은 아직 이르지만 대신 배 수확이 한창이었다. 배나 사과 모두 우리나라 것보다 크기가 작은 편이고 모양도 일그러진 것, 동그란 것 등 제각각이었다. 역시 솎아주지 못한 것이 원인인 것 같았다.

지구촌 어디를 가나 수확철이 되면 인심이 후해진다. 마을 초입에 인상 좋은 아주머니 한 분이 앉아 있었다. 사진을 찍고 싶다고 했더니 쾌히 응하면서 망태를 지고 나와 여러 가지 포즈를 취해주었다.

이런 깡촌(?)에도 인물이 고운 여인은 언제나 있게 마련인데, 대부분 인물 좋은 여인은 마음씨도 곱다. 이 여인도 귀찮아하지 않고 우리가 원하는 포즈를 모두 취해주면서 웃음을 머금었다. 촬영이 끝난 후 고맙다는 표시로 사례를 좀 하려고 하자 정색을 하면서 완강히 거절했다. 생각다 못해 예쁜 볼펜을 대신 선물로 주니 그것은 기꺼이 받으며 즐거워한다. 이런 인도의 시골에서 우리 돈 1만원 상당이면 무척 큰돈임에 틀림없으련만 돈 몇 푼에 자존심을 팔지 않는 반듯하고 소박한 심성이 아름답다.

마날리에 도착한 것은 늦은 오후. 그나마 새벽에 쉼라를 출발한 것은 정말 옳은 판단이었다. 그렇지 않았다면 이 시간에 이렇게 여유 있게 도착하지 못했을 것이었다. 인도 여행을 할 때는 어딜 가더라도 대부분 새벽에 출발해야 한다. 일단 땅덩이가 넓으니 도시와 도시 사이의 이동거리도 만만치 않고(수백km는 보통이다) 중간에 식사나 숙박을 할 장소가 마땅치 않은 경우도 많기 때문에 가급적이면 서둘러 떠나는 것이 좋다.

마날리는 쉼라의 대안으로 형성되기 시작한 도시이지만, 쉼라와는 사뭇 다른 분위기를 지닌 도시다. 같은 고원도시이면서도 이곳은 쉼라와 달리 비교적 평평한 곳에 형성되어 있다. 고층건물도 별로 없고, 낮은 집을 덮은 지붕들은 대부분 밝은 색의 양철 슬레이트여서 전체적으로 썩 보기 좋은 풍경은 아니었다. 또한 이곳은 라다크나 히말라야와 같은 오지로 들어가기 위해 마지막으로 준비를 하는 거점도시라서 그런지 내국인보다는 외국인 관광객들이 더 많이 눈에 띄었고, 덕분에 상업적인 냄새도 물씬 나는 듯했다.

마날리는 델리에서 북쪽으로 500km 떨어진 해발 1,900m 높이에 위치한 인도 최대의 휴양도시다. 이곳도 쉼라와 마찬가지로 인도의 대부호들이 즐겨 찾는 피서지로 '인도의 스위스'라고 불린다. 그래서 인도 사람들의 신혼여행지로도 인기가 있다고 한다.

마날리가 쉼라보다 나은 점은 로탕 패스에서 빙하 녹은 물이 내려오는 멋진 계곡과 노르웨이의 침엽수림을 연상케 하는 아름드리나무들로 가득한 숲, 그리고 맑은 공기다. '마날리'라는 지명은 '마누의 집'이라는 뜻인데, 힌두 신화에 따르면 대홍수로 모든 것이 물에 잠기고 난 후 마누 신이 배를 타고 지상에 내려와 인류의 역사를 새로이 시작한 곳이 바로 이곳이라고 한다. 우리에게는 힌두인들이 지켜야 할 계율을 집대성한 고대의 '마누법전'으로 알려진 바로 그 마누다. 그래서인지 마날리 주변에는 많은 힌두 사원이 있고 순례자들이 끊이지 않는다.

하늘 길에서 만난 10루피짜리 행복 – 로탕 패스

또다시 새벽 4시에 지프는 캄캄한 어둠을 뚫고 호텔을 나섰다. 로탕 패스를 아침에 넘으려는 여행객들이 생각보다 많지 않은 듯 거리에는 차량의 헤드라이트 불빛이 거의 보이지 않았다. 출발하자마자 가파른 산길을 오르기 시작했다. 30분 정도 지났을까? 어둠 속에 보이는 것은 '이곳이 마지막 휴게소'라는 작은 간판뿐이었고, 그 후로는 칠흑 같은 어둠만이 우리의 친구가 되었다. 가파른 언덕길을 저속기어로 올라가다 보니 자동차 엔진소음이 더 커다랗게 귓전을 울렸다.

지금 생각하면 우리와 동행한 운전기사들이 고맙기 그지없다. 새벽 4시에 출발하자고 해도 아무런 불평 없이 따라주었고, 하루 12시간 이상을 비포장도로와 먼지, 그리고 졸음과 피로에 시달리면서도 우리가 하자는 대로 묵묵히 따라주었다. 오늘은 우리의 일정 중에서 가장 험난하고 힘든 하루가 될 것이었지만, 기사들의 표정은 고맙게도 밝기만 했다.

2시간쯤 오르자 서서히 날이 밝기 시작했다. 지금 오르는 로탕 패스는 마날리에서 라다크로 이어지는, 이른바 '킬롱(Keylong)'이라 불리는 구간의 첫 관문이 되는 고개로 해발 4,112m에 달한다. 아침 햇살이 점차 강해질 때쯤 휴게소를 하나 발견했다. 고개의 정상에 오르기 직전에 위치한 휴게소에서 뜨거운 커피를 한 잔씩 마시자 나른함과 피로가 가시며 기분이 한결 좋아졌다. 높은 곳에 올라와서 그런지 마날리와 달리 이곳은 기온이 많이 내려가 다소 쌀쌀하다는 느낌이 들었다.

고개 정상에 올라 차에서 내려 아래를 내려다보니 그야말로 절경이 펼쳐져 있었다. 저 아래 아득히 먼 곳에 어제 머물렀던 마날리가 마치 페루의 공중도시 마추픽추처럼 자리 잡고 있었고, 우리가 올라온 길이 아득한 먼 옛날의 일인 것처럼 희미하게 보였다. 발아래에는 색깔이 선명한 야생화들이 지천으로 깔려 있었다. 반대편에는 구름 위로 솟아오른 뾰족한 설산들과 계곡들, 그리고 고산에서 방목되고 있는 양들과 말들이 아침 햇살에 한가로이 풀을 뜯고 있는 동화 같은 풍경이 펼쳐졌다. 로탕 패스를 통과하면서 보는 이런 장관들이 험난한 길을 천신만고로 오르는 것에 대한 보상으로 느껴졌다. 산소가 희박한 고산에서 느끼는 현기증과 무력감에도 불구하고 가슴 깊이 스며드는 상쾌함과 말로 표현할 수 없는 절경, 그리고 어렵게 정상까지 올라왔다는 일종의 성취감까지 묘하게 어우러져 마치 환상 속을 걷는 것 같았다.

일행들은 너 나 할 것 없이 셔터를 눌러댔다. 세상이 빠른 속도로 변해가는 요즘 같은 시대에 이토록 아름다운 경치를 감상하기란 쉽지 않다. 그나마 이런 곳이 아직도 이렇게 잘 보존되어 있는 이유는, 접근이 쉽지 않은 오지인 데다 고산지대라는 특성을 지니고 있기 때문이리라.

로탕 패스를 내려가는 길도 그리 만만치는 않다. 바로 고개 아래에 손이 닿을 듯한 마을까지 내려가는 데만 가파르고 구불구불한 길을 따라 꼬박 3시간이 걸렸다. 얼음이 녹아 땅이 질퍽거리며 미끄러웠고, 곳곳이 깊이 패인 데다 너무 가파른 곳이 많아 지프가 제대로 달릴 수가 없기 때문이었다. 극도의 긴장감 속에서 심하게 요동치는 몸을 추스르느라 바빠서 어떻게 내려왔는지 기억도 안 날 만큼 정신이 쏙 빠졌다.

아무튼 어느 순간 우리는 무사히 마을에 내려와 있었다. 얼굴을 들어 우리가 내려온 고개의 정상을 쳐다보니 저곳에서 어떻게 내려왔을까 싶은 생각이 들었다. 가파른 절벽을 따라 간신히 오르내리는 트럭들이 마치 바위에 붙어 떨어지지 않으려고 안간힘을 쓰는 작은 벌레처럼 보였다.

고개를 내려온 후 긴장감이 풀어지자 다들 화장실이 급해졌다. 그런데 화장실은 마을에서 단 한 곳밖에 없었다. 가게도 아니고 가정집이었는데, 그 집 화장실을 쓰려면 사용료 10루피(1루피는 우리 돈으로 약 30원 정도다)를 내야 했다. 하지만 우리로서는 액수가 문제가 아니라 화장실이 있다는 자체가 다행이었다.

문득 한 오지여행가가 쓴 《10루피로 산 행복》이라는 책이 생각났다. 10루피로 할 수 있는 일이야 여러 가지겠지만, 지금 당장은 10루피로 살 수 있는 가장 큰 행복이 화장실에 가는 것이다. 여러 명이니 깎아달라고 농담을 건네자 흔쾌히 수락하며 웃는 아저씨. 영어로 'TOILET'이라는 간판까지 붙여놓았을 정도니 이곳에서 화장실이 얼마나 귀한 것인지 짐작할 수 있었다. 물론 화장실은 재래식이었다.

볼일을 해결한 우리 일행은 여권검사를 받으러 바로 옆 건물로 갔다. 여권검사를 하는 경찰은 "이곳의 생활이 지루하고 답답하다."고 했다. 작은 오지마을에서 즐길 거리라고는 아무것도 없는 데다 더욱이 9월이 되면 이듬해 5월까지

장장 8개월이나 눈에 갇혀서 지내야 하기 때문이다.

9월 하순, 즉 눈이 내리기 시작하면 육로는 모두 차단된다. 가능한 교통수단은 오직 헬기뿐. 관광객이 통과하지 못하는 것은 물론이다. 이렇게 통행 가능한 기간이 짧다 보니 도로의 보수라는 것도 사실상 불가능에 가깝다고 한다. 내리막길이 그토록 험했던 이유가 조금은 이해가 된다.

여권검사를 마치고 우리는 다시 차에 올라탔다. 그리고 황량한 길이 다시 이어졌다. 시야에 들어오는 것은 아슬아슬한 바위산들과 탁한 강물, 가파른 계곡과 그곳에서 내려오는 맑은 얼음물, 가끔씩 나타나는 실낱처럼 가느다란 물줄기의 폭포와 눈이 시린 코발트빛 하늘에 피어오르는 뭉게구름뿐이었다. 물론 커다란 트럭들과 그 트럭들이 쉴 새 없이 뿜어대는 검은 매연과 먼지들도 있었다. 마날리와 쉼라에서 질리도록 보아왔던 푸른 숲과 과실수들이 펼쳐진 목가적인 풍

경은 다시 볼 수 없는 과거의 일이 되어버렸다. 이따금씩 나타나는 가로수들이 먼지를 잔뜩 뒤집어쓰고서 척박한 희망을 던져줄 뿐.

히마찰프라데시, 그리고 앞으로 우리가 가려고 하는 라다크와 잠무카슈미르 지역은 파키스탄, 중국과 국경을 접하고 있는 곳으로, 국경 안보 문제로 민감해서 곳곳에 검문소가 있고, 모든 여행자의 신분을 확인하고 보고한다. 우리도 여행하는 내내 곳곳에서 수차례 여권검사를 받았다.

현재 인도와 파키스탄 사이는 비교적 평화로운 상태지만, 서로 간의 감정은 지극히 악화되어 있다. 영국으로부터 독립한 후 종교문제로 두 나라가 각각 분리되었고 이후 카슈미르 지역 영토 문제로 세 차례에 걸쳐 전쟁을 치렀으니 두 나라 국민들의 감정이 좋을 리가 없다.

그래서 이 두 나라 사람들이 상대방 국가를 여행하는 것은 거의 불가능에 가깝다. 물론 비자도 발급해주지 않는다. 실제로 인도를 여행하다 보면 때때로 "파

키스탄에 대해서 어떻게 생각하느냐?"라는 질문을 받고, 파키스탄을 여행하다 보면 "인도에 대해서 어떻게 생각하느냐?"라는 반대의 질문을 받게 되는데, 그런 주제를 가지고 현지인들과 얘기를 나눠보면 우리가 일본에 대해 가지고 있는 감정 이상으로 서로에 대해 나쁜 감정을 가지고 있다는 것을 알 수 있다.

그러나 파키스탄을 여행해본 경험이 있는 사람이라면, 파키스탄 사람들이 대체적으로 무척 순박하고 친절하다는 데 동의할 것이다. 관광객들에게 덜 오염이 되어서인지 몰라도 오히려 대체적으로 인도 사람들보다 훨씬 착한 것 같다.

세상 어느 곳이든 사람들의 심성은 대체로 선하고 친절하다. 다만 살아오면서 정치적으로 세뇌당하거나 사는 게 너무 힘들어서 가끔 심성이 나쁜 쪽으로 변하는 것뿐이다. 여행하는 내내 자주 받곤 했던 여권검사는 친절하고 신속하게 이루어졌고, 경찰이 우리에게 돈을 달라고 손을 벌리는 일도 없었다.

점심을 먹으려고 마을 공터 옆 수풀에 자리를 잡았다. 식사를 못할 때를 대비해서 준비해온 비상식량을 꺼내 먹게 된 것은 이번 여행에서 처음이었다. 비닐 봉투를 뜯고 물을 부은 다음, 몇 번 흔들어주면 자동으로 발열이 되어 뜨거운 밥과 스프가 만들어지는 인스턴트식품이다. 등산용으로 특히 인기가 좋은데, 과연 비상식량으로 충분한 가치가 있었다.

오지여행을 준비하다 보면 늘 비상상황에 대한 대비를 해야 한다. 식사를 제때 못할 경우를 대비해서 비상식량을 준비하는 것은 물론이고 때로는 침낭, 비상약, 고산증에 대비하는 약도 준비해야 한다. 하지만 무엇보다 중요한 준비는 마음가짐인 것 같다. 도전정신이나 모험심 같은 것 역시 출발하기 전부터 반드시 챙겨야 한다.

편안한 잠자리와 좋은 음식이 중요하고, 강행군하지 않는 여유로운 일정을 원하는 사람들은 그에 맞는 여행을 선택해야 한다. 나와 같이 여행을 다니는 사람들은 편안하고 잘 알려진 관광지보다는 다소 힘든 일정과 때로 열악한 식사와 잠자리도 마다하지 않고 문명의 때가 덜 묻은 곳, 조만간 지구상에서 사라져 다시는 볼 수 없는 곳, 일반적으로 쉽게 갈 수 없는 곳을 더 좋아하며 이런 것에 대한 열정과 모험심을 가진 사람들이다. 이런 사람들은 힘든 일정 중에도 서로 격려하고 현지인의 문화와 삶을 존중해주며 이를 통해 무언가를 배우려고 노력한다. 또한 다시 지구 위에 남은 마지막 비경을 찾아 새로운 도전을 계획하는 사람들이다.

점심식사를 마치고 다시 출발했다. 고개를 하나 넘자 또다시 끝없는 내리막이 이어졌다. 요동치는 지프 안에서는 어지간한 사람도 견디기가 힘들다. 일행 중 멀미를 하는 사람이 나타나기 시작했다. 전형적인 고산증 초기증세다. 해발 3,000m 이상의 고도에 오르면 체질이나 피로도, 당시의 건강상태에 따라 고산증이 나타난다.

고산증은 대개 산소결핍이 그 원인인데, 때로는 낮은 기압으로 인해 생체리듬의 균형이 깨어지면서 발생한다. 두통, 현기증, 복통, 근육통, 무력증, 몸살 등 여러 가지의 증상이 있지만 대개는 가벼운 증상이라서 잠시 쉬고 나면 조금씩 회복되고 시간이 지나면 적응이 되는 것이 보통이다. 하지만 때로는 심각한 상태로 이어지기도 한다.

고산지대 경험이 많은 나로서는 비상상황에 대처하는 요령을 어느 정도 알고 있지만, 환자가 그저 고통만을 호소할 경우 정확한 진단과 조치가 쉽지 않다. 환자의 상태를 정확히 진단하고 조치하는 것이 가장 중요한데, 그러려면 괴롭더라도 구체적으로 어디가 어떻게 안 좋은지를 전문가에게 얘기해주어야 한다. 그러면 의외로 쉽게 고산증을 극복할 수도 있다.

삭막한 고원마을과 계속되는 강행군 – 사르추, 탕랑라 패스

해는 벌써 서쪽을 향해 넘어가고 있었다. 이번 여정 중에서 가장 힘든 밤을 보내야 하는 우리로서는 되도록 빨리 목적지 사르추(Sarchu)에 도착해야만 했다. 사르추는 마날리에서 라다크로 가기 위해 중간에 하룻밤 묵어가야 하는 마을 중 하나인데 잠을 잘 만한 숙소가 없다. 그래서 여름 성수기가 되면 숙박업자들이 약 3개월 동안 사르추 부근의 평지에다 텐트촌을 마련해 놓고 관광객들에게 숙소를 제공한다.

우리가 텐트촌에 도착했을 무렵 해가 지기 시작했다. 무려 14시간을 달려온 것인데, 역시 오늘도 일찍 출발한 보람이 있었다. 이곳의 고도는 해발 4,500m 정도. 예전에 히말라야 트래킹을 할 때 갔었던 안나푸르나(Annapurna) 베이스캠프의 고도보다도 약간 더 높은 고도로, 고지대 경험이 많은 나조차도 숨이 차서 제대로 걷기 힘들 정도였다. 숨쉬기도 어려웠지만 기온까지 뚝 떨어져 무척 추웠다.

다행히 텐트는 생각보다 시설이 좋았다. 커다란 텐트 안에는 침대가 2개씩 있었고, 수세식 좌변기가 놓인 화장실까지 갖추어져 있었다. 그리고 방마다 두꺼운 매트리스와 담요들이 비치되어 있었다.

주방에서는 관광객들을 위해 음식을 준비하느라 여념이 없었다. 주방도 천막으로 되어 있고 커다란 프로판가스가 연결된 가스레인지를 이용해 바쁘게 음식들을 삶아내고 볶아댔다. 하지만 고산지대는 물이 100℃보다 훨씬 낮은 온도에서 끓기 때문에 음식을 하는 데 시간이 더 많이 걸린다. 빨리 익지 않으니까 말이다.

고산증의 특징 중 하나는 입맛이 없어지는 것인데, 그래서 우리는 이곳에서 만드는 음식은 조금만 시키고, 라면을 끓여 먹기로 했다. 여러 명이 먹을 라면을 한 번에 끓이려니 보통 어려운 게 아니었다. 다 익기도 전에 면이 퍼지기 시작한다.

이 텐트촌에는 우리만이 있는 것이 아니라 독일, 영국 등 유럽에서 온 단체 관광객들이 있었고 이들을 위한 음식을 준비하는 중이었기 때문에 불을 우리 마음대로 쓸 수가 없어서 애를 먹었다. 아무튼 천신만고 끝에 끓여낸 라면은 퉁퉁 불어버려 내놓기가 부끄러울 정도였지만 그 어떤 진수성찬보다 맛있었다.

이래저래 신경을 쓰느라 잠이 오지 않아 뒤척이고 있는데, 갑자기 요란한 자동차 소리와 사람들의 웅성거리는 소리로 밖이 소란스러워졌다. 시계를 보니 새벽 1시였다. '곧 조용해지겠지.' 하고 생각했던 바깥의 소음은 시간이 갈수록 점점 더 심해졌다. 경적소리, 엔진소음, 그리고 사람들의 아우성이 더 커졌다. 나는 화가 나서 밖으로 뛰쳐나갔다. 밖에는 8대의 지프가 막 텐트에 도착한 듯 짐을 내리며 소리를 질러대고 있었다. 나는 책임자를 찾았다. 그러자 한 인도인 남자가 내 앞에 나서며 자기가 책임자라고 했다.

나는 조금 화가 나서 이렇게 물었다.

"도대체 지금이 몇 시인 줄 아세요? 새벽 1시예요. 우리는 새벽 6시에 이곳을 출발해야 하기 때문에 지금은 곤히 잠을 자야 하는데, 당신들 때문에 잠을 못 자겠습니다. 늦게 도착했으면 자는 사람들을 위해서 좀 조용히 해야지, 이렇게 시끄럽게 소란을 피우면 어떻게 합니까?"

그러자 그 사내는 이렇게 대답했다.

"미안합니다. 저는 현지 가이드입니다. 지금 도착한 이탈리아 단체 관광객들은 원래 저녁 7시경에 여기 도착할 예정이었습니다. 그런데 사르추 직전의 바랄라차 패스(Baralacha pass, 해발 4,892m) 내리막에서 탱크로리 한 대가 전복되어 길을 가로막는 바람에 지금껏 도로에 갇혀서 추위와 배고픔에 떨다가 조금 전에 탱크로리를 한쪽으로 치우고 이제야 도착하게 되었습니다. 우리도 원래는 아침에 라다크로 출발해야 하는데, 이런 상태로는 출발하기 어려울 것 같습니다. 부디 양해해주십시오."

그 말을 들으니 갑자기 측은한 생각이 들었다. 여기도 추운데, 해발 5,000m 가까운 높은 고개 위에서 얼마나 춥고 배고프고, 무엇보다도 무서웠을까 하는 생각이 들었다. 나는 환자는 없는지 물어보고는 텐트로 돌아왔다.

우리가 이곳에 도착한 것이 6시 반경이었으니까, 그들은 우리보다 겨우 30분 정도 뒤에 오던 관광객들이었던 것이다. 조금만 늦었더라면 우리도 같은 상황에 처할 뻔했다. 남의 불행에서 나의 행복을 확인한다는 말이 있듯이 갑자기 안도감이 온몸으로 퍼졌다. 얼마나 다행스러운 일인가? 단잠을 방해한 침입자에 대한 짜증이 안도감과 행복감으로 바뀌는 데 단 몇 초도 걸리지 않는 나 자신의 간사함에 스스로 놀랐다. 문득 올려다본 밤하늘엔 쏟아질 듯 무수한 별들이 반짝이고 있었다. 대자연의 장엄함 앞에 간사한 한 인간이 한없이 초라해보였다.

다음날 새벽 6시, 오늘도 해가 뜨기 전에 캠프를 출발했다. 가이드는 8시쯤에 출발해도 될 거라고 말했지만 나는 6시 출발을 고집했다. 아침은 컵라면으로 간단히 때웠다. 어차피 다들 입맛도 없었다. 다시 출발한 일행은 얼마간 고원지대를 달리다가 사막 같은 평원을 달리기 시작했다. 이런 고원에 사막이 있다는 게 신기했다.

사막과는 별도로 군부대 막사가 보이기 시작했다. 이제 히마찰프라데시 주를 지나서 라다크 지방으로 넘어온 것이다. 라다크는 중국과 국경이 접해 있어서인지 군부대 막사가 여러 개 보였다. 오늘의 목적지는 라다크의 중심도시인 레에 도착하는 것이며, 이번 여행의 주 목적지이기도 하다.

레로 가기 위해서 마지막으로 넘어야 할 고개가 있는데, 그 고개의 이름은 탕랑라 패스로 해발 5,690m에 달하는 세계에서 두 번째로 높은 고개다. 그나마 이 고개를 통과할 수 있는 시기도 6월에서 9월까지 4개월뿐이다.

탕랑라 패스는 로탕 패스보다 높기도 더 높지만 위험하기도 만만치가 않다. 계곡 아래 곳곳에 추락해 부서진 채 방치되어 있는 트럭이나 버스들이 이따금씩 눈에 띄어서 간담을 서늘하게 했다. 그러나 도로에 대한 공포는 금세 잊혀지고 말았다. 도로를 따라 이어지는 절경과 비경들이 이내 눈길을 사로잡기 때문이다.

몸과 땅을 하나로 만들어 자신을 한없이 낮추는 곳 – 레

저녁 무렵, 결국 라다크의 주도(主都) 레에 무사히 도착할 수 있었다. 그야말로 천신만고라고밖에는 달리 표현할 길이 없는 고난의 행군이었다.

레의 중심가에 자리한 작은 호텔인, 시티팔레스 호텔은 시설이 그리 좋은 편은 아니었으나 딱히 불편할 정도는 아니어서 그런대로 지낼 만한 곳이었다. 체크인을 하고 다른 일정 없이 휴식을 취하기로 했다. 이렇게 고도가 높고 건조한 지방을 여행할 때는 자칫 무리하다가 건강을 해칠 수 있기 때문에 가능한 한 충분히 쉬어주는 것이 중요하다.

이것은 경험을 통해서 얻은 지혜이기도 하다. 처음에 아무것도 모를 때는 시간이 아까워서 하나라도 더 봐야겠다고 욕심을 부리다가 고산증 때문에 오히려 더 큰 고생을 한 적도 있었다. 2~3일 정도 높은 고개를 넘어 오면서 어느 정도 적응이 되기는 했지만 안심하기에는 아직 이르다. 하지만 아무리 신신당부를 해도 일행 중 몇 사람은 '충분히 적응되었으니 걱정 말라'면서 시장을 구경한다며 밖으로 나갔다.

레의 고도는 3,505m로 티베트의 라싸(Lasa)보다 약간 높은 지역이다. 라다크 지역은 행정구역상 인도에 속하지만 생활방식은 티베트와 같은 문화권이고 주로 공동체 생활을 해서 '리틀 티베트'로도 불린다. 라다크 주는 대한민국과 비슷한 면적을 가졌지만 인구는 15만 명밖에 되지 않는다. 게다가 라다크의 중심도시인 레의 인구가 약 5만 명이라서 레를 벗어나면 다른 지역에서는 사람 구경을 하기가 쉽지 않다.

레는 과거에 인도와 중앙아시아를 잇는 실크로드 위에 위치하고 있는데, 아시아에서 출발하는 상인들의 종착지로 교역의 중심지 역할을 톡톡히 하던 곳이었다. 한동안 역사 속에서 잊혀져 있었던 라다크는 1992년에 스웨덴 출신의 언어학자이자 세계적인 여성·생태 운동가 헬레나 노르베리 호지의 책 《오래된 미래》가 발간되면서 세계에 알려졌다.

이 용감한 여성 학자는 라다크가 외부세계에 개방된 1975년부터 16년간 이곳에 들어와 살면서 서구문명의 침투로 라다크 전통사회가 무너지는 과정을 깊이 있고 진지하게 고찰해 세상에 알렸다.

우리처럼 델리에서 라다크로 가든, 스리나가르(Srinagar)를 통해서 가든, 라다크로 들어가는 길은 1년 중 여름 석 달(6~8월)가량만 열린다. 게다가 길은 또 얼마나 험한가? 하늘 길이라 불러도 손색이 없을 만큼 높은 지대에 있는 데다, 울퉁불퉁한 비포장도로를 통과해야만 갈 수 있는 곳이다. 덕분에 여름에는 세계 각국에서 온 관광객들로 붐비지만 9개월간의 긴 겨울은 영하 40℃까지 내려가기 때문에 관광객들도 없고 적막하기 이를 데 없다. 또한 정치적으로도 민감한 곳이어서 외국인 출입금지라도 되면, 가고 싶어도 갈 수 없는 곳이기도 하다. 갈 수 있는 기간도 짧고 가는 길도 험한 곳. 그곳이 바로 인도의 라다크-카슈미르 지역이다.

라다크의 여름 날씨는 사막 기후와 같다. 한낮에는 햇살이 따갑지만 건조해서 그늘에 들어가면 시원한 편이고, 밤이 되면 기온이 떨어져서 굉장히 춥다. 기후 탓인지 라다크에 펼쳐진 풍광은 어디를 가든 황량하다. 메마른 땅과 돌산, 멀리 보이는 설산, 코발트빛 물감을 풀어놓은 듯한 푸른 하늘, 그리고 드문드문 떨어져 있는 계곡 사이의 작은 밭들, 사람이 살기에는 무척 척박한 땅이다.

밤 12시 반. 노크 소리에 놀라 자리에서 일어났다. 다급한 목소리가 들렸다. 문을 열어보니 함께 온 일행 K씨였다. 룸메이트인 L씨가 다 죽어간다는 것이다. 잠자리에 든 건 10시경이었는데 그때부터 아랫배에 통증이 있다고 하더니 점점 심해져서 지금은 사경을 헤매고 있다고 했다. 자리를 박차고 달려가 보니 정말 말이 아니었다. 너무 고통스러워 심하게 일그러진 얼굴에 핏기 없는 입술, 상황이 심각했다. 호텔 직원들을 깨워서 그녀를 차에 태우고 병원으로 달렸다.

우리가 간 곳은 레에 있는 유일한 병원이었다. 병원은 작고 어두웠는데, 그다지 청결해 보이지는 않았다. 이런 밤중에도 현지인 몇 명이 줄을 서서 차례를 기다리고 있었지만, 다행히도 응급상황의 외국인은 최우선으로 진료를 받을 수 있었다. 하지만 문제는 한밤중이라 당직의사가 한 사람밖에 없다는 것이었다. 영어가 유창한, 40대 중반으로 보이는 의사는 L씨를 진찰대에 눕힌 다음 청진기를 대고 한참을 살펴보았다. 내가 “좀 심각한 고산증 증세인 것 같습니다.”라고 말하자 그는 마치 돌 조각을 잘못 씹어서 이빨이 부서진 듯한 표정으로 이렇게 말했다.

"고산증이 아닌 것 같은데…."

"네? 고산증이 아니면 뭐죠?"

"고산증이 아니고 아무래도 맹장이 터진 것 같아요."

나는 깜짝 놀라서 되물었다.

"그럼 어떻게 해야 되는데요?"

"일단 입원해서 모르핀으로 고통을 줄인 다음 내일 다시 치료를 해야겠어요."

확실한 진단을 위해서는 검사를 해봐야 하는데, 지금은 당직의사 한 사람밖에 없는 데다가 초음파 장비를 담당하는 의사는 아침 10시나 되어야 온다는 것이다. 이건 보통 문제가 아니었다. 가볍게 고산증이라고 판단한 내 자신이 너무 경솔했다는 생각이 들었다. "빨리 치료하지 않으면 복막염이 생길 수 있습니다." 하고 의사는 경고했다. 그러면서 "이 병원에는 수술 장비가 없으니 델리로 가야 해요."라는 것이다. 눈앞이 캄캄했다.

일단 진통제를 주사하고는 입원실에 눕혔다. 하지만 고통은 조금도 나아지지 않는 듯 환자는 계속 아픔을 호소했다. 의사는 고개를 갸우뚱하며 "모르핀을 놓아도 저렇게 계속 고통스러워하는 걸 보면 아무래도 맹장이 터진 것 같으니 빨리 조치를 하는 것이 좋겠습니다." 하고 내게 다시 '경고'했다.

나는 환자를 아침에 델리로 보내기로 결정했다. 그것도 아침 첫 비행기로. 그리고 델리에는 비행기가 공항에 도착하는 대로 환자를 큰 병원 응급실로 데려가도록 조치해야만 한다. '만약 델리에서도 병원 상황이 여의치 않으면 무슨 수를 써서라도 곧바로 한국으로 돌아갈 수 있게 해야 하는데….' 하는 생각과 함께 갑자기 십수년 전부터 여행하면서 겪었던 많은 어려운 일들이 주마등처럼 머릿속을 빠르게 스쳐 지나갔다. 주로 오지를 다니다 보니 생각지도 못한 갑작스런 상황에 처해지는 경우도 많았고, 그때마다 나 자신보다는 일행들의 안전과 건강을 최우선으로 생각하고 신경 써왔다. 하지만 목숨이 위태로울 정도로 위급한 상황을 겪는 것은 이번이 처음이었다.

다음날 아침, 병원 복도의 긴 의자에서 밤을 꼬박 새우고 일어서려는데 간호사가 나를 불러 병실로 안내했다. 뜻밖에도 L씨의 표정이 편안해보였다. 불과 몇 시간 전의 일그러진 표정은 온데간데없고 밝은 표정으로 "걱정을 끼쳐서 미안합니다. 이젠 아무렇지도 않아요."라고 하는 것이 아닌가.

의아해 하는 내게 의사는 "고산증이었나 보네요."라고 아무렇지도 않게 말하고는 휙 사라졌다. 나는 온몸의 기운이 쫙 빠져나가는 듯 다리가 풀렸다. 환자가 위급하다고, 델리로 보내야 한다고 잔뜩 겁을 줄 때는 언제고, 이제 와서 고작 한다는 소리가 "고산증이었나 보네요."라니…. 하지만 그래도 얼마나 다행인가. 안도감이 파도처럼 밀려왔다.

더욱 놀라운 것은 병원비였다. 진료비와 치료비, 입원비를 다 합쳐서 지불한 비용은 20루피. 우리 돈 600원 정도의 적은 금액이었다. 잠깐이지만, 나는 이곳이야말로 우리나라보다 더 앞선 선진국이 아닐까 하는 생각을 했다. 자국민도 아닌 외국인에게, 게다가 이런 오지에서 이토록 고맙고 저렴한 의료서비스를 받게 될 줄은 상상도 못했기 때문이었다.

호텔로 돌아오자 붉은 법복을 걸친 젊은 스님 한 분이 로비에서 우리를 기다리고 있었다. 라다크 지역을 안내해줄 현지안내원으로 이름은 콘촉 쩨링(Konchok Tsering)이라고 했다. 라다크에서는 주요 관광테마가 티베트 사찰이나 옛 궁전의 유적이다 보니 이렇게 승려들이 관광안내원 일을 하는 경우가 종종

있다고 한다. 콘촉은 약 50명 정도가 정식으로 가이드 라이센스를 가지고 자기처럼 안내를 한다고 말하며 씨익 웃었다. 안내를 해서 번 돈은 자신들이 기거하는 수도원이나 사찰에 기부한다고 한다.

콘촉과 함께 아침 일찍 찾은 곳은 '틱세'라는 이름을 가진 수도원이었다. 티베트인들은 수도원이나 사찰을 '곤파(Gonpa)'라고 부른다. 곤파는 '격리', 또는 '홀로'라는 의미를 지니는 티베트어다. 안내책자에는 '곰파(Gompa)'라고, 받침을 엠(m)으로 표시해놓은 경우가 많은데, 티베트어에는 'ㅁ', 즉 'm'에 해당하는 받침은 존재하지 않는다고 한다. 따라서 'm'으로 표시된 것은 모두 잘못된 것이라고 콘촉은 침을 튀기면서 주장했다. 나는 영어로는 'Gonpa'로, 한글로는 그냥 '곰파'로 표시하기로 했다. 곰파가 더 발음하기 쉽기 때문이다.

틱세 곰파는 달라이 라마를 수장으로 하는 겔룩파 수도원의 하나로 15세기 후반에 건립되었다. 현재는 120여 명의 라마승들이 수행을 하고 있는 유서 깊은 곳으로 라다크에서는 드물게 아침 예불을 일반인에게 공개하고 있는 곳이다.

일행은 조용히 신발을 벗고 본당 안으로 들어가 구석진 곳에 자리를 잡고는 라마승들의 예불과정을 바라보며 불경소리를 경청했다. 라마승들은 가운데를 중심으로 열을 지어 마주 앉아서 같은 음률로 경을 읽고 있었다. 방은 어둡고 특유의 야크 버터 등불 냄새가 코끝을 자극했다. 나지막하게 들리는 라마승들의 경낭송 소리와 가끔씩 운율을 맞추듯 가만히 두드리는 작은 북소리는 마치 땅속 깊은 곳에서부터 올라오는 듯한, 속세에서는 결코 들을 수 없는 영원의 소리처럼 아련했다.

오체투지(五體投地) 하는 여인이 눈에 띄었다. 오체투지란 몸의 다섯 부분, 즉 이마, 왼쪽 팔꿈치, 오른쪽 팔꿈치, 왼쪽 무릎, 오른쪽 무릎을 땅에 닿게 하여 자신의 마음에 존재하는 모든 교만함을 떨쳐버리고 몸과 땅을 하나로 만들어 한없이 자신을 낮추어 인사하는 최상의 예법을 말하는데, 티베트 문화권에서는 자주 볼 수 있다.

순서는 먼저 무릎을 꿇고 나서 오른손부터 왼손 순으로 땅에 닿게 하고, 마지막으로 이마를 땅에 댄다. 실제로 해보면 생각보다 어렵고 힘이 제법 많이 든다. 하지만 이렇게 오체투지를 계속하면서 짧게는 며칠, 길게는 몇 개월 동안이나 사찰이나 수도원을 순례하는 이들을 보면 대부분의 종교가 그렇듯 티베트 불교 역시 티베트인들의 몸과 마음과 생각에 너무도 깊이 박혀 있다는 것을 실감할 수 있다. 과연 종교란 무엇일까? 대체 무엇이기에 이들에게 그토록 멀고 험한 길을 오체투지 하게 만드는 것일까?

틱세 곰파를 보고 헤미스 곰파로 향했다. 헤미스 곰파는 라다크에 있는 다른 모든 수도원을 합친 것보다 더 많은 재물과 유물을 보유한 곳으로 라다크에서는 규모가 가장 큰 곰파다. 한 마디로 수도원 중에 가장 부자라는 소리다. 이 수도원은 매년 여름에 벌어지는 축제로 유명한데, 대부분의 티베트 사원에서 볼 수 있는 가면극이 축제기간 중에 펼쳐진다. 축제 때가 되면 전 세계에서 엄청나게 많은 관광객이 몰려드는데, 수도원 주차장에도 임시숙소로 사용하는 막사가 설치될 정도다. 대개 티베트력으로 축제일이 정해지며, 매년 6월 하순에서 7월 중순 중에 거행되는 것이 보통이다.

우리가 갔을 때는 8월이어서 이미 한 달 전에 축제가 끝난 뒤였다. 사찰이 너무도 조용하고 한가로워서 과연 이곳에 스님들이 있기나 한 것일까 하는 의구심이 들 정도였다. 천진난만해 보이는 동자승 하나가 본당을 지키고, 젊은 승려 하나가 사찰의 입장권을 팔고 있었다. 축제 때 가면춤을 추던 그 많은 승려들은 다 어디로 갔을까?

적막한 헤미스 곰파를 나와 중세 티베트 건축물 중 걸작품으로 통한다는 라다크 왕조의 왕궁으로 갔다. 왕궁 역시 가파른 언덕 위에 자리 잡고 있었는데, 포탈라궁의 축소판이라 하여 '소 포탈라궁'으로도 불린다. 그러나 사실은 반세기 뒤에 지어진 포탈라궁이 이곳 레의 왕궁을 모델로 지어졌다고 한다.

왕궁 내부에 전시되어 있는 유물들을 보다 보면 이것이 왕궁의 유물이 맞나 싶을 만큼 초라하다. 인구가 적고 물자가 귀한 척박한 땅이어서 그렇겠지만 왕궁이라는 선입관을 가지고 보면 다소 실망할 수도 있다. 왕궁과 사원 앞에는 무굴제국 말기에 세워진 회교 사원이 첨탑을 뽐내고 있어 묘한 대조를 이루고 있었다. 이곳에서도 종교 간의 다툼은 피할 수 없었던 것인가 보다.

어떤 종교가 되었든 종교는 나름대로 교리와 정체성을 가지고 있다. 자신이 믿는 종교가 다른 종교보다 더 숭고하고 더 가치 있다고 믿겠지만, 자신의 종교만큼 다른 사람의 종교도 존중해야 한다. 모든 종교가 그 자체에 배타적인 요소를 내포하고 있지만 서로 존중하며 공생하지 못하고 우월주의나 배타주의가 도를

넘는 순간 결국 극단적인 종교 간의 충돌로 이어진다. 일단 충돌이 시작되면 종교는 인간의 정체성을 나타내는 마지막 카드이기 때문에 서로에게 양보란 있을 수 없다.

여행을 하면서 종교적인 이유로 다른 종교의 유적들을 파괴하는 것을 보면 안타깝기 그지없다. 종교의 본질이 사랑이고 용서와 관용이라는 점을 생각해보면, 인간의 편협한 마음이 종교의 이상을 쫓아가기에는 아직 많이 부족하다는 생각이 든다.

세상에서 가장 높은 고개를 넘다 – 카르둥 패스, 누브라 계곡

금방이라도 비가 쏟아질 듯 잔뜩 찌푸린 아침이었다. 어제까지만 해도 일행 중 몇 명이 고산증을 호소했지만 오늘은 다행히 모두 밝은 표정이다.

운전수들은 바퀴와 냉각수, 그리고 브레이크를 꼼꼼히 점검하고는 일행의 가방과 비상식량들을 지붕 위의 루프랙(자동차의 지붕 위에 짐을 올려놓고 다닐 수 있도록 설치한 받침대)에 실었다. 날씨가 염려되어서인지 방수천을 덮고 로프로 단단히 고정하는 것을 잊지 않았다.

누브라(Nubra) 지역은 레에서 120km 정도 떨어져 있지만, 길이 몹시 험해서 쉬지 않고 내내 달린다 해도 6시간은 족히 걸리는 데다 세계에서 가장 높은 자동차 고개인 '카르둥 패스(Khardung pass)'를 넘어야 하기 때문에 완벽하게 준비해야 한다. 참고로 자동차로 넘을 수 있는, 세계에서 가장 높은 3개의 고개는 모두 라다크에 있다.

가파른 고개를 30분 정도를 올라갔을까? 이미 레는 아득히 먼 곳에, 발치 아래에 놓여 있었다. 맞은편에는 눈 덮인 라다크 산맥이 가로로 놓여 있어 도시는 한층 왜소해 보였다. 올라왔던 길이 무협지에 나오는 도사의 지팡이처럼 가늘고 구불구불하게 늘어져 우리를 따라오고 있었다 한쪽은 천 길 낭떠러지고 다른 쪽은 가파른 바위산. 아직 고개의 정상은 아득히 멀기만 했다. 그러더니 갑자기 진눈깨비가 쏟아졌다. 7월에 진눈깨비를 맞는 기분은 짜릿했다.

검문소에서 여권검사를 마치고 다시 고개를 올랐다. 이미 고도계의 눈금은 해발 5,000m를 가리키고 있었다. 숨이 조금씩 가빠졌다. 레에서 며칠 지내며 고도에 겨우 적응을 했나 싶었는데, 오늘은 그곳보다 자그마치 2,000m 이상 올라

왔다. 그리고 지금 더 높이 올라가고 있는 중이다. 몇 사람은 벌써 두통을 호소하고 입술이 파랗게 변해가고 있었다. 겨우내 녹지 않은 눈이 바위 뒤 응달 사이로 희끗희끗 보였고, 고개를 올라갈수록 진눈깨비는 눈으로 바뀌어 비포장도로 위에 조금씩 쌓여가고 있었다.

이윽고 고개의 정상에서 차가 멈추었다. 카르둥 패스. 해발 5,606m라는 녹슨 표지판이 제일 먼저 눈에 들어왔다. 알프스의 최고봉인 몽블랑보다도 800m나 더 높은 곳이다. 세계에서 가장 높은 자동차 고개라는 것이 실감난다. 잠시 쉬어가기 위해 차에서 내렸지만 워낙 고도가 높은 탓에 모두들 천식환자처럼 숨을 헐떡였다. 머리도 어질어질하고 정신이 몽롱하다.

쉬는 둥 마는 둥 서둘러 차를 타고는 고개를 내려갔다. 고산증을 피하려면 되도록 빨리 낮은 곳으로 내려가는 것이 최선이다. 엊그제 병원에서 밤을 지새웠던 일을 다시 겪고 싶지는 않았다.

누브라로 내려가는 반대편은 길이 더욱 험하고 눈도 많이 쌓여 있어 일행을 긴장시켰다. 하지만 그 길은 환상의 도로였다. 멀리 보이는 설산과 실개천이 흐르는 계곡, 그리고 고산지대에서만 살 수 있다는 야크와 양들이 주변의 삭막한 풍경과 묘하게 어우러져 일행들의 입에서는 쉴 새 없이 탄성이 터져 나왔다. 한 굽이 한 굽이 돌 때마다 그 풍경들은 또 다른 각도에서 웅장하고 신비스런 자태를 뽐내고 우리의 탄성을 즐기는 것 같았다.

그렇게 한참을 내려왔나 보다. 고산증으로 인한 두통도 어느 정도 가실 무렵, 계곡 사이에 있는 작은 마을에 도착했다. 하늘도 원래의 파란 빛을 되찾고, 손에 잡힐 듯한 뭉게구름들로 점점이 수놓아져 있었다.

이 마을의 이름은 '카르둥'이라고 하는데, 우리가 넘어온 카르둥 패스는 이 마을의 이름을 딴 것이었다. 마을은 수확을 한 달 앞둔 밀로 가득 덮여 있었고, 마침 불어오는 산들바람으로 밀밭은 비단이 흐르듯 물결치고 있었다. 커다란 마니차(徑輪, 불경이 적혀 있는 원통) 옆에서 차를 마시면서 S씨는 "아, 여기가 바로 샹그릴라네!" 하고 탄식하듯 말을 꺼냈다. 그리고는 "이 마을에서 병원 차리고 남은 생을 보내고 싶다."고 말을 이었다.

그는 부산에서 온 피부과 의사였다. 요즘 피부과 의사들은 여성들의 피부를 탱탱하게 만들어주는 주사를 놓고, 팽팽해지도록 째고 꿰매고 하면서 돈도 많이 번다는데, 이 분은 그런 일에는 전혀 관심 없는 분이었다. 미용 목적의 치료가 무조건 나쁘다는 것은 아니지만, 그래도 이 분은 오로지 의학적으로 피부에 트러블이 있는 환자들만 치료하는 것을 자신의 사명이라 여기며 살아간다. 요즘 보기 드문 의사다.

내가 웃으면서 "며칠 전에 레에서 병원 치료비로 우리 돈 600원을 지불했어요." 하고 말하자, 깜짝 놀라며 "그래요? 겨우? 그러면 다시 생각해 봐야겠는걸. 하지만 이곳이 샹그릴라라면…." 하고 여운을 남기며 수줍게 웃었다.

'샹그릴라'라는 말은 1937년에 영국 작가 제임스 힐턴(James Hilton)이 발표한 《잃어버린 지평선》이라는 추리소설에 처음 등장한다. 인도의 바스쿨에서 현지인들의 소요를 피해 탈출하던 영국 영사 휴 콘웨이를 비롯한 4명의 등장인물이 정체 모를 비행기에 의해 납치된 후 카라코람 산맥을 따라 쿤룬 산맥(崑崙山脈, 곤륜 산맥, 파미르 고원에서 시작하여 중국 칭하이 성에 이르는 산계)으로 이동하던 중 험준한 산 속에서 추락한다. 조종사는 숨을 거두며 "샹그릴라…."라는 짤막한 한 마디를 남긴다. 마침 그곳을 지나치던 일단의 무리에 의해 구해진 일행은 티베트 사원으로 안내되고 극진히 대접을 받는다. 이들은 하루 속히 그곳에서 벗어나려 하지만 생각처럼 쉽지 않고 시간만 흘러가게 된다.

어느 날 일행의 리더 격인 콘웨이는, 자신들이 그곳에 오게 된 것은 우연이 아니라 대를 이을 후계자를 찾기 위해 샹그릴라에서 일부러 꾸민 납치극이라는 것을 알게 되고, 그가 샹그릴라를 이끌어갈 새로운 지도자로 지명된다. 샹그릴라에 사는 사람은 수명이 200년 이상인데, 모든 것을 이루기에 충분한 시간이 주어지는 삶을 살 수 있는 곳으로 묘사된다. 비밀이 가득한 샹그릴라에 관한 이야기로 이어지는 이 책은 당시 전쟁으로 얼룩져 절망 속에서 살아가는 유럽인들에게 하나의 '이상향'으로 여겨져 센세이션을 일으켰다.

누브라 지역은 1993년 처음으로 외국인에게 개방된 곳으로, 세계에서 두 번째로 긴 빙하지역 '시아첸(Siachen)'이 있다. 이곳에서 1984년 파키스탄과의 대

규모 전투가 있었는데, 그 전투는 세계에서 가장 고도가 높은 곳에서 벌어진 전투로 기록되어 있다. 이 때문에 개방된 이후에도 특별허가를 받아야만 방문할 수 있으며, 일부 지역은 지금도 통제구역으로 일반인의 접근을 금지하고 있다.

누브라는 예전에는 둠라(Dumra)라고 불렸는데, 이는 '꽃으로 가득한 계곡'이라는 의미라고 한다. 이곳은 수백 년 전부터 중앙아시아로 이어지는 주요 교역로로서 수많은 대상들이 향신료와 비단, 카펫, 차 등을 파키스탄이나 중국으로부터 레까지 운반하기 위해 거쳐 간 지역이기도 했다.

훈더르라는 마을에는 아직도 수백 년 전 대상들이 교통수단으로 이용했던 쌍봉낙타의 후예들이 남아 있어 오늘날에는 관광객들을 태우고 부근의 모래사막을 구경시켜주곤 한다. 우리는 수모르 마을의 캠프에 숙소를 정하고 잠시도 눈을 뗄 수 없는 아름다운 태고의 풍광들과 '디스킷(Diskit)'이라 불리는, 500년 이상 된 고찰에서 명상을 하는 것으로 누브라 방문을 즐겼다.

마침 살구가 익어가는 계절이라 마을은 온통 탐스럽게 익은 살구와 물결치는 밀밭, 그리고 소박한 인심으로 가득했다. 캠프사이트에도 살구나무가 있어서 손만 뻗으면 디저트로 살구를 따먹을 수 있었다. 하지만 살구는 특유의 독성이 있어서 한 번에 너무 많이 먹으면 배탈이 난다고 한다. 실제로 몇 사람은 아닌 게 아니라 살구를 즐긴 것만큼 배탈을 경험하기도 했다.

해가 저물고 보름달이 특유의 푸른빛을 발산하기 시작했다. 너무 투명하고 밝아서 달빛만으로도 책을 읽을 수 있을 정도였다.

바다에 던지면 되느니 – 알치, 라마유루

레로 돌아온 다음날 아침, 출발한 지 1시간여 만에 알치(Alchi)라는 마을에 도착했다. 작은 마을이었지만 입구에 들어서는 첫 인상부터 왠지 정감이 갔다. 그러나 날씨는 그렇지 않은 듯했다. 아침부터 잔뜩 찌푸리던 하늘이 드디어 비를 쏟아내기 시작했던 것이다.

인더스 강의 거친 계곡 바로 옆에 위치한 알치 곰파는 라다크에서 가장 오래된 곰파로 매우 유서 깊은 사찰 중 하나다. 사찰이라고 하기에는 겉모습이 너무나 단조로운 이 곰파는 11세기 인도의 위대한 번역가인 링첸 장포(Ringchen Zangpo)가 인도에서 라다크로 향하는 길에 이곳을 지나면서 지금의 위치에 건립한 것인데, 카슈미르의 장인들에 의해 조성된 탓인지 불상이나 벽화가 모두 힌두의 양식이 많이 가미된 느낌이었다. 특히 내부의 빛바랜 벽화들은 여전히 정교한 아름다움을 뽐내며 훼손되지 않고 남아 있었다.

라다크의 사원들은 대부분 언덕 위나 산중턱에 위치하는데, 이 사찰은 특이하게도 마을 한가운데의 낮은 평지, 그것도 강가에 위치하고 있어서 눈에 쉽게 띄지 않는다. 이런 이유로 이슬람 세력의 공격을 피할 수 있었고, 덕분에 오늘날까지 벽화가 온전하게 남아 있는 것이라고 한다.

알치 곰파와 부근을 좀 더 구경하고 싶었지만 퍼붓는 장대비 때문에 상황이 여의치 않았다. 차라리 라마유루(Lamayuru)로 빨리 이동하는 편이 나을 것 같아서 우리는 다시 차에 올랐다. 라마유루 곰파로 이어지는 길은 길 자체가 스릴만점이요, 스펙터클 그 자체다. 흙탕물로 굽이치는 인더스 강 옆의 절벽과 아찔한 협곡을 따라 뱀처럼 지그재그로 이어지는 길이 계속된다.

길 아래쪽에 유조차 한 대가 처박혀 있는 것이 보였다. 가이드 말에 따르면 7일 전에 발생한 사고라고 한다. 낭떠러지가 워낙 깊어서 저렇게 방치되어 있는 차량을 꺼내기란 거의 불가능한 일로 보였다. 차량은 고사하고 차에 탄 운전자가 살았는지가 더 궁금했다. 운전자를 구출하는 작업도 절대 만만해 보이지 않았다.

이곳에서 화물차 운전기사로 살아가기란 여간 힘들지 않겠다는 측은한 생각이 든다. 그러고 보니 지금까지 며칠 동안 험한 산길을 여행하면서 목격한 추락 차량들은 대부분 화물차였다는 생각이 머릿속을 스쳤다. 이토록 아름답고 신앙심이 깊은 라다크에서 먹고살기 위해 고단한 운전을 하다가 사고를 당하는 운전수들의 모습이 한없이 서글퍼 보였다. 이후 여행하는 동안 가끔씩 정차하는 휴게소에서 트럭 운전수들을 만나면 이유 없이 담배라도 한 개피씩 나누어주곤 했다. 이들의 즐거워하는 모습을 바라보는 것은 여행 중 또 하나의 즐거움이자 서글픔이었다.

이제 서서히 인더스 강과 멀어지며 또 다른 협곡으로 들어서고 있었다. 서글픈 마음도 잠시, 갑자기 특이한 광경이 눈에 잡혔다. 베이지색의 거대한 계곡에 주름치마처럼 골이 패여 마치 공상과학 영화에서 본 듯한 우주의 다른 혹성의 분화구 같은 느낌이 드는 곳이었다. 그래서인지 이 지역을 '문랜드(Moon Land)', 즉 '달나라'라고 부르는 모양이었다. 보는 각도에 따라 터키의 카파도키아(Cappadocia) 같기도 하고, 미국의 브라이스 캐니언(Bryce Canyon)처럼 보이기도 했다. 얼핏 보면 부드러운 흙인 것처럼 보이는데 가까이 가서 만져보니 돌처럼 단단했다. 이 깊은 계곡의 오지에 이렇게 특이하고 환상적인 풍광이 숨어 있다니 놀라웠다.

라마유루 곰파는 바로 이 풍광을 배경으로, 깎아지른 산 중턱의 절벽 위에 조성되어 있는 아름다운 고찰이었다. 라다크에서 가장 오래된 수도원으로, 그 역사만큼이나 유명하고 장엄한 곰파다. 지금은 거의 폐허처럼 곰파의 여기저기가 허물어져 있지만 이 수도원이 처음 조성될 무렵에는 라다크와 바깥세상을 잇는 주요 무역통로로서 경제적으로도 무척 활발한 지역이었다. 많은 상인들이 오가며 잠시 머무르고 시주를 하여 이곳을 발전시키고 더불어 불교도 크게 전파되었다고 한다. 이 곰파는 티베트 불교의 네 종파 중 드물게 카규파(Kagyupa)에 속하는 곰파인데, 카규파는 특이하게도 사자를 숭상하는 교파다. 그래서인지 곰파에 속해 있는 커다란 쵸르텐(불탑)에는 사자의 문양이 그려져 있었다.

곰파에 들어서니 중앙에 본전이 놓여 있다. 본전에는 얼핏 도서관으로 착각할 정도로 많은 장서가 있었는데, 예로부터 전해온 곰파의 오랜 계보와 서적이 잘 정리되어 있었다. 그러나 많은 부분이 오랜 세월로 유실되어 복구되지 못했고 관광객들 외에 이곳에 오는 현지인들이 적어 적적해 보였다. 물론 이 라마유루 곰파에도 1년에 한 번 축제가 열린다. 이 또한 라다크에서 헤미스 곰파 축제와 버금가는 유명한 축제인데, 이때가 되면 수많은 외국인 관광객이 몰려들어서 근처에는 숙박할 곳이 없을 정도다. 하지만 축제기간이 아닐 때는 그저 이따금씩 방문하는 소수의 관광객들뿐이다. 쓸쓸할 정도로 대조적인 풍경이다.

곰파 밑 비탈에는 작은 마을이 있었다. 마을에는 할머니 몇몇이 모여 앉아 수다를 떨 뿐 젊은이는 찾아볼 수 없었다. 우리는 곰파의 주지승에게 부탁하여 라다크의 전통의상을 입은 여인들을 촬영하기로 했다. 특별한 행사가 있는 날이 아니면 라다크의 독특한 전통복장을 구경하기가 어렵기 때문에 이렇게 특별히 부탁을 한 것이다.

몇 시간의 준비 끝에 여인 셋이 전통복장을 입고 나타났다. 이 전통복장은 라마유루 축제나 결혼식 등 전통축제 때 여인들이 입는 옷인데 아주 화려하다. 야크 털로 만든 커다란 깃과 머리를 덮는 장식에는 온통 푸른 터키석이 빼곡히 박혀 있고, 야크 가죽으로 된 망토 속에는 검은 옷을 입는데, 거기에도 역시 산호와 터키석으로 된 요란한 장신구로 치장되어 있다. 그런 옷차림과 맞춰 배처럼 생긴 독특한 가죽신을 신고 있었다.

이 특이한 복장은 마치 고대신화에 나오는 여신들의 화려한 복장처럼 보였다. 세 여인은 너무 수줍어하며 고개를 들지 못했다. 그런데 처음 보는 전통복장인데도 왠지 눈에 낯설지 않았다. '어디서 봤더라?' 하고 되뇌며 계속 고개를 갸우뚱한 끝에 결국 영화에서 봤다는 생각이 들었다. 아, 그렇다. 그러고 보니 '삼사라(Samsara)'라는 영화가 생각난다.

얼마 전 부처님 오신 날을 전후해서 TV에서 '삼사라'라는 영화를 방영해주었는데 그 영화에서 본 기억이 난 것이다. '삼사라'라는 말은 '윤회'라는 의미의 산스크리트어다.

영화 속에서 남자 주인공은 다섯 살 어린 나이에 출가하여 승려로서의 삶을 살고 있었다. 그러던 중 마을에서 아름다운 여인을 만나 사랑에 빠지고 환속하게 된다. 결국 둘은 운명적으로 결혼을 하고 아들까지 낳는다. 두 사람의 결혼은 쾌락과 즐거움의 연속이었지만 속세에서 산다는 것은 생각처럼 그리 쉽지 않았다.

주인공은 우연히 다른 여자와 관계를 맺은 후 스승의 열반 소식을 담은 편지를 받는다. 그는 비로소 속세의 쾌락이나 일상의 삶이 부질없다는 것을 깨닫고는 아내와 아들을 남겨둔 채 자신이 몸을 담았던 수도원으로 떠난다. 수도원에 거의 도착할 무렵 뒤늦게 말을 타고 쫓아온 아내와 맞닥뜨린다. 아내는 "석가는 출가한답시고 집을 떠나면 그만이었겠지만 남겨진 아내 야쇼다라와 아들의 고통은 헤아려본 적이 있느냐?"라고 눈물 가득한 눈으로 물었다. 그리고는 눈발이 흩날리는 길을 되돌아 말을 타고 홀연히 떠나버린다.

후회의 눈물을 흘리며 땅에 털썩 주저앉는 남편의 눈에 작은 마니석(瑪尼石, 티베트 불교 경전의 문구를 새긴 돌) 하나가 들어왔다. 거기에는 '어떻게 해야 한 방울의 눈물이 영원히 마르지 않을까.'라고 씌여져 있었다. 그는 소매로 흐르는 눈물을 한 번 훔친 뒤 가만히 그 돌을 뒤집었다. 뒷면에는 다음과 같이 새겨져 있었다.

'바다에 던지면 되느니….'

그 영화의 결혼식 장면에서 바로 지금 보는 전통의상이 나왔었다. 우리는 곰파에서 여인들의 사진을 몇 장 찍고 애써준 주지승에게 고맙다는 인사와 함께 악수를 나누었다. 주지승은 30대 후반으로 보였는데, 영어도 잘하고 박학다식한 데다 정말 잘생긴 승려로 법명은 '따시갸초'라 했다. 자세히 보니 미국 배우 폴 뉴먼의 젊을 때 모습과 너무 닮아서 사진 몇 장을 청했다. 그는 폴 뉴먼보다도

더 환한 웃음을 지으며 기꺼이 포즈까지 취해주었다.

라마유루에서 하루를 보내고, 다음날 일찍 다시 길을 나섰다. 고개 위에서 내려다보는 곰파의 모습이 아련한 꿈속의 사원처럼 여겨졌다. 아직도 마을과 곰파는 어둠 속에서 계곡의 긴 잠을 이어가고 있었지만, 고개 너머로 비치는 아침 햇살이 이제와 또 다른 아름다운 모습을 연출해주었다.

두세 시간 가량을 달렸을까? 이윽고 '물벡(Mulbekh)'이라는 지역에 도달했다. 이곳에는 길가에 아주 작은 곰파가 있는데, 바로 뒤에 버티고 있는 커다란 바위에는 마애불(磨崖佛)이 조성되어 있었다. 이 물벡 곰파를 마지막으로 티베트 불교의 라다크 지역은 끝나고, 이제부터는 본격적인 이슬람의 지역으로 들어서게 된다.

이슬람과 티베트의 경계, 조질라 패스 – 카르길, 드라스, 소나마르그

카르길(Kargil)에 도착한 것은 한낮이었다. 과거의 경험을 토대로 일찍 출발했는데 이렇게 빨리 카르길에 도착하리라고는 예상을 못했다. 그동안 도로사정이 많이 좋아졌기 때문이다. 서두른 덕분에 일찍 도착하니 좋기는 한데, 상당히 더웠다. 이제까지 라다크에서는 정말 시원하고, 다소 춥기까지 했던 날씨였는데 고도가 낮아진 이곳에 오니 갑자기 더워진 것이다.

라다크의 정적이고 영(靈)적인 분위기와는 판이하게 다른 이곳은 이슬람교 사원과 무슬림들이 대다수인 지역이었다. 여인들의 복장도 지금까지와는 다르게 히잡(이슬람 여성들이 머리와 상반신을 가리기 위해 쓰는 쓰개)을 쓰고 있으며, 얼굴의 생김새도 판이하게 다르다.

카르길은 레와 스리나가르를 잇는 국도 중간에 위치한, 라다크에서 두 번째로 큰 도시이자 인도, 파키스탄 국경선과 인접한 접경도시다. 과거에는 무역과 교통의 중심지였으나 현재는 국경 분쟁지역이 된 카슈미르 최대의 군사도시다. 여기서 대포를 한 방 쏘면 파키스탄의 스카르두(Skardu)에 떨어진다고 한다. 대외적인 문제는 차치하고 대내적으로도 종교적인 갈등, 즉 이슬람과 힌두교의 갈등과 카슈미르 분리독립운동과 같은 정치문제도 복잡하게 뒤얽힌 지역이다.

카르길은 라다크 지역 중 이슬람 교도가 주민의 80% 정도를 차지하고 있으며, 인도와 파키스탄 간의 전쟁이 세 차례나 벌어진 지역이다. 이곳 사람들은 산 너머 스카르두의 파키스탄 사람들을 머리에 뿔난 악당 정도로 생각하고 있는데, 막상 그곳에 가보면 그 사람들 역시 인도 사람들을 그렇게 생각하고 있다는 것이 너무 안타깝다. 만나보면 모두 좋은 사람들인데, 서로서로 상대를 주적(主敵)으로 여기고 있는 현실이 서글펐다.

다음날 새벽, 카르길을 출발해 드라스(Drass)에 도착할 무렵 동이 트기 시작했다. 새벽에 출발하는 이유는 조질라 패스(Zojila Pass)가 아침에는 카르길에서 스리나가르 방향으로 넘어가는 차량만, 그리고 오후에는 반대 방향으로 넘어가는 차량만 통과시키기 때문이다. 따라서 아침에 이곳을 넘지 못하면 꼼짝없이 하루를 더 보내야만 넘어갈 수 있다.

드라스는 희한하게도 겨울에 시베리아 다음으로 추운 곳으로 기록되어 있다. 영하 40℃ 이하로 내려가는 경우가 다반사라고 하며 눈이 보통 4~5m씩 내리기 때문에 6개월 동안은 교통이 완전히 두절되는 곳이다.

드라스에 정차한 시각은 아침 6시. 밖은 아직 어두웠다. 허름한 차이 가게에서 생강과 향신료가 들어간 뜨거운 마살라 차이를 한 잔 마시며 몸을 녹였다. 이렇게 쌀쌀한 날씨에 고작 20루피짜리 차 한 잔으로 온몸이 따뜻해질 수 있다니…. 행복이라는 것은 멀리 있는 것이 아니라는 새삼스러운 생각이 들었다.

인도의 여느 지역이 다 그렇듯 이곳에도 화장실이 따로 없었다. 일행 중 여성들이 걱정이어서, 동네방네 수소문한 끝에 결국 커다란 건물 안에 화장실이 있다는 사실을 발견하고 그곳으로 데리고 갔더니, 나이 든 남자 한 사람이 랜턴을 비추어주며 친절히 안내해주었다. 손에 몇 푼 쥐어주니 고마워한다. 전등이 따로 없어 일을 보려면 랜턴이 필요했다. 인도의 오지를 여행하자면 작은 손전등 한 개 정도는 반드시 휴대하는 것이 좋다. 언제 어디서 필요할지 모르기 때문이다.

조질라 패스(Zojila Pass)는 이슬람 문화권과 티베트 문화권을 나누는 고갯길로 아름답기 그지없는 고개다. 이번 여행에서 많은 고개를 넘었지만 조질라 패스가 단연 으뜸이었다. 해발 3,530m의 가파른 산을 타고 지그재그로 나 있는 도로는 비록 비포장도로이긴 했지만 비교적 잘 닦여 있는 데다 좌우로 펼쳐지는 경치는 탄성이 절로 나온다. 넓게 펼쳐진 녹지대에는 수많은 양떼들이 뛰어놀고 있었고, 목동들의 움막, 만년설과 빙하의 산, 계곡, 강, 폭포들이 끊임없이 이어져 있었다. 우리는 양떼를 쫓아가면서 셔터를 누르는가 하면 아름다운 계곡의 경치에 넋을 놓고 있기도 했다.

고개를 넘자, 지금과는 또 다른 환상적인 풍경이 펼쳐졌다. 울창한 침엽수림과 그 사이로 흐르는 에메랄드빛 시냇물, 그리고 별장지대와 같은 구름 위의 산장들, 그리고 말들이 자유롭게 이곳저곳을 누비고 있었다. 여기가 소나마르그(Sonamarg)다.

이곳은 '황금의 초원(Meadow of Gold)'라는 별명이 붙을 정도로 아름다운 목장인데, 인도인이라면 누구나 한 번만이라도 이곳에 와보는 게 평생의 소원이라고 한단다. 사람들은 이곳에서 말을 타고 빙하 쪽으로 트래킹을 하는가 하면 계곡에 발을 담그고 소풍을 즐기기도 한다. 너무 아름다운 지역이라 인도나 파키스탄이 왜 이 지역을 빼앗기지 않으려(혹은 빼앗으려) 하는지 이유를 알 수 있을 것 같았다. 워낙 첨예한 지역이다 보니 거리 곳곳에는 순찰을 나온 경찰과 군인들이 소총으로 무장한 채 지나가는 차량들과 여행자들을 마치 벽보에 붙은 지명수배자를 바라보는 눈빛으로 감시하고 있었다.

스리나가르는 잠무카슈미르 주의 주도인데, 여름에만 이곳이 주도의 역할을 하고 겨울에는 주도를 잠무로 옮긴다. 히말라야 산과 접해 있어 환상적인 풍광이 1년 내내 펼쳐지며 해발 1,600m의 고원인 덕분에 여름에도 쾌적한 기후가 이어지는 곳으로 '카슈미르의 낙원'이라는 별명을 가지고 있을 정도다.

시내에는 무굴제국의 왕들이 지은 많은 정원과 모스크들이 있다. 특히 예언자 마호메트(또는 무함마드, 이슬람교 창시자)의 머리카락 하나가 소장되어 있는 하즈

라트발(Hazrat Bal)이라는 모스크는 성지로 간주되어 언제나 순례자들이 이어지는 곳으로 유명하다.

대부분 무슬림인 이곳의 주민들은 달(Dal) 호수를 중심으로 소박하게 살아가고 있다. 사람들은 너 나 할 것 없이 무척 친절하다. 거리도 비교적 깨끗하고 힌두교도들이 적은 탓인지 거리를 배회하는 소들도 보이지 않는다. 인도의 일부라고 생각되지 않을 만큼 사람들의 생김새도 무척 다르다. 특히 하늘하늘한 파스텔컬러 사리를 걸치고 같은 색깔의 작은 카누를 저으며 호수를 누비는 여인들의 모습이 무척 인상적이었다.

이곳을 방문하는 관광객들은 대부분 호수 안에 정박해 있는 일명 하우스보트(House Boat)에서 숙식을 하며 지내게 되는데, 여행의 또 다른 운치를 느낄 수 있다. 호화 유람선과는 비교가 안 되겠지만 선내에는 작은 침실과 욕실까지 완비되어 있고, 식당이자 거실에는 커다란 테이블과 예쁜 소파들이 있어서 편안한 휴식을 제공한다.

하우스보트의 유래는 영국 식민지 시절로 거슬러 올라간다. 기후가 좋은 스리나가르 지역에 영국의 귀족과 관리들이 별장을 짓고자 땅을 매입하려 하였으나 이곳 사람들이 땅을 팔지 않았다. 하는 수 없이 영국인들은 땅 위에 집을 짓는 대신 호수 위에 배 모양의 별장을 지었는데, 그것이 바로 하우스보트다. 그래서 하우스보트는 모두 그 당시에 제작된 것들이라 좀 낡은 것이 흠이라면 흠이다.

각 하우스보트는 대개 서너 개의 객실이 있고 보트를 관리하는 요리사와 메이드가 따로 있어서 손님들의 식사와 청소, 그리고 각종 편의를 제공한다. 우리가 묵었던 하우스보트는 정박하고 있는 위치가 좋아서 일출과 일몰 때 풍경이 무척 아름다웠다. 주인은 젊고 잘생긴 청년이었는데, 그는 우리가 체류하는 동안 어디를 가든 늘 동행하면서 불편한 점이 없는지 살피는 배려를 아끼지 않았다. 여태껏 고산지대에 머무르다 이제는 좀 평화로운 호수에서 하룻밤을 묵게 되어서 그런지, 피로가 한꺼번에 밀려와 나도 모르게 곯아떨어졌다.

하우스보트에서 잠든 그날 밤, 꿈속에서 나는 빨래를 했다. 여행 중에 갈아입은 옷들을 모아 놓았다가 한꺼번에 빨기로 한 것이다. 그런데 갑자기 밖이 소란스러워 내다보니 인도와 파키스탄군이 전투를 벌이고 있었다.

깜짝 놀라 잠에서 깨니 새벽 1시. 물론 밖은 조용하고 호수에는 달빛이 은은하게 비치고 있었다. 꿈을 생각하니 웃음이 나왔다. 조용히 담배 한 개비를 입에 물고 불을 붙였다. 아마도 인도와 파키스탄 사이의 분쟁지역이라는 것이 머릿속에서 계속 맴돌다가 꿈속에서 재현된 것 같았다. 하우스보트의 로비에서는 배 관리인이 담요를 뒤집어 쓴 채 코를 골며 잠을 자고 있었다.

새벽 5시에 '시카라'라고 불리는 작은 배를 타고 수상시장으로 갔다. 너무 이

른 시간이어서 우리가 도착했을 때는 아직 주변이 캄캄하고 아무도 없었다. 그러나 시간이 흐르면서 작은 카누들이 소리 없이 사방에서 모여들었다. 모터가 달린 배들은 다닐 수 없게 되어 있어서, 삐걱삐걱 노 젓는 소리로만 배가 다가온다는 것을 짐작할 수 있었다.

날이 점점 훤해지면서 작은 배에 가득 실은 채소와 과일, 그리고 꽃들이 보이기 시작했다. 상인들은 모두 남자였다. 시간이 조금 더 지나자, 물 위는 작은 배 한 척도 움직이기 어려울 정도로 배들이 가득 찼다. 그렇게 많은 배는 처음 보는 것 같았다. 한마디로 장관이었다.

스리나가르의 수상시장은 독특한 분위기가 물씬 느껴졌다. 나이 든 장사꾼들이 무슬림을 상징하는 하얀 모자를 쓴 모습, 그리고 그들이 기른 구레나룻까지도 정겹고 친근하게 느껴졌다.

과거 태국과 베트남에도 아름다운 수상시장들이 있었지만, 지금은 대부분 사라지고 간신히 형태만 남아 명맥을 유지하고 있는 정도다. 아쉽게도 이 시장 역시 머지않아 사라질 운명이라고 한다. 정말 씁쓸한 소식이 아닐 수 없다. 오지여행의 별미는 이렇게 독특한 전통문화를 보는 것인데, 이러한 오지의 전통문화가 요즘 들어서는 너무 쉽게, 너무 빨리 사라져가는 것 같다.

보름 이상 바쁘게 달려온 힘든 여정이었다. 고산증으로 고통스러운 때도 있었고, 더위와 한기를 참아야 했던 때도 있었다. 하지만 놀이공원의 롤러코스터보다도 더 짜릿한 스카이웨이, 장엄한 대자연의 모습, 다양한 문화와 종교, 소박한 사람들의 모습은 그야말로 한 편의 장쾌한 파노라마였다.

[여행 일정 요약]

14박 15일(8월 1일부터 8월 15일까지) 1일 19시 40분 인천 공항 출발 ➲ 22시 30분 델리 도착 2일 07시 델리 출발(기차 이용) ➲ 12시 30분 칼카 도착 ➲ 쉼라로 이동 3일 쉼라 ➲ 마날리로 이동 4일 마날리 ➲ 로탕 패스를 넘어 사르추로 이동 5일 사르추 ➲ 레로 이동 6일 틱세 곰파, 헤미스 곰파 등 레 주변의 주요 곰파 방문 7일 레 ➲ 누브라 계곡으로 이동 8일 누브라 계곡의 주요 지역 답사 9일 누브라 계곡 ➲ 레로 이동 10일 레 ➲ 알치 답사 후 라마유루로 이동 11일 라마유루 ➲ 카르길로 이동 12일 카르길 ➲ 스리나가르로 이동 13일 스리나가르 주요 지역 탐방 14일 11시 10분 스리나가르 출발(국내선 항공편) ➲ 12시 30분 델리 도착 ➲ 올드델리 답사 15일 02시 10분 델리 출발 ➲ 12시 20분 인천 공항 도착

13박 14일 1일 19시 40분 인천 공항 출발 ➲ 22시 30분 델리 도착 2일 07시 델리 출발(국내선 항공편) ➲ 08시 30분 레 도착. 휴식 및 답사 3일 틱세 곰파, 헤미스 곰파 등 레 주변의 주요 곰파 방문 4일 레 ➲ 누브라 계곡으로 이동 후 주요 지역 답사 5일 누브라 계곡 ➲ 레로 이동 6일 쵸모리리 호수로 이동, 도중 초원과 유목민 캠프 답사 7일 쵸모리리 호수 및 주변 마을 답사 8일 쵸모리리 ➲ 레 귀환 9일 레 ➲ 리종 곰파와 알치 곰파 마을 답사 10일 알치 ➲ 라마유루 곰파를 방문한 후 카르길로 이동 11일 카르길 ➲ 스리나가르로 이동 12일 스리나가르 주요 지역 탐방 13일 11시 10분 레 출발(국내선 항공편) ➲ 12시 30분 델리 도착 ➲ 올드델리 답사 14일 02시 10분 델리 출발 ➲ 12시 20분 인천 공항 도착

7박 8일 1일 19시 40분 인천 공항 출발 ➲ 22시 30분 델리 도착 2일 07시 델리 출발(국내선 항공편) ➲ 08시 30분 레 도착 후 휴식 3일 틱세 곰파, 헤미스 곰파 등 레 주변의 주요 곰파 방문 4일 레 ➲ 누브라 계곡으로 이동 후 주요 지역 답사 5일 누브라 계곡 ➲ 레로 이동 6일 판공쵸 호수 답사 7일 11시 10분 레 출발(국내선 항공편) ➲ 12시 30분 델리 도착 ➲ 올드델리 답사 8일 02시 10분 델리 출발 ➲ 12시 20분 인천 공항 도착

국명 미얀마 연방
인구 5,750만 명(2008년)
면적 67만 8,675㎢(한반도의 약 3배)
수도 양곤(Yangon)
주요 언어 미얀마어
종족 버마족 70%, 카친족, 카렌족, 친족, 샨족, 꺼야족, 몬족, 라카인족 등 소수민족 25%, 기타 5%
종교 불교(89.4%), 기독교(4.9%), 이슬람교(3.9%), 토속 신앙(1.2%), 힌두교(0.6%) 등

황금빛 불탑 아래 가난한 영혼을 누이다

— 미얀마 —

2

미얀마의 수도 양곤(Yangon)에 내리면 제일 먼저 수줍은 여인들의 정다운 미소가 다가온다. 이들의 부드러운 눈매와 미소가 없었다면, 미얀마에 대한 첫인상은 덥고 답답하며 그저 불탑과 승려가 많은 한가로운 나라로만 기억되었을지도 모른다. 수도 양곤은 버마어로 '전쟁의 끝'을 의미한다고 한다. 오랜 세월 동안 수많은 내전과 국제적인 갈등을 겪어오면서 그런 괴로운 상황을 하루빨리 종식시키고 싶은 미얀마 국민들의 염원이 이 이름에도 묻어나는 듯해 자못 숙연해지기도 한다.

외세의 침략 이외에도 내전을 겪게 되었던 이유는, 미얀마가 100여 종의 다민족으로 구성된 나라라는 점에서 기인한다. 지금도 카렌족 등 일부 부족들은 자신들의 민족자결을 주장하며 독립하기 위하여 정부군과 끊임없이 무력대결을 벌이고 있어 정부로서는 골머리를 앓고 있다. 이들은 대부분 북부 산악지대나 국경 부근, 그리고 이라와디 강 유역에 숨어 지내듯 살고 있으며 게릴라전으로 맞서 저항하기 때문에 정부로서는 대화로 풀기도 어렵고 척결하기도 어렵다고 한다.

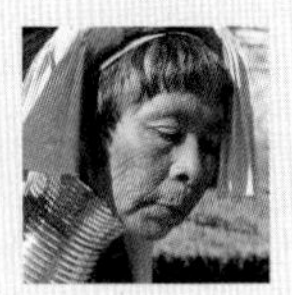

사실 이러한 오지에서 전통적인 모습으로 살고 있는 소수민족을 방문하면 남다른 즐거움을 경험할 수 있지만 위에 열거한 이유로 외지인의 접근이 어려워 미얀마 정부에서도 여행자들에게 각별히 경고하고 있는 상태다. 그러니 위험을 각오하지 않는 한 이런 곳을 방문한다는 것은 현재로서는 불가능하다.

이러한 이유들로 인해, 미얀마의 여행은 대개 몇 군데 주요 지역으로 한정될 수밖에 없었다. 수도인 양곤 이외에 수천 개의 불탑이 있는 바간(Bagan) 지역과 승가의 도시 만달레이(Mandalay), 그리고 수상가옥과 수상생활로 많이 알려진 인레(Inle) 호수 주변이 바로 그것이다. 미얀마의 드넓은 면적 전체를 고려하면 내가 여행했던 지역은 극히 일부이지만, 미얀마를 대표하는 지역으로서 주민들의 일상생활을 비롯해 승려들이 수행하는 광경, 그리고 소수민족들의 생활상 등을 골고루 보고 느끼기에 손색이 없는 지역이었다.
언젠가 때가 되면 이웃한 방글라데시나 인도의 국경 부근 오지로 여행을 가고 싶은 욕심은 지금도 가지고 있지만 언제가 될지는 아직 모르겠다. 아무튼 어딘가로 여행을 떠나려 하면 그곳은 언제나 생각한 것보다 멀리에 있다는 사실이 신기하다.

여행하면서 미얀마 사람들의 불심이 얼마나 깊은지, 그리고 근본적으로 얼마나 선한 민족인지를 많이 보고 느끼게 된다. 그런 점에서는 참 행복한 여행이지만, 한편으로는 자비를 최우선으로 하는 불교 국가에서 선량하게 살아가는 국민들이 정치적인 이유로 자신들의 권리를 제한 당하며 억압 속에서 살아가는 모습이 못내 안타깝기도 하다.

양곤에는 오토바이가 없다 – 양곤

미얀마의 수도 양곤에 도착한 것은 저녁 7시가 거의 다 되어서였다. 새로 만든 공항은 완공된 지 얼마 안 되어서인지, 규모는 그리 크지 않지만 무척 깔끔하게 잘 정돈되어 있었다. 5년 전에 왔을 때 초라하게 보였던 옛 공항과는 비교가 안 될 정도였다.

양곤 시내로 들어서자 가이드가 나에게 물었다.

"5년 전에 오셨을 때와 비교해서 시내가 좀 달라진 것 혹시 못 느끼세요?"

"글쎄요…. 별로 달라진 것 같지는 않은데, 더 깨끗하고 조용해진 것 같군요. 그 사이에 뭔가 변화가 있었나요?"

내가 이렇게 되묻자 그는 대답했다.

"양곤 시내에는 오토바이가 단 한 대도 없답니다. 밖을 보세요."

창밖을 내다보니 정말 시내에 오토바이가 한 대도 없었다. 어떻게 이런 일이 벌어진 걸까? 도저히 믿어지지 않는 일이었다. 지금은 21세기, 세계 어느 나라를 가도 수도를 포함한 대도시는 말할 것도 없고 웬만한 작은 도시에도 오토바이가 없는 나라는 없다. 아프리카의 오지에도 도시에는 최소한 수십 대는 매연을 뿜으면서 거리를 질주한다. 그런 오토바이가 미얀마의 도시, 더구나 수도인 양곤에는 단 한 대도 없다는 사실은 실로 충격적이었다.

당연히 이유가 궁금하다. 나는 다시 가이드에게 물었다.

"이게 어떻게 된 일이에요? 오늘은 오토바이를 안 타는 특별한 날인가요?"

가이드는 빙긋 웃으면서 대답했다.

"이해가 안 가실 거예요. 저도 마찬가지니까. 5년 전까지만 해도 오토바이가 정말 많이 다녔었어요. 그런데 지금의 최고 권력자인 '그분'께서 그때 당시 어디론가 '행차'를 하시는데, 하필이면 오토바이 2대가 그분 앞쪽으로 경적을 울리며 지나쳤어요. 그게 너무 거슬린 그분께서 양곤 시장을 불러다가 '앞으로는 양곤 시내에서 일반인들이 오토바이를 타지 못하게 하라'는 지시를 내렸고 그때부터 시내의 모든 오토바이가 갑자기 사라지게 되었지요."

이렇게 대답하며 덧붙이는 말이 '이것은 어디까지나 소문'이고 실제 내막은 자세히 알 수가 없다는 것이다. 아무튼 양곤에서는 우편배달부나 전선을 고치는 공무원 이외에는 이유여하를 막론하고 오토바이를 탈 수가 없다고 한다.

거짓말 같은 일이 실제로 일어나고 있는, 미얀마 군부의 절대권력이 어느 정도로 막강한 위력이 있는 것인지 단적으로 보여주는 대목이었다. 과거 우리나라 군사정권 시절의 일들이 오버랩되면서 갑자기 많은 일들이 뇌리를 스쳤다. 하지만 미얀마의 아름다운 면만 살펴보기 위해 이런 생각은 바로 떨쳐버리기로 했다. 10월의 저녁, 양곤에는 비가 내리고 있었고 오토바이가 한 대도 없는 시내는 조용하기 그지없었다.

다음날 아침, 바간으로 가는 첫 비행기를 타기 위해 우리는 공항으로 나갔다. 항공기 기종이 어떤 것인지 궁금해서 물어보니 아직 모른다고 한다. 손님이 적을 때는 대개 프로펠러 비행기가 뜨고 많을 때는 제트기가 뜨는데, 두 가지 중 어느 것이 뜰지는 출발 직전이 되어야 알 수 있다고 하는 것이었다.

이해가 잘 가지 않아서 설명을 부탁했다. 미얀마에서는 사전 예약상황과는 관계없이 출발 당시 얼마나 많은 승객이 표를 샀느냐에 따라서 마지막에 기종이 정해진다고 한다. 그리고 외국인은 예약을 받지만 내국인은 요금이 턱없이 싸서 예약을 받지 않는다고 한다. 내국인들은 공항에 와서 항공권을 사고 항공권이 얼마나 많이 팔렸는가에 따라 항공기의 기종이 정해진다니, 이런 것은 미얀마에서만 경험해볼 수 있는 일이 아닐까 싶다.

미얀마는 내국인과 외국인을 차별하는 이중물가 제도를 쓰고 있다. 즉, 외국인의 비행기 요금은 내국인에 비해 4배가 비싸고, 호텔 요금은 5배, 그리고 식당에서 내는 음식값은 7배가 비싼 것이다. 이래서 미얀마를 여행하려면 이웃나라 태국에 비해 오히려 돈이 더 많이 든다. 외국인을 못살게 굴진 않지만 외국인이 미얀마에 많이 들어오는 것도 그다지 반기지 않는 것이 미얀마 정부의 입장인 것 같다. 그것을 증명하듯 방콕에서 양곤까지 오가는 타이 항공은 하루에 단 한 편. 성수기에는 좌석이 없어서 난리지만, 그래도 미얀마 정부는 증편을 허가하지 않는다고 한다. 가이드는 "하루 동안 태국에 머무는 관광객의 수와 미얀마에 1년간 오는 관광객의 수가 같다."고 한숨지었다.

우리가 탈 비행기는 제트기로 결정되었고 바간까지는 1시간 반가량이 걸렸다. 바간 공항의 첫 인상은 영락없는 시골 간이역. 하지만 그래서 더욱 정이 느껴지는 그런 공항이었다. 하늘은 엊저녁과 달리 푸르렀고, 지대가 약간 높아서인지 깨끗하고 시원한 공기가 폐부 깊숙이 스며들어 무척이나 상쾌했다.

자살율 0%, 이혼율 0%인 이유 – 바간

바간은 기원전 2세기, 미얀마에서 가장 오랜 왕조인 바간 왕조가 창건되었던 곳이다. 그 후 인도에서 발생한 불교를 처음 들여온 사람은 '아노라타'라는 왕인데, 그가 1044년 최초로 바간에 통일왕국을 이룩하면서부터였다. 이 시기부터 약 200여 년간 수많은 불탑을 건립하여 8,000여 개의 크고 작은 탑이 조성되었으나, 1287년 칭기즈칸의 손자인 쿠빌라이칸이 침공하면서 목재로 만들어진 탑들은 대부분 소실되었다. 그리고 그 후로도 영국 식민지 시절의 문화재 약탈과 1975년의 대지진은 화려했던 이 지역 역사와 문화를 상당수 매몰시켜버렸다.

그러나 역설적으로 이곳 사람들은 바간이야말로 미얀마가 가진 미래의 힘이 살아 숨 쉬는 곳이라고 말하고 있다. 현재는 벽돌로 지어진 유물들만 약 2,560개 정도 남아 있다. 하지만 남아 있는 숫자만으로도 실로 엄청나다는 것을 알 수 있듯이, 하루 종일 바간 평원을 여행하면서 어느 곳을 지나쳐도 반드시 여러 개의 탑이 보일 정도였다.

미얀마의 불교는 남방 불교로 상좌부 불교라고도 하는 원시 불교, 즉 초기 불교의 형태를 띠고 있다. 오직 자신의 해탈을 최후의 목표로 수행하는 것이기 때문에, 보살이라는 중간개념을 두어 중생을 제도한다는 우리의 북방 불교와는 지향하는 길이 조금 다르다. 부처 입멸 후 남방 불교는 동남아의 라오스, 태국, 미얀마, 그리고 스리랑카에 전해졌으며 북방 불교는 티베트를 거쳐 중국과 한국, 그리고 일본에 전해지게 된다.

티베트에는 이미 힌두교와 혼합되어 밀교적 성향이 강해진 불교가 전해진 후 다시 그곳의 토속신앙인 본(Bon)교와 섞이게 됨으로써 또 다른 형태의 불교인 라마교로 이어지고 있었고, 미얀마에서는 불교가 전해지기 이전부터 존재했던 토속신앙인 정령신앙과 상호보완적인 관계를 가지며 발전해왔다.

이곳에서는 주의할 점이 있다. 탑 안에는 오래된 경전이나 고승들의 사리, 그리고 유물들이 모셔져 있기 때문에 탑에 들어가거나 올라갈 때는 반드시 신발을 벗어야 했다. 성스러운 곳이니 신을 신고 들어갈 수 없다. 바간은 유네스코 세계문화유산으로 지정되어 있으며 세계 최대의 '불교 유적군'인 동시에, 캄보디아의 앙코르와트(Angkor Wat), 인도네시아의 보로부두르 사원(Borobudur Temple Compounds)과 함께 세계 3대 불교 유적지로 꼽힌다.

이렇듯 뿌리 깊은 불교의 역사가 시작된 곳이어서 그런지 미얀마는 상상을 초월하는 불교 국가이며, 미얀마인들에게 불교는 신앙에 앞서 그들의 생활 자체다. 미얀마는 국민의 약 90%가 불교를 믿는데, 불교를 '믿는 것'이 아니라 '깊이 이해한다'라는 표현이 더 어울릴 것 같다는 생각이 든다.

다른 사람의 뺨을 한 대 때리면 언젠가는 그것이 반드시 같은 만큼의 고통으로 되돌아온다고 믿는다. 그러므로 이들은 최대한 선행을 하려고 애를 쓰며 살아간다. 그래서인지 미얀마에서는 관광객들이 여행 중 물건을 잊어버리게 되어도 되찾을 확률이 가장 높은 나라라고 가이드는 말했다.

또한 미얀마는 자살율 0%, 이혼율 0%를 자랑하는 세계적으로 보기 드문 나라이다. 결혼을 하면 부인은 하루에 한 번 남편에게 삼배를 올린다고 한다. 남편이 누워 있건, 앉아 있건, 심지어 출장을 가서 집에 없을 때도 삼배를 올리는 것을 게을리 하지 않는다. 이렇게 함으로써 남편을 마음속으로 존경하고, 또한 남편은 그것을 깊이 감사하며 부인을 존중하기 때문에 둘 사이에 '막나가는' 부부싸움이란 것은 있을 수가 없다고 한다.

요즘엔 한국 드라마가 이곳에서도 인기가 높다. 드라마 자체도 그렇지만 한국 연예인의 사생활에 대한 관심도 무척 높은 편이었다. 가끔씩 한국의 인기 연예인들이 자살을 했다는 뉴스가 들려오면 이곳 사람들은 전혀 이해가 안 된다고 한다. 어차피 자신의 업에 대해 언젠가는 대가를 받게 될 것을, 스스로 자신의 목숨을 끊는다는 것 자체가 그저 안타깝다는 것이었다.

작고 아담한 마을이 있어서 걸어 들어갔더니 한 젊은 아주머니가 "한국에서 왔어요?" 하고 영어로 물어왔다. 내가 웃으며 "네." 하고 대답했더니 "주몽 알아요?" 하는 것이 아닌가. '주몽'이라는 드라마가 여기서도 무척 인기인가 보다. 그래서 나는 "그럼요, 내가 그의 형인데요."라고 농담을 했더니 "전혀 안 닮았다."고 눈을 흘기며 웃는다. '모모'라는 이름을 가진 이 아줌마의 서글서글한 눈매와 양쪽 뺨에 하얗게 타나카로 분칠한 앳된 얼굴이 아직도 머리에 맴돈다.

미얀마인들은 부처님과 함께 불법(佛法), 부모, 스승, 스님을 '인생의 다섯 은인'으로 여기며 그들에 대한 존경심은 거의 절대적이라고 할 수 있다. 요즘 우리 사회와는 너무 다른, 정말 부러운 일이 아닐 수 없다.

바간의 수많은 탑들은 엄청난 규모와 놀라운 정교함으로 보는 이들의 마음을 압도했다. 그 많은 탑들이 대부분 주민들에 의해 지어졌다는 게 더 놀랍다. 바간 주민들의 평생의 원(願)은 크든 작든 탑을 세우는 것이라고 한다. 그중에서도 바간을 대표하는 것은 '쉐지곤 파고다'인데, 1059년 최초의 통일국가를 세운 아노라타 왕 때에 건축을 시작하여 무려 31년이나 걸려서 완성되었다. 1090년 다음 왕인 짠시타 왕 때 완성된 황금빛의 대탑(大塔) 안에는 부처님의 앞머리뼈와 치(이빨)사리가 모셔져 있다고 한다.

'쉐지곤'이란 말은 '황금의 모래언덕'이라는 의미다. 부처님의 치사리를 코끼리

등에 놓고 돌아다니게 한 다음 코끼리가 처음으로 멈춰선 자리에 이 쉐지곤 파고다를 건립했다는 전설이 있다. 탑의 꼭대기는 우산처럼 생긴 것이 얹혀 있는데, '일산'이라 불리는 이것은 완성된 탑을 의미하는 하나의 상징적인 장식품이다. 즉, 일산이 없는 것은 아직까지 미완성의 탑이라는 의미로 해석하면 된다.

미얀마의 사원은 우리처럼 특정한 날을 잡아서 마음먹고 가는 곳이 아니라 점심을 먹고 쉬는 곳, 또는 휴일에 소풍을 가는 곳 정도로 무척이나 친숙하고 편한 장소이다. 사찰마다 음식을 싸가지고 와서 일부는 공양을 하고 나머지는 가족이나 친지들과 함께 나누어 먹으며 담소를 즐기는 사람들을 많이 볼 수 있다. 마침 우리를 본 한 가족이 웃으면서 차 한 잔을 권했다. 잘 통하지도 않는 언어이지만 손짓발짓을 주고받으며 즐거운 시간을 가졌다. 이름을 물었더니 가족인데도 성이 모두 달랐다. 알고 보니 그것은 성이 아니라 태어난 요일의 이름이었던 것이다!

미얀마 사람들은 독특한 성명 구조를 갖고 있다. 미얀마에는 이름에 성이 없다. 다만 여자이름 앞에는 '마'를 붙이고, 남자에게는 '마웅'을 붙이는 것뿐이다. 존칭으로 남자에게는 '우'를 붙이고 여자에게는 '도'를 붙인다. 성이 없고 대신 태어난 요일이 이름 앞에 붙게 됨으로써 이름만 들어도 무슨 요일에 태어난 사람인지 쉽세 알 수 있다. 이렇다 보니 미얀마는 계보나 가문이라는 개념이 없어서, 먼 친척을 몰라보는 것은 물론이고 근친결혼의 가능성이 높다는 게 문제라면 문제라고 할 수 있다.

또한 미얀마는 우리의 '띠'와 같은 개념은 없고, 대신 각 요일을 상징하는 동물이 있다. 이를테면 월요일은 호랑이, 화요일은 쥐, 수요일은 오전과 오후로 나뉘는데 오전은 상아가 있는 코끼리, 그리고 오후는 상아가 없는 코끼리, 목요일은 사자, 금요일은 두더지, 토요일은 용, 일요일은 가루다 등이다. 양곤의 쉐다곤 파고다 주위에는 요일에 따른 상징물들이 각각 있어 자기가 태어난 요일의 상 앞에서 공양을 하고 기도를 올리는 모습을 자주 볼 수 있다.

신기한 것은, 자신이 태어난 요일에는 학교를 결석해도 무방하다는 것이다. 그렇다고 해서 그냥 집에서 낮잠이나 자면서 하릴없이 시간을 보내라는 것이 아니라 사원을 찾아와 공양을 드리면서 지난 며칠간의 일을 되새기며 반성하고 기도를 드리면서 하루를 보낸다. 어릴 적부터 이러한 습관이 쌓이다 보니 자연스럽게 착한 심성이 형성되는 것 같다. 무척이나 특이하고 흥미로운 관습이 아닐 수 없다.

바간의 전경을 조망하는 여러 곳 중 우리는 바간 최초의 사원인 '쉐산도 탑'을 택했다. 쉐산도는 바간의 탑 중에서 가장 높은 파고다로서 '부처님의 머리카락'이라는 의미를 지니고 있다고 한다. 우리가 그곳에 갔을 때는 10월 초였고, 다

행히 비가 그치고 파란 하늘에 뭉게구름이 일품이었다. 탑 위에 올라 바라보는 주위의 정경은 마치 1,000년 전의 세계로 시간여행을 온 듯한 착각마저 느끼게 해주었다.

바간에서 빼놓을 수 없는 또 하나의 명소는 아난다 사원인데, 이 사원은 부처님의 세사인 아난존자의 이름을 따서 만든 것으로 내부의 사면에 조성되어 있는 황금색의 입불상이 압권이다. 가까이에서 올려다볼 때와 거리를 두고 볼 때 확연하게 달라지는 부처님의 표정이 흥미로웠다. 아난존자는 부처님을 따라 45년간 시중을 들었던 부처의 10대 제자 중 하나로 45년간 부처님이 하신 말씀을 거의 모두 기억해내는 사람이었다. 이 사원은 1091년 짠시타 왕에 의해 건축되었는데, 입불상 외에도 부처님의 생애를 묘사한 독특한 조각들과 다양한 불상들, 그리고 십자가형으로 완벽하게 조성된 부지가 매우 인상적인 곳이었다.

바간의 일몰을 보기 위해 일행은 다시 틸로민로 사원에 올랐다. 1215년 나다운먀 왕이 왕위를 계승하게 된 기념으로 지은 사원이다. 선왕인 나라빠디시투 왕에게는 5명의 왕자가 있었는데, 왕위 계승자 선택에 매우 고심하였다고 한다. 결국은 왕자들을 모두 불러 모은 후 우산을 던져 우산 끝이 가리킨 왕자를 왕으로 삼았는데, 그가 바로 나다운먀 왕이다. 틸로민로라는 이름도 '우산의 뜻대로'라는 뜻이라고 한다.

저녁 무렵 이곳에 올라 바라보는 해넘이의 정경은 참으로 아름답다. 붉은 듯하면서도 진흙빛 같은 구름이 옆으로 늘어서고 태양의 섬광이 빛을 잃고 밑으로 가라앉는 절묘한 구도는 환상적이었다.

이 밖에도 마누하 사원, 탓빈뉴 사원, 따마양지 사원, 부파야 파고다 등 이루 헤아릴 수 없을 만큼 많은 유적들이 있었는데, 이런 유적만이 아니라 그 주위에 산재해 있는 승려들의 거처에서도, 또 좌선하는 수많은 수도승들에게서도 독특한 문화와 깊은 불심을 읽을 수 있었다.

가시덤불 뒤에서 젊은 남자 둘이 쭈그리고 앉아서 일을 보고 있는 모습이 눈에 띄었다. 가이드가 웃으면서 설명을 했다. 미얀마에서는 남자들도 여자처럼 앉아서 오줌을 눈다고 한다. 이유는 서서 오줌을 눌 경우 세찬 오줌줄기로 인해 작은 벌레나 곤충들이 다치거나 죽을 수 있기 때문이라고 한다. 고개를 갸우뚱하고 있는데, 일행 중 한 분이 구수한 경상도 사투리로 한마디 했다.

"앉아서 오줌을 누면 디(데어) 죽겠다."

박장대소가 뒤를 이었다.

바간 공항을 이륙할 때 여승무원이 거친 카스텔라 빵 한 조각과 알사탕을 몇 개씩 나누어주었다. 사실 그렇게 작은 사탕은 처음 보았고, 먹지 않고 얹어놓은 사탕을 도로 회수해가는 것도 처음 경험했다.

미얀마 사탕 몇 개를 받아 들고 물질의 궁핍이 하늘까지 닿은, 그러나 아직은 정신적 풍요 속에서 꿈을 씹고 사는 이 나라의 미래상이 엿보였다.

바간에서 동쪽으로 50km, 1시간 반가량을 달리자 광활한 평원 위에 신기루처럼 뾰족하게 솟은 산봉우리가 보였다. 높이가 740m인 이 산은 '포파산'이라 불리는데 약 25만 년 전에 화산활동으로 생성된 산이라고 한다. 바간 시대부터 미얀마의 토착신앙인 '낫(Nat)'의 성지이다.

낫이란 미얀마의 전통적인 정령신앙으로, 세상 모든 만물에는 신이 깃들어 있다고 믿는 토착신앙이다. 우리나라 옛 어른들이 집을 지키는 성주신이나 부엌을 지키는 조왕신을 믿는 것과 비슷하다. 불교가 전해지기 훨씬 이전부터 있었던 이

낫신앙은 바간 왕조 때부터 왕들이 초기 미얀마의 통일을 위해 37개의 정령으로 정비해서 불교의 수호신으로 흡수했다. 그런 바람에 미얀마의 불교는 정령신앙과 결합해 독특한 형태로 발전해온 것이다.

그래서 일반 사원에서도 부처님 이외에 정령에게 기도드리는 사람들을 많이 볼 수 있는데, 대개 내세의 복은 부처님께, 현생의 복은 정령에게 빈다고 한다. 음식에 비유하기는 좀 그렇지만 중국음식이 전 세계 각지에서 그 나라 사람들의 입맛에 맞추어 발전하듯이 종교라는 것도 그 나라 사람들의 취향에 맞도록 '알맞게' 변해서 나름대로 발전하고 유지되는 것 같다는 생각이 들었다. 불교의 뿌리는 하나인데, 뻗어 나간 가지들은 지리적, 인종적, 정치적인 조건에 따라 이렇게 변했으니 말이다.

산꼭대기까지는 완만한 계단으로 되어 있어 오르는 데 심하게 힘들지는 않았다. 다만 분위기가 일반 사원과는 매우 달라서 입구부터 갖가지 현란한 장식들이 많이 있는 것이 마치 무당집에 온 것 같은 기분이 들었다. 실제로 무당들은 이곳에 오면 포파산의 강한 기(氣)로 인해 때때로 혼절하는 경우도 있다고 한다.

계단 곳곳에 여러 형태로 모셔진 정령들의 모습을 보니 이곳이 과연 정령들의 고향인 것 같다는 생각이 들었다. 한마디로 기가 센 곳이었다. 땀을 흘리며 내려와 입구 맞은편의 허름한 가게에 앉아 열대과일인 파파야를 먹었다. 호박처럼 생긴 커다란 파파야는 세로로 쩍 가르고 안에 들어 있는 씨를 빼낸 다음 통째로 놓고 숟가락으로 그냥 푹푹 떠먹는 것이 제 맛이다.

불탑의 도시, 승가의 도시 – 만달레이

바간의 공항과 달리, 만달레이 공항은 대도시의 공항처럼 현대식으로 만들어져 있었고 국제공항으로도 이용되고 있었다. 시내에서 차로 50분 정도 떨어진 거리로 비교적 멀리 있는 편이다.

만달레이는 미얀마의 마지막 왕조인 공파웅 왕조가 도읍을 정한 곳으로, 영국 식민지 시절 이전까지는 미얀마의 수도이기도 했다. 영국의 식민지가 되면서 수도를 양곤으로 이전하게 되었다. 현재 인구는 80만 명을 헤아리고 있으며, 시내에서 그다지 멀지 않은 곳에 루비나 사파이어, 옥과 같은 보석을 비롯한 주요 광물의 광산이 있기 때문에 부자들이 많이 사는 곳이기도 하다. 이곳에서 나는 광물 이외에도 미얀마는 석유, 구리 등 주요 광물이 많이 나는데, 경제제재를 받는 나라이다 보니 이러한 광물은 오직 형제국가인 중국에만 수출할 수 있다.

우리나라에서도 얼마 전 모 통신회사의 최고경영자가 미얀마의 상무부 장관을 만나 미얀마에서 발굴되는 특정 광물의 일부를 사고 싶다는 의사를 전한 적이 있었다고 한다. 광물을 사는 대신 미얀마의 전화사정이 나쁘니 미얀마 전체에 전화를 무상으로 설치해주겠다고 제의했다. 하지만 장관은 '우리는 전화가 그리 많이 필요하지도 않고 아직 그렇게 답답하지도 않다'면서 일언지하에 거절했다고 한다. 전화나 인터넷이 너무 발달되면 반정부주의자들의 활동에 유용하게 사용될 것이 불 보듯 뻔하기 때문이었다. 독재정치를 하는 군부의 속내를 제대로 읽지 못한 서투른 제의였던 것이다.

만달레이는 미얀마에서 가장 막강한 재력을 쥐고 있는 지역으로, 경제권은 대부분 화교들이 쥐고 있다고 한다. 어쨌거나 이러저러한 이유로 미얀마에서는 아직도 양곤을 제외하고는 인터넷을 쓸 수가 없다.

바간이 불탑의 도시라면 만달레이는 승가의 도시라 할 수 있을 것이다. 이곳은 탑 대신에 사찰과 수도원이 많이 있는데, 지금까지 미얀마에서 배출된 4명의 삼장법사(三藏法師) 중 3명이 만달레이, 그리고 나머지 1명이 만달레이 부근의 민군(Mingun) 출신인 것을 보면 이곳이 미얀마 불교의 중심임에는 틀림없어 보인다.

미얀마 전체에는 60만 명에 달하는 많은 수의 승려가 있는데, 그 절반인 30만 명이 모두 이곳 만달레이에 거주하고 있다. 우리나라 승려의 수는 모두 합쳐도 3만 명이라는데, 그 10배에 달하는 승려가 만달레이에 있다는 얘기다. 과연 승가의 도시답게 아침이 되면 골목마다 탁발을 하는 승려가 정말 많이 눈에 띄었다.

승려들은 붉은색의 가사를 걸치는데, 승려 외에 분홍색 가사를 입은 여자 수행자들을 볼 수 있었다. '식차마니'라 불리는 이들은 비구니가 아니라 그저 수행을 하는 여자들이다. 이들이 수행하는 이유는 다음 생애에는 남자로 태어나는 것이 소원이라 그 소원을 이루기 위해 8가지의 계율을 지키면서 평생 수행을 한다고 한다.

미얀마에는 비구니라는 제도가 없다. 비구니는 413가지의 계율을 지키며 수행을 해야 하는데, 수행을 하는 목적은 다음 생애에 비구가 되기 위해서라고 한다. 아이러니하게도 비구는 비구니보다 훨씬 적은 227가지의 계율을 지키면 된다. 서유기에 등장하는 돼지 '저팔계'라는 의미는 '다음 생애에 인간으로 태어나기 위해 지켜야 할 8가지 계율을 지키는 돼지'라는 뜻이다.

만달레이 도착 후 우리가 가장 먼저 찾은 곳은 '우뻬인'이라는 이름의 다리였다. 이 다리는 이라와디 강의 돌출된 곳 위에 티크 목재로 만들어진 것으로 길이

가 무려 1.3km 정도이고, 목조다리로서는 가히 세계 최장의 다리이다. 기네스에서 이 다리를 세계 최장의 목조다리로 지정하려고 하자 미얀마 정부는 귀찮다는 이유로 거절했다는 후문도 전해진다. 아무튼 이 다리는 약 200년 전 당시 만달레이 시장이었던 우뻬인이 자비를 들여서 건설하여 자신의 이름을 붙인 것이라고 한다.

이 부근에는 마하간다용을 비롯한 커다란 수도원과 사찰들이 있어서 대략 3만 명이나 되는 승려들이 거주하고 있다. 매일 아침 멀리 떨어진 마을로 탁발을 나가자니 시간에 쫓기게 되어 가까운 마을만 탁발을 가게 되었다. 원래 탁발은 7군데만 가도록 되어 있지만 수많은 승려들이 가까운 마을만 돌다 보니 마을 사람들도 몹시 부담스러워했고, 승려들도 마음이 무거웠다. 이를 보다 못한 우뻬인 시장이 강물을 가로 질러 건너편 마을까지 짧은 시간 내에 쉽게 건너갔다 올 수 있도록 다리를 건설하게 된 것이었다.

이 다리에서 얼마 떨어지지 않은 곳에 마하간다용이라 불리는 미얀마 최대의 수도원이 있었다. 미얀마의 승려들은 오후불식이라 하여 하루에 두 끼만 오전시간에 공양(식사)을 하는데, 아침공양은 새벽 5시 반, 그리고 점심공양은 오전 10시 반경에 한다.

우리가 갔을 때는 마침 점심공양을 하는 시간이어서 법복을 입은 승려들이 줄을 서서 공양을 기다리고 있었다. 이 수도원은 1,700여 명의 승려들이 수행을 하는 곳인데, 그 많은 승려들이 일시에 자리에 앉아 발우(鉢盂, 스님들의 식기)를 앞에 놓고 공양을 하는 광경은 실로 장관이었다. 발우는 검은색의 항아리처럼 생긴 것으로 보기에는 무척 무거울 것 같았으나 실제로는 대나무 가지로 엮은 다음 그 위에 옻칠을 한 것으로 생각보다 훨씬 가벼웠다. 발우 안에 들어 있는 밥은 양이 엄청 많아서, 우리가 먹는 밥공기로는 예닐곱 그릇 정도는 족히 들어갈 것 같았다. 한창 나이에 변변치 않은 반찬으로 그리 찰지지도 않은 밥을 먹으려니, 게다가 그것도 하루 두 끼뿐이니 한 번에 저렇게라도 먹어야지 싶은 생각도 들었다.

발우의 크기는 다 같은데, 어린 사미승(동자승)들의 발우는 조금 과장하면 자기들의 몸집만 해 보였다. 이들은 아침에 탁발을 다녀오면 밥과 반찬을 따로 따로 섞는다. 섞는 이유는 내가 가져온 반찬 중 어느 집 반찬이 맛있었고, 어느 집 것은 맛이 없고… 등등의 잡념을 없애기 위해서라고 한다. 맛이 있는 음식을 먹게 되면 그 음식과 탁발한 마을에 대한 잡념과 미련이 생기게 되고 결과적으로 수행에 방해가 된다는 것이다. 음식을 먹는 것은 맛을 보기 위해서가 아니라 수행의 한 방편이기 때문에 맛을 구별할 수 없도록 음식을 모두 섞는 것이다.

미얀마에서는 승려들도 고기를 먹는다. 일부러 먹는다기보다는 탁발할 때 주민들이 고기도 발우에 넣어주기 때문이다. 승려가 지켜야 할 계율 중에 '안 주

는 것을 받아도 안 되고, 주는 것을 안 받아도 안 된다'라는 계율이 있다고 한다. 주는 음식에 대해 먹고 안 먹고를 따지면서 탁발을 하면 안 된다는 뜻이다.

"스님들은 살생을 하면 안 되는데, 고기를 먹으면 어떻게 합니까?"라고 우리나라의 불자들이 자주 질문을 한다는데, 그들은 "어찌 동물에게만 생명이 있고, 식물에겐 생명이 없다고 생각하느냐?"라고 반문한다. 미얀마의 승려들이 육식을 한다고 개고기, 쇠고기 등 아무 고기나 다 먹는 것이 아니었다. 그들이 먹는 고기는 양고기, 닭고기, 오리고기, 그리고 돼지고기 정도다.

마하간다용 방문을 끝내고 근처 중국식당에서 점심을 먹었다. 만달레이에서는 꽤나 고급식당에 속하는 대형식당인데, 손님들로 북적거렸다. 길 건너로 근사한 만달레이 왕궁이 보였다. 1857년에 민돈 왕에 의해 처음 지어진 이 궁전은 1885년 영국군에 점령된 뒤 1945년 일본군에 의해 부분적으로 소실된 후 1990년

대에 복구되었다.

중국식당에서 이런 일이 있었다. 바로 옆자리에서 휴대전화 벨소리가 계속 울리고 있는데 주인이 받지를 않는 것이었다. 좀 시끄럽기도 해서 바라보니 일가족이 식사를 하고 있고, 가장인 듯한 사내가 테이블 위에서 한참 울어대고 있는 휴대전화를 보란 듯이 받지도 않고 있는 것이었다. 벨소리에 다른 테이블에 앉아 있던 손님들까지 일제히 그를 쳐다보았다. 그제야 사내는 천천히 전화기를 집어 들더니 커다란 목소리로 시끄럽게 통화를 시작했다. 에티켓이 뭔지 가르쳐주면서 한 대 쥐어박고 싶을 정도였다.

가이드는 미얀마에서는 전화가 워낙 귀하고 비싸다 보니 휴대전화를 가지고 있는 사람들은 대부분 일부러 남들의 시선이 집중될 때까지 기다렸다 통화를 하는 나쁜 버릇이 있다고 했다. 미얀마에서 집에 전화기 한 대를 설치하는 데는 우리 돈으로 약 400만 원, 휴대전화를 갖는 데는 그것보다 조금 더 든다고 한다.

전화기가 있는 사람들은 대부분 크건 작건 군부와 관련이 있거나 군부의 도움을 받는 사람이라고 보면 틀림없다는 것이다. 전화기 하나도 마음대로 가질 수 없는 나라라니…. 정말 이 나라가 자비와 불심이 가득한 나라가 맞는지, 미얀마 정부에게 한번 물어보고 싶었다. 참 서글픈 희극이라는 생각도 들었다.

저녁 무렵 다시 찾은 우뻬인 다리 위에는 수많은 시민들이 걸어서, 또는 자전거를 타고 담소를 나누며 건너고 있었다. 다리 밑으로는 물 위에서 오리 떼를 몰고 집으로 돌아가는 순박한 농부의 모습이 실루엣으로 눈에 들어왔다. 하늘은 마지막 강 건너로 넘어가는 햇살로 붉게 물들고 있었다.

저녁을 먹고 호텔에 들어왔는데, 하필 들어오자마자 정전이 되었다. 미얀마는 전기사정이 매우 좋지 않은 편이었다. 호텔이나 식당도 마찬가지라서, 낮이고 밤이고 심심하다 싶으면 정전이 되곤 했다. 일반 가정의 경우 하루 8시간만 공급되는데, 그것도 130V 정도의 약한 전압으로 유지될 뿐이다. 하지만 만일 그 동네에 육사출신의 장교가 이사를 오게 되면 즉시 240V의 강력한 전력이 24시간 공급되며, 동시에 주변의 부동산 값도 들썩인다고 하니, 정말 어이가 없다. 더욱 어이없는 것은 자국민이 쓸 전력이 이렇게 부족한데도 이웃나라 태국에 전기를 수출한다는 것이다.

쉐다곤이 알려준 무상과 무아 – 헤호, 인레 호수

새벽의 만달레이는 희미한 안개 속에서 깨어났다. 오늘은 샨(Shan) 주의 헤호(Heho)로 가는 날이다. 예정보다 일찍 일어난 나는 카메라를 들고 호텔 앞을 서성거렸다. 어제 아침처럼 많은 승려들이 이리저리 탁발을 나서고 있었다. 개중에는 아주 어린 사미승들도 눈에 많이 띄었다. 어린 나이에 저토록 고생스런 승려의 길을 택한 사연이 무척 궁금했다.

미얀마에서 정식으로 스님이 되는 과정은 그리 쉽지 않다. 아들을 낳게 되면 일곱 살쯤, 초등학교 들어가기 바로 전에 일단 단기출가를 시켜본다. 단기출가는 원하는 만큼 출가를 하는 것이므로 억지로 강권하지 않아 편한 마음으로 있을 수 있다. 단기출가에서 본인이 계속 하겠다는 마음을 갖게 되면 그때부터 본격적으로 승려가 되기 위한 학습에 들어가는데, 경(經), 율(律), 논(論)의 삼장(三藏)을 공부하기 시작해서 4번의 국가고시를 치르게 된다.

보통 20대에 합격을 하게 되면 승가대학에 정식으로 입학해서 영어를 포함한 7과목을 이수하게 된다. 4년을 공부하는데, 그동안 단 한 번이라도 2분 이상 지각을 하게 되면 바로 퇴학조치 되는 무척이나 엄격한 룰이 적용된다. 또한 어렵사리 졸업을 했다고 해서 다 승려가 되는 것이 아니라 졸업 후 1년간 오지에서 포교활동을 수행해야만 공식적인 스님으로 인정을 받을 수 있다. 그만큼 승려가 되는 길은 멀고도 험하다.

공식적인 스님이 되면 사찰을 배정받아 그곳을 관리하게 되며, 여기에 만족하지 않고 삼장법사가 되고자 하면 더 많은 공부를 해야 하는데, 시험에서 합격하기가 하늘의 별따기이다. 시험은 불경에 관한 750여 권의 책 중에서 시험관이

임의로 범위를 정해 외우도록 하는데, 이를테면 "150권 15쪽부터 180권 40쪽까지 외워봐라."라는 식이다. 외우는 도중 시간을 끌거나 단 한 자라도 틀리게 되면 바로 불합격이다. 이토록 어려운 시험을 통과하면 스님의 최고봉이라 할 수 있는 삼장법사, 즉 나한(羅漢)의 경지에 도달하게 되는 것이다. 750권의 책을 몽땅 머릿속에 넣고 술술 외워야 한다니 정말 어려울 것 같다.

비행기가 이륙하나 싶더니 바로 하강하기 시작했다. 만달레이에서 헤호까지는 제트기로 겨우 20분 정도 소요되는 짧은 거리다. 하지만 헤호가 있는 샨 주는 산세가 워낙 험하고 길이 나빠서 만약 자동차로 이곳까지 오려면 15~16시간은 족히 걸린다고 한다. 게다가 위험하기도 몹시 위험하고 말이다. 공항에 내리니 이제까지와 달리 공기가 무척 시원하고 쾌적했다. 해발 875m의 고산지대라 확실히 달랐다.

공항에서 1시간 반을 완만하게 내려오니 거대한 호수가 나타났다. '인레'라 불리는 이 호수는 길이가 22km, 폭이 11km나 되는 커다란 호수로 주변에는 샨족과 인따족이 많이 살고 있다. 샨족은 샨 주에 사는 32개의 소수민족 중 가장 숫자가 많은 부족으로 이들의 수는 미얀마의 다수부족인 버마족 다음으로 많다.

샨족은 자존심이 무척 강하고 전사의 기질이 있는 민족인데, 버마족 등 대다수가 론지(남자들이 바지 대신 커다란 보자기로 아랫도리를 치마처럼 두르는 미얀마 전통의상)를 입는데 반해 이들은 바지를 입으며 비교적 하얀 피부를 가지고 있고 눈매가 우리나라 사람들과 비슷하다. 또 백김치와 거의 같은 김치를 담가 먹는다는 점 등 우리와 유사한 점을 많이 가지고 있다. 닭칼국수, 나물 등의 맛도 우리와 비슷하다. 그들이 입는 옷도 마치 우리의 개량한복(어쩌면 백제시대 옷)과 비슷하고, 머리를 땋고 물레를 짓는 처녀들의 모습은 정말 예전 우리 아가씨들의

모습과 상당히 비슷하다. 일부 학자들은 과거 백제인들의 일부가 이곳으로 흘러 들어와 터전을 일구고 살아온 것이 샨족이라고 주장하는 이들도 있다.

인레 호수에는 신기하게도 발 하나로 노를 젓는 어부들을 많이 볼 수 있다. 한쪽 발은 나룻배 위에 놓고 하체의 중심을 잡으며, 다른 한쪽 발로 기다란 노를 비틀어 잡고는 자유자재로 움직이며 노를 젓는 모습이 마치 서커스의 묘기를 보는 듯하다. 양쪽 손으로는 그물을 치거나 걷어 올린다.

외발로 노를 젓는 관습은 나라투 왕 시절로 거슬러 올라간다. 당시 인레 호를 지배하던 왕의 막내아들 나라투가 아버지와 다른 형제들을 모두 살해한 후 왕위에 오르게 되었지만 자신도 살해당하게 될까봐 측근 신하들의 손목을 모두 잘라버렸다고 한다. 그들이 칼을 쓰지 못하도록 하기 위해서였다. 손을 쓸 수 없는 이들은 어쩔 수 없이 발로 노를 젓기 시작했고 그 후로 발로 노를 젓는 관습이 생겼다고 전해진다. 나라투 왕은 이후 자신의 잘못을 뉘우치는 의미에서 팡도우 사원을 건축하고 참회의 눈물을 흘렸다고 한다. 지금은 불교성지의 하나로 많은 순례자들이 찾고 있는 장소가 되었다.

이번 여행의 종착역이자 시발점이기도 했던 양곤으로 돌아오자마자 곧바로 쉐다곤 대탑으로 향했다. 쉐다곤은 명실 공히 세계 최대의 황금불탑이며 시내 어디에서나 볼 수 있을 정도로 거대한 탑이다. 미얀마의 정신적 지주이기도 한 이 탑은 높이가 자그마치 99m에 달하며 둘레는 426m, 그리고 사원의 면적은 1만 평(3만 3,058m²)에 이른다. 규모도 규모지만 이 탑은 전체가 두꺼운 황금으로 덮여 있고 여기에 사용된 금의 양은 무려 72t에 달한다. 뿐만 아니라 탑의 꼭대기에는 무수히 많은 보석들이 박혀 있는데 73캐럿의 다이아몬드를 비롯해 5,000개가 넘는 다이아몬드, 2,300여 개의 루비, 그리고 1,065개의 금으로 된 종과 420개의 은종 등 탑 전체가 그야말로 거대한 보석덩어리이다. 실로 불가사의한 일이 아닐 수 없다.

'쉐'는 황금을 뜻하고 '다곤'은 언덕을 뜻한다. 60m의 언덕 위에 조성된 이 거대한 탑은 1453년 한타와리 왕조의 신소부 여왕이 자신의 몸무게만큼의 황금을 사원에 보시하면서 황금의 역사가 시작되었고, 그 뒤를 이은 왕들과 불교도들 역시 끊임없이 황금을 보시하면서 탑을 황금빛으로 물들이게 되었다. 지금도 황금 보시는 계속되고 있다고 한다.

이 탑이 이토록 소중하게 여겨지는 이유는 다름 아닌 부처님의 머리카락 8발이 탑의 지하에 묻혀 있기 때문이라고 한다. 세상의 모든 불탑은 부처님의 입멸 후에 조성되었는데, 오로지 이 쉐다곤만은 부처님 살아생전에 조성된 유일한 탑이라는 점도 중요한 특징이다.

가까이서 보니 더더욱 대단한 불탑이었다. 언젠가 방콕에서 야간 비행기를 타고 그리스로 향한 적이 있었는데, 방콕을 출발해서 1시간가량 지나자 기내방송이 흘러나왔다. "지금 왼쪽 편으로 미얀마의 쉐다곤 파고다가 보입니다."라는 것이었다. 설마 하고 창문을 내려다보니 캄캄한 어둠 속 아득히 먼 곳에 황금빛 무언가가 찬란하게 빛나고 있었다. 그렇게 높은 곳에서도 황금빛이 보일 정도로 대단한 탑이다. 우리가 그곳을 방문했을 때도 수많은 사람들이 탑 주위에 몰려 앉아서 끊임없이 기도를 올리고 있었다.

탑을 빙 돌아 각 요일에 해당되는 동물들의 형상이 놓여 있었다. 사람들은 자신이 태어난 요일의 형상에 물을 붓거나 꽃을 바치며 기도에 정성을 다했다. 한 젊은 스님이 내게 다가와 영어로 말을 건넸다. 한국에서 왔다고 했더니 뜻밖에도 한국 드라마 이야기를 꺼내며 웃는 것이었다.

그는 나에게 무슨 요일에 태어났느냐고 물었다. 내가 모른다고 했더니 가방에

서 누렇게 바랜 작은 책자를 꺼냈다. 그 책은 태어난 연월일에 해당하는 요일을 찾아볼 수 있는 책이었다. 생년월일을 알려주니 "수요일이군요. 아침에 태어났어요? 아니면 오후?" 하고 또 묻는다. 저녁인 것 같다고 대답했더니 "저쪽에 상아 없는 코끼리가 있어요. 거기에서 기도를 하면 돼요. 소원성취하세요." 하면서 악수를 청하고는 사라졌다.

양곤에도 크고 작은 많은 사원들이 있으나 여행을 하면서 사원들은 충분히 보았다는 생각이 들어, 그보다는 위빠싸나 명상으로 유명한 마하시 센터를 방문해서 조금 더 알아보고 싶었다. 마하시 센터는 위빠싸나 명상을 대중화시키고자 북부의 작은 마을에서 위빠싸나 수행을 지도하던 마하시 대선사를 모셔와 1947년에 문을 연 명상센터다.

위빠싸나 수행은 한마디로 부처님의 수행방법이라고 할 수 있다. 자기 자신을 학대하는 듯한 고행의 방법으로는 결코 득도할 수 없다는 것, 즉 고행은 잘못된 수행방법이라는 것을 깨달은 부처님은 새로운 방법을 제자들에게 가르쳐왔고 그것이 바로 위빠싸나라는 것이다. 위빠싸나는 팔리어(Paali, 남방 불교의 경전은 팔리어로 쓰여 있다)로 '특별한 것을 보는 행(行)'이라는 의미를 지니고 있다. 여기서 '특별한 것'이란 바로 '나 자신'을 말한다.

불교에서는 '인과법'이라는 것이 있는데, 풀이를 하자면 '모든 것은 원인이 있기 때문에 결과가 있는 것이다'라는 의미다. 또한 모든 행동은 의도에 기인한다. 즉, 의도가 없이는 어떠한 행동도 이루어지지 않는다는 것을 기초로 한다. 따라서 '자신의 모든 의도를 본다'는 것이 위빠싸나의 핵심이라 할 수 있는 것이다.

자신이 어떠한 행동을 할 때 그 행동의 모든 단계들을 나누어서 인지하면서 행동하게 됨으로써 그 행동 하나하나에 대하여 완벽하게 통제가 될 수 있도록 하는 것이다. 예를 들면, 밥을 먹을 때 '숟가락을 든다', '밥을 뜬다', '입에 넣는다', '씹는다'…. 이런 식의 수행이다.

마찬가지로 화가 나서 주먹이 날아가려고 할 때도 '화가 나려 한다, 화가 나려 한다'라고 먼저 그 의도를 마음속으로 읽게 되면, 주먹을 날리기 전에, 또는 상대에게 상처가 될 만한 이야기를 무심코 던지기 전에 먼저 '내가 화를 내면 상대방의 마음이 아프겠구나' 하는 것을 깨닫게 되고, 참고 다스림으로써 후회할 짓을 안 하게 되는 이치인 것이다. 이러한 일이 여러 번 반복되다 보면 자연스럽게 마음 깊숙한 곳으로부터 평정심을 갖게 되는 것이다.

부처님이 말하는 우주란 바로 우리가 사는 세상을 말하는 것이다. 좋은 표정을 갖고 있는 사람들은 그 자신이 바로 극락에서 살고 있는 것이다. 위빠싸나 명상을 하게 되면 사람들이 서로 사랑하고 아끼게 되며 긍정적으로 살아가게 되어

결국은 인생의 질이 높아진다는 것이다.

이 수행을 계속하게 되면 나중에는 영원한 것은 단 하나도 없다는 '무상'과 자기 자신을 초월하는 '무아'를 느끼게 되고, 마지막에는 울고 우는 것조차도 고통이라는 '고'를 느끼게 되는데, 이 세 가지를 깨닫는 것이 바로 위빠싸나 수행이며, 이것을 깨달았을 때 비로소 진정한 행복이 마음속에 자리를 잡는 것이라고 한다. 명상센터에는 전 세계에서 많은 사람들이 찾아와 장기간 머물면서 명상을 하고 있었다.

이번 미얀마 여행을 마치며 마음 깊이 느낀 것 한 가지는, 미얀마는 세계 어느 나라보다도 깊은 불심의 나라이며, 불심을 실천하며 살아가는 소박하고 착한 사람들의 땅이라는 것이다. 그리고 승려의 고단한 삶을 새롭게 보게 되는 계기도 되었다. 승려가 법복을 입는 것은 행복을 찾기 위해서지 결코 고행을 하기 위해서가 아니라는 것과, 억지로 가족과의 연을 끊고 불교에 귀의해서 227개의 계율을 지켜가며 자신과 싸우면서 고달프게 살아가는 스님 역시 그저 '외로운 평범한 사람'에 불과하다는 것을 느끼게 되었다.

10월 중순, 양곤 공항은 폭우가 내리고 있었다. 그러나 머지않아 비도 멈출 것이고 시원하고 맑은 건기가 또다시 찾아올 것이다.

[여행 일정 요약]

8박 9일(10월 3일 ~ 10월 11일) 1일 11시 35분 인천 공항 출발(방콕 경유) ◎ 18시 30분 양곤 도착 2일 양곤 출발(국내선 항공편) ◎ 바간 도착, 바간 지역 유적 답사 3일 바간 부근의 유적과 포파산 답사 4일 바간 출발(국내선 항공편) ◎ 만달레이 도착, 만달레이 답사 5일 만달레이의 수도원과 민군의 유적지 답사 6일 만달레이 출발(국내선 항공편) ◎ 헤호 도착 ◎ 인레 호수로 이동 7일 인레 호수 주변의 주요 지역 답사 8일 헤호 출발(국내선 항공편) ◎ 양곤 도착, 양곤 시내 답사 ◎ 19시 45분 양곤 출발(방콕 경유) 9일 06시 25분 인천 공항 도착

9박 10일 1일 11시 35분 인천 공항 출발(방콕 경유) ◎ 18시 30분 양곤 도착 2일 양곤 출발(국내선 항공편) ◎ 바간 도착, 바간 지역 유적 답사 3일 바간 부근의 유적과 포파산 답사 4일 바간 출발(국내선 항공편) ◎ 만달레이 도착, 만달레이 답사 5일 만달레이의 수도원과 민군의 유적지 답사 6일 만달레이 출발(국내선 항공편) ◎ 헤호 도착 ◎ 인레 호수로 이동 7일 인레 호수 주변의 주요 지역 답사 8일 헤호 출발(국내선 항공편) ◎ 양곤 도착 ◎ 바고로 이동 9일 바고의 황금 바위탑 답사 후 양곤으로 귀환(국내선 항공편) ◎ 19시 45분 양곤 출발(방콕 경유) 10일 06시 25분 인천 공항 도착

국명 인도 공화국
라자스탄의 인구 7,000만 명(인도 전체의 인구는 약 12억 명)
라자스탄의 면적 34만 2,239㎢(한반도의 약 1.6배)
주도 자이푸르(Jaipur)
주요 언어 힌디어, 라자스탄어
종교 힌두교(80%), 이슬람교(9.5%), 자이나교(1.6%) 기타

왕들의 땅에서 맛본 깊고 진한 인도의 맛

—라자스탄—

3

내가 인도에 처음 발을 디딘 것은 1983년. 지금으로부터 27년 전이었다. 당시에는 인도 여행에 관한 자료들이 많지 않아 서점에서 파는 가이드북과 다녀온 사람들의 경험을 토대로 루트와 일정을 만들고 그 일정에 따라 여행해보는 것이 고작이었다.

책 속의 정보는 비교적 정확했지만 그대로 진행하기에는 무리가 있었다. 물론 인도라는 나라의 특수성 때문이었겠지만 말이다. 처음엔 가장 잘 알려진 여행지인 중북부를 중심으로 여행을 했다. 그러자 인도 전체를 여행해보는 것이 소망이 되어버려서 중남부, 동부, 서부, 남부, 그리고 마지막으로 최북단의 카슈미르와 라다크까지 여행하게 되었다.

인도라는 나라는 한 번 여행으로는 턱도 없었다. 그래서 나는 기회가 있을 때마다 지인들과 인도 구석구석을 다니기 시작했다. 1983년 이후로 지금까지 23회, 다 합쳐서 170일 정도 인도에 머무른 셈이다. 구석구석이라고는 하지만 지금까지 다녀온 지역을 모두 합쳐도 인도의 절반도 안 될 것이다. 그만큼 인도는 정말 넓은 나라이고 가는 곳마다 신비함과 비현실감이 절절히 묻어나는 독특한 곳이다.

그 넓디넓은 인도 대륙 중에서도 특별히 라자스탄(Rajasthan)에 대해 소개하고자 하는 이유는, 라자스탄 지방이야말로 인도의 강렬한 색채를 가장 인도적인 채도로 보여주는 곳이기 때문이다. 나뿐만 아니라 나와 동행했던 이들의 의견도 마찬가지였다.

인도에서 가장 낙후된 주(州) 중 하나인 라자스탄 지방은 인도 서북부에 위치해 있는데 그 크기는 한반도의 1.6배를 넘는다. 남서쪽에서 북동쪽으로 뻗어 있는 아라발리(Araballi) 산맥이 라자스탄을 남과 북으로 나누는데, 서쪽 타르 사막지역에 자이살메르(Jaisalmer), 비카네르(Bikaner),

조드푸르(Jodhpur) 등의 도시가 있고, 산맥의 남쪽에는 숲과 계곡을 중심으로 발전한 자이푸르(Jaipur)와 우다이푸르(Udaipur) 등의 대도시가 있다. 라자스탄은 사막과 산맥 등으로 이루어진 척박한 땅으로 인도에서 인구가 가장 희박한 지역이다. 또한 북쪽으로 파키스탄과 국경을 접하고 있는 지정학적 특성상 여러 민족의 이동경로가 되어 많은 시련과 갈등을 겪은 곳이기도 하다. 어쩌면 그런 탓에 다양한 문화와 유적이 존재하는 것인지도 모르겠다.

라자스탄 지방을 색깔로 표현한다면, 인도 어느 지방보다도 원색적이고 다양한 색채가 존재하는 곳이라고 말할 수 있다. 수많은 전쟁을 치른 역사와 다양한 문화가 그렇고, 여인들의 원색적인 의상 역시 그렇다. 또한 우다이푸르(화이트 시티, White city), 조드푸르(블루 시티, Blue city), 자이살메르(골드 시티, Gold city), 자이푸르(핑크 시티, Pink city) 등은 그 도시를 대표하는 나름의 상징 컬러가 있다.

라자스탄은 역사적으로 전사 집단이라는 라지푸트족의 고향으로서, 이들은 1,000년 넘는 세월 동안 거대한 성과 궁전을 짓고 강한 독립심으로 척박한 지역을 통치하며 살아왔다. 전쟁에 패배하면 항복 대신 집단자결을 택한, 세계적으로도 보기 드문 민족성을 가지고 있는 강인한 사람들이었다. 수많은 전설과 신화, 그리고 자부심을 무기로 살아온 그들의 역사는 찬란한 유적과 애틋한 이야기들을 남겼고, 바로 이러한 요소들이 라자스탄을 자꾸만 다시 돌아보게 만들었던 것이다.

라자스탄의 매력은 크게 두 가지로 나눌 수 있다. 하나는 황량한 사막 위에 우뚝 서 있는 거대한 성들과 궁전, 섬세한 건축물들과 그 안에 소장된 보물 등 진귀한 유적들이 그것이고, 또 하나는 이곳의 사람들이다.

여인들의 원색 사리는 사막의 누런 색깔과 뚜렷이 대비되며 그녀들이 걸친 팔찌와 발찌 등의 요란한 장신구는 인도의 남부에서는 구경할 수 없다. 여인들의 얼굴은 이목구비가 뚜렷해서 대부분 유명배우 뺨 칠 정도다. 이것은 아마도 역사적으로 오랜 세월 동안 페르시아인의 피가 혼합되어서 그렇게 된 탓이겠지만 남인도 여인들의 작고 검은, 오목조목한 이목구비와는 확연히 차이가 난다.
한마디로 볼 것이 많이 남아 있다는 것, 그리고 그것들이 가장 인도적인 색채와 전통, 특징을 띠고 있다는 점이 나를 매료시킨 것이다. 척박한 사막에도 이토록 찬란한 문화가 존재할 수 있다는 점이 가장 인상적이었다. 인도 여행을 반복하다 보니 우리네 역사에서는 찾아보기 힘든 것들도 많이 배우고 알게 되었다.

이번 여행의 일정은 델리에서 시작해 델리로 끝나는 여정을 표준으로 하였다. 다른 방법으로도 수차례 다녀보았지만 이 방법이 한국 사람들에게 가장 잘 맞고 시간낭비도 줄일 수 있었다. 반시계 방향으로 원을 그리면서 유명한 지역은 물론, 유명하지 않아도 나름 뜻 깊은 지역은 가급적 일정에 포함시켰다. 내용 중 아그라와 마투라는 라자스탄 주에 속해 있지는 않지만 그 유명한 '타지마할'이 있는 지역이고, 시작점이자 종착점인 델리로 돌아오는 길에 있는 곳이라 여행 일정에 포함시켰다.

현대적이고 평범한 마하라자 아저씨(?)를 만나다 – 만다와

비행기로 델리에 도착한 우리는, 이튿날 아침 델리의 자욱한 스모그를 뒤로 하고 라자스탄 주의 사막 초입 도시인 만다와(Mandawa)를 향해 출발했다.

겨울이 되면 델리는 아침부터 안개로 자욱하다. 급격한 기온 차 때문에 강에서 발생하는 새벽안개가 온 도시를 휘감는 것이다. 거기다 소똥과 석탄을 태우면서 나오는 연기와 자동차 배기가스까지 합쳐지면서 하루 종일 매캐한 회색공기가 도시를 무겁게 짓누른다. 아침 공기는 제법 쌀쌀해서 두꺼운 겉옷을 걸치지 않으면 팔에 소름이 돋을 정도인데, 4~5월의 낮 최고 기온이 45℃를 오르내리는 것을 생각하면 무척 대조적이라고 할 수 있다. 인도는 지역별로 기후의 편차가 극심해서 전체적으로 '덥다'거나 '춥다'고 단정하기 어렵다. 하지만 다른 지역은 몰라도 라자스탄 지방만큼은 역시 겨울철이 여행하기에 가장 좋다. 사막을 끼고 있는 이곳은 여름에는 견디기 힘들 만큼 덥기 때문이다.

델리를 벗어나 고속도로에 들어섰다. '고속도로'라고는 하지만 사정은 우리와는 참 많이 다르다. 고속도로인데도 우마차가 옆에 버젓이 다니고 가끔씩 사람들로 북적거리는 사거리도 등장한다. 더구나 사거리에는 신호등도 없어서 이런 지역을 관통할 때마다 운전자는 극도로 조심하는 표정이 역력했다. 심지어는 역주행하는 차들도 심심치 않게 나타났다.

우리 운전수는 '싱'이라는 이름을 가진 인도인이었다. 인상이 참 좋은 사람이었다. 일행 중 누군가가 급히 화장실에 가고 싶다고 하자, 한참을 달리던 버스가 갑자기 고속도로의 가장자리에 급정거하듯 멈춰 섰다. 도로변에서 적당히 해결하라는 뜻이다.

인도의 화장실 사정을 모르는 바는 아니었지만, 그래도 이건 아니다 싶어 근처에 휴게소가 없느냐고 물었더니 알았다며 다시 출발했다. 30여 분을 달리던 버스는 중앙선에서 멈추더니 갑자기 유턴을 하는 것이 아닌가. 깜짝 놀라 "길을 잘못 들었어요?" 하고 묻자, 그는 천연덕스럽게 "휴게소가 길 건너에 있어서 어쩔 수 없어요."라고 대답한다. 휴게소에 가겠다고 커다란 버스가 고속도로를 유턴하는 곳은 여기밖에 없겠다 싶었지만 놀란 가슴은 쉽사리 진정되지 않았다. 화장실 일을 본 다음에도 역시 다시 역주행해서 고속도로에 올라탔음은 물론이다.

일행 중 한 사람이 "이렇게 화장실이 없는 나라들을 여행할 때는 여자들은 검은 비닐봉지 하나씩만 가지고 다니면 언제 어디서든 쉽게 해결된답니다." 하며 빙긋이 웃었다. 사용방법이 기발할 것 같은 생각이 들어서, "그래요? 검은 비닐봉지를 가지고 어떻게 하면 되는데요?" 하고 물었더니, 그는 "급할 때 아무데고 그냥 앉아서 일을 보면 돼요. 단 얼굴에 검은 비닐봉지를 쓰고…. 그러면 누군지 모르니까 창피할 일도 없잖아요?" 하면서 웃었다. "농담이예요, 농담! 하하하." 아무튼 인도는 어디를 가나 화장실이 문제이긴 하다.

어느덧 지방도로로 접어들자, 대도시와는 다른, 인도의 전형적인 모습들이 서서히 모습을 드러내기 시작했다. 마침 운동장에서 시험을 치르는 고등학교가 있어 잠시 차를 멈추고 구경을 했다. 넓은 교정 한가운데 학생들이 땅바닥에 줄지어 앉아 시험지를 받아들고 진지하게 답안을 작성하고 있었고, 학생들 사이사이를 서성이며 시험을 감독하는 교사들의 모습도 보였다.

우리는 방해하지 않기 위해 교정 담벼락 밖에서 사진을 찍고 있었는데, 교장 선생님처럼 보이는 노인 한 분이 다가오더니 입구를 가리키며 들어와도 괜찮다고 하며 들어오라고 권했다. 학교는 꽤나 소박한 공립학교였다. 교실에는 낡은 칠판과 책걸상이 30여 개씩 놓여 있었는데, 겨울에는 오히려 실내가 더 춥기 때문에 햇살이 따뜻한 운동장에서 시험을 치른다고 한다. 남녀공학인데도 남학생과 여학생을 구분하여 앉혀놓고 시험을 치르는 모습이 아직은 꽤 전통적이라고나 할까? 여학생 대부분이 단발머리였는데, 간혹 치렁치렁한 전형적인 인도 여성의 머리스타일을 한 학생도 있었다. 머리카락에 대한 규제는 없다고 한다.

만다와에 도착한 것은 거의 저녁 무렵이었다. 우리가 묵을 숙소는 만다와 성(Castle Mandawa)인데, 이 성은 18세기에 타쿠르 나왈 싱(Thakur Nawal Singh)에 의해서 지어진 것으로 지금은 호텔로 개조되어 관광객을 위한 숙소로 사용되고 있다. 성은 만다와 시내 한복판에 자리 잡고 있는데 성벽에는 여기저기 검은 때가 끼어 있어 세월의 무게를 느낄 수 있었다. 성벽 위에는 옛날식 대포들이 그대로 놓여 있고 입구 양옆으로는 퇴색된 프레스코 벽화가 그려져 있다. 호텔 직원들의 유니폼도 왕족을 모시던 신하들이 입었던 옛날 복장 그대로다. 호텔 로비에는 옛 왕족들의 사진이 걸려 있어 마치 타임머신을 타고 중세의 성을 방문한 듯한 느낌이 든다.

이 성의 주인인 '마하라자'는 다른 곳에 살다가 가끔씩 별장처럼 이곳을 방문했다고 한다. '마하'는 '크다'이고 '라자'는 '왕'이라는 뜻이니까 '마하라자'라는 말은 '위대한 왕'이라는 뜻이다. 우리나라 조선시대로 치면 '상감마마' 정도라고 보면 된다. 라지푸트족의 땅이었던 라자스탄은 옛날에는 수십 개의 크고 작은 왕국으로 나누어져 있었고, 각각의 왕국에는 그곳을 통치하는 왕과 성주들이 있었다. 옛날 같지는 않아도 그들의 지위는 계속 세습되어 지금도 출신지역에서는 마하라자로 불리며 살아가고 있다.

내가 이 성을 찾은 것은 이번이 두 번째로 처음 온 것은 3년 전 여름이었다. 타르 사막의 초입 도시인 이곳은 여름에는 살인적인 더위로 숨이 턱까지 찬다. 그래서 여름에는 관광객이 별로 없어 당시 우리가 묵었던 숙소에는 우리 일행 10명뿐이었다.

식당에는 에어컨 대신 더운 바람만 윙윙대는 선풍기밖에 없어서 성의 옥상에 저녁식탁을 차려달라고 부탁했다. 부드러운 바람을 느끼며 한참 저녁을 먹고 있는데 지배인이 급히 다가오더니 지금 마하라자가 이곳으로 행차한다는 것이다. 그럼 어떻게 하면 되느냐고 묻자 그가 들어오면 잠시 일어서서 가볍게 목례하고 예의를 표하면 된다고 했다.

말로만 듣던 마하라자를 직접 본다는 생각에 한껏 부풀었다. 일행들 모두 인도에 와서 마하라자를 만나리라고는 꿈에도 생각하지 못했다면서 '일생일대의 영광'이라는 표현까지 써가며 무척 들떠 있었다.

이윽고 호텔 종업원 두 사람이 검을 앞으로 빼어 들고는 뭐라고 외쳤다. "상감마마 납시오~!"쯤 되는 말인 듯했다. 우리는 일제히 먹던 것을 멈추고 자리에서 일어나 엄숙히 입구를 바라보았다.

드디어 우리 앞에 등장한 마하라자. 그러나 그는 짧은 러닝셔츠에 반바지와 운동화를 신은, 너무나도 현대적이고 평범한 아저씨였다. 금실로 짠 재킷이라든가 멋진 터번, 가죽장화를 신고 등장하는 상상 속의 마하라자와는 완전히 딴판이어서 우리는 적잖이 당황스럽고 얼떨떨하기까지 했다.

마하라자는 우리에게 악수를 청하면서 유창한 영어로 반가움과 고마움을 표시했다. 일행에게 시원한 맥주를 얼마든지 대접하라고 지배인에게 지시하고는 다시 유유히 사라졌다. 우리는 맥주를 실컷 마시며 그 소박하고 고마운 마하라자 아저씨(?)의 생김새를 떠올리면서 한참 웃었다.

누구도 흉내 낼 수 없는 마살라 차이의 맛 – 비카네르

만다와는 불과 100년 전까지만 해도 북인도에서 가장 부유한 지역 중 하나였다. 수도 델리에서 비카네르를 거쳐 파키스탄으로 이어지는 교통의 요지로서, 수많은 상인들의 무역거점이자 경유지로 지속적으로 발전해왔는데 무굴제국의 세력이 약해지고 경제발전과 더불어 무역상들의 루트가 바뀜으로써 점차 쇠퇴하고 잊혀지게 되었다. 지금도 남아 있는 이곳의 여러 하벨리(Haveli, 부자들의 저택)의 벽화들과 섬세한 조각들만이 당시에 이곳이 얼마나 화려한 도시였는지를 말해줄 뿐이었다.

흔히들 라자스탄을 '왕들의 땅'이라고 하지만, 이 땅의 지배계급이었던 라지푸트(왕가의 자손들이라는 뜻)들은 정작 왕가의 자손이 아니었다. 원래 평민이었으나 6~7세기경 이들의 뛰어난 전투능력이 필요했던 지배자에 의해 무사계급을 하사받은 것이다. 이후 지배계급에 영합하거나 자체 세력을 키운 그들은 라자스탄 지역에서 크고 작은 세력으로 자리 잡았고, 상호 견제와 연합을 반복하면서 지배계급으로 자리 잡았다. 근대에 이르기까지의 1,000여 년 동안 지배계급으로 군림해왔던 무사족 라지푸트들의 역사가 바로 라자스탄의 역사다.

이들 라지푸트들은 12세기 중엽 인도로 침입해온 이슬람 세력과 전투를 시작한 이후 350년 동안이나 회교도와 전쟁을 했다.

전쟁 상황에서 있었던 일 중, 지금까지 전해 내려오는 가장 유명한 일화가 있다. 13세기 초반 많은 영토가 이슬람 세력에 의해 점령당하자 라지푸트족은 후손을 잇기 위하여 아이들을 피신시킨다. 그러고 나서 라지푸트의 부인들은 결혼식 때 입었던 화려한 의상을 다시 차려입고 남편에게 작별인사를 한 후 자발적으로 불붙은 장작더미로 뛰어들었다. 그 희생의식을 통해, 부인들의 결연한 태도를 확인한 라지푸트 남자들은 부인들의 재를 이마에 바르고 죽음의 전장으로 돌진함으로써 그들 역시 결연하게 마지막을 장식했다는 얘기다. 이 의식은 죠하르(Johar)라 불리는데, 라자스탄 사람들의 불굴의 의지와 긍지를 상징한다.

그 후 기존 이슬람 세력은 새로운 이슬람 세력인 무굴제국에 의해 제압되었다. 라지푸트의 용맹함을 인정한 무굴제국의 위대한 황제 악바르는 그들의 독립을 인정했고, 혼인정책을 통해 상호공존의 길을 걷는다. 인도를 식민통치 하게 된 영국도 원만하게 통치하기 위해 기존 지배층의 기득권을 최대한 보장했고, 인도가 영국으로부터 독립한 이후에도 중앙정부는 통합된 인도를 만들기 위해 라지푸트들의 기득권을 인정해주었다.

그러나 1970년 인디라 간디가 수상이 된 후 이들의 특권과 기득권을 박탈하자 라지푸트들은 경제적인 어려움에 봉착한다. 이런 어려움을 타개하기 위한 자구책으로 라지푸트들은 자신들이 살던 궁전을 호텔로 개조해 숙박업을 시작했다. 라자스탄 지역에는 이런 궁전호텔(Heritage Hotel)들이 많은데, 덕분에 우리 같은 관광객들도 잠시나마 왕족 같은 호사를 누릴 수 있게 된 것이다.

다음날 아침, 호텔 옥상에서 바라본 일출은 또 다른 느낌이었다. 드넓은 사막의 평원에 펼쳐진 만다와의 풍경과 그 너머에서 떠오르는 태양의 모습은 바다나 강에서 바라보는 일출과는 전혀 다른 모습이었다.

아침식사를 마친 우리는 아쉽지만 중세에서의 하룻밤을 뒤로 하고 보존 상태가 가장 양호한 셰크바티(Shekhvati) 가문의 하벨리를 방문했다. 이 저택의 섬세한 조각과 아름다운 프레스코 벽화들을 본 우리 일행은 감탄사를 연발했다. 과거의 예술가들은 부자들의 전폭적인 지원 없이는 거의 활동이 불가능했는데, 이런 섬세한 조각과 회화들을 보면 이 지역이 한때나마 얼마나 부유한 도시였나를 짐작할 수 있었다.

흔히 사람들은 만다와를 '옥외 박물관'이라 부르기도 한다. 그 이유는 이 작은 도시에 아름다운 벽화를 가진 하벨리와 근사한 우물들이 많이 있어서 그 하나하나가 모두 역사적인 가치를 가졌기 때문이다. 하지만 안타깝게도 대부분의 벽화들이 그냥 방치되어 있어서 많은 곳이 훼손되고 칠이 벗겨졌다. 그래서 이런 유적들을 돌아볼 때는 어느 정도 상상력이 필요하다. 훼손되거나 파괴되기 이전의 모습을 떠올리면서 그 당시의 색채와 느낌, 풍경, 사람들의 모습을 상상하다 보면, 여행의 또 다른 즐거움을 발견할 수 있다.

궁전호텔이 처음이었던 일행은 만다와에서의 하룻밤을 아쉬워하며 비카네르(Bikaner)로 향했다.

길가나 시장통의 허름한 찻집에서 인도식 차를 한 잔씩 마시는 것 또한 작지만 소중한 인도 여행의 즐거움이다. 값은 대개 5루피 정도인데 그 맛은 아주 특별하다. '차이(Chai)'라 불리는 인도식 홍차는 대충 물에 타거나 적당히 끓여내는 것이 아니라 약간 복잡한 레시피가 필요하다. 그래서 '차를 끓인다'고 하지 않고 '차를 요리한다(Cook the Tea)'라고 표현한다.

우선 약간의 생강을 넣고 물을 끓인 다음 홍차 잎과 마살라(Masala)라는 향신료를 넣고 계속 끓인다. 마지막으로 우유와 설탕을 넣고 한소끔 더 끓이다가 우유가 넘치기 직전에 불을 끄고 망을 이용해서 홍차 잎과 생강, 그리고 향신료를 거른 다음 잔에 따라 손님에게 내놓는다.

인도 차이는 '마살라 차이'라고도 부르는데, 신기하게도 수십 배 더 비싼 값을 내야 하는 호텔이나 레스토랑에서는 결코 맛볼 수 없는 감칠맛이 이런 허름한

'길다방' 차이에는 있다. 오랜 세월 동안 차이만 만들어 팔다 보니 나름의 기술과 비법이 쌓인 것일까? 향신료를 조금 사가지고 와서 집에서 만들어 보았는데, 아무리 노력해도 인도에서 마시던 그 맛을 내는 데는 실패하고 말았다.

라자스탄 지방을 여행하며 특별히 맛있다고 느낀 것이 바로 차이와 난이다. 난은 밀가루를 반죽해서 납작하게 편 다음 화덕에서 구워내는 얇은 빵으로 사실 인도 어디서나 맛볼 수 있는 인도인들의 주식이다. 하지만 유독 라자스탄의 난은 고소하고 쫄깃쫄깃했다. 라자스탄 지방에서 나는 특별한 밀가루 때문인지, 그 고소함과 특유의 질감은 라자스탄 지방이 아니면 맛볼 수 없다.

비카네르 또한 타르 사막 초입에 있는 도시로 구(舊) 시가는 거대한 성벽으로 둘러싸여 있다. 조드푸르의 마하라자였던 라오 조다(Rao Jodha)의 후손인 라오 비카지(Rao Bikaji)에 의해 15세기에 처음 건설된 이곳은 19세기 초반까지 최고

의 전성기를 맞아 한때는 인구가 200만 명에 이른 적도 있었다.

점심식사를 한 곳은 비카네르의 반와르 니와스 팰리스(Bhanwar Niwas Palace)라는 호텔이었는데, 이 호텔 역시 과거 궁전이었던 것을 개조한 곳이다. 궁전호텔에서 숙박을 하고 궁전호텔에서 점심식사까지 하니 마치 중세의 왕족이 된 느낌이었다.

라자스탄은 인도의 다른 지역과 달리 곳곳에 중세의 성곽과 궁전이 남아 있어 다른 곳에서는 맛보기 어려운 색다른 즐거움을 준다. 옛 성곽호텔에서 식사나 숙박을 경험하는 것도 그중 하나인데, 마치 중세 인도로 시간여행을 떠난 것처럼 과거 왕족들이 누렸던 삶을 어느 정도 리얼하게 맛볼 수 있다.

점심식사 후 우리는 주나가르 성 앞에서 오토릭샤를 타고 비카네르의 구 시가지로 들어갔다. 구 시가지는 거대한 재래시장이나 다름없었다. 귓전을 울리는 릭샤의 소음과 좁은 골목길의 소란스러움에 정신이 멍할 정도였다. 쓰레기를 뒤지는 돼지무리, 노상방뇨를 서슴지 않으며 길을 막고 서 있는 흰 소들. 곡예를 하며 릭샤 옆을 스치듯 지나치는 오토바이들과 우마차들, 짐꾼들, 거지들…. 그 와중에 시장통 한가운데 있는 철로를 오가는 기차와 호루라기를 불며 고함을 치는 경찰들까지…. 그 속으로 한참 들어가자, 18세기에 건축된 중세의 하벨리들이 코를 맞대고 있는 부자 동네가 나타났다.

지금은 대부분 사람들이 살고 있지 않아 빈집으로 남아 있는 이 저택들은 외관 역시 훌륭하고 아름다웠다. 만다와의 하벨리는 벽화가 유명한데, 이곳의 하벨리들은 벽화 대신 정교한 조각이 유명하다. 사암으로 지어진 발코니와 기둥, 창틀 등에 새겨진 섬세한 조각들은 얼핏 보기에도 돈깨나 들었을 것 같아 보였다.

비카네르는 과거 금은세공이 활발했고, 무역 중개지로 실크로드 시절부터 명성을 날리던 도시다. 비카네르의 명성이 최고조에 달했을 무렵에는 수많은 귀족들과 대상들이 앞을 다투어 하벨리를 건축하고 이곳에 머물렀다.

숙련된 기능공들의 손에서 아름답게 빚어진 금, 은, 보석들은 무역상들에 의해 파키스탄과 페르시아의 귀족들에게 팔려나갔다. 현재는 후손들에 의해 명맥만 유지될 뿐, 그저 호기심 어린 관광객들만 이따금씩 들르는 곳이 되었다.

비카네르에서 약 30km 떨어진 데쉬노크(Deshnok)라는 소도시에는 세계 유일의 쥐사원인 까르니마따(Karnimata) 사원이 있다. 19세기 비카네르 지역의 마하라자 강가 싱(Ganga Singh)에 의해 봉헌된 것으로 사원 정문의 정교한 대리석 조각과 거대한 은(銀) 대문의 장식이 여행자를 압도한다.

이 사원에 얽힌 전설이 있다. 지금으로부터 약 700여 년 전에 '까르니'라는 여인이 태어났는데, 그녀는 두르가 여신이 환생한 화신이었다. 까르니마따(결혼을 하면 이름 뒤에 '마따'가 붙는다)는 결혼을 했지만, 신의 화신이라 일반적인 결혼생활을 할 수 없어 대신 자신의 여동생과 남편을 혼인시키게 되었다.

어느 날 여동생이 낳은 아들이 물에 빠져 죽자, 여동생은 까르니마따에게 데려와서 살려달라고 간청했다. 이에 까르니마따는 죽은 아이를 죽음의 신 야마(Yama)에게 데리고 가서 살려달라고 애원했다. 하지만 야마는 신의 법칙에 어긋난다고 거절했고, 화가 난 까르니마따는 야마에게 반발하기 위해, 앞으로 절대 신의 법칙에 따르지 않겠다고 선언했다. 뿐만 아니라 죽은 자신의 추종자들을 모두 쥐로 환생시켰고, 이후에 자신의 후손들이 죽으면 쥐로 환상하고 그 쥐가 죽으면 다시 사람으로 환생한다는 법칙을 정했다고 한다.

그래서 이곳 사람들은 사원 안의 쥐를 잘 모시는 것이 두르가의 화신인 까르니마따의 자손들을 잘 모시는 것이라고 생각한다. 이 사원에 있는 쥐가 몇 마리인지는 정확히 알 수 없으나 눈에 띄는 것들만 얼핏 세어도 수백 마리는 족히 될 듯했다. 인도 사람들은 이 쥐들을 우유와 곡식으로 극진히 봉양하고 있다. 쥐들은 사원 내 곳곳에서 볼 수가 있는데, 신기하게도 사원 밖으로는 한 발짝도 나가지 않고 이곳에 오는 사람을 무서워하지도 않았다.

10여 년 전 인도의 남서쪽 뭄바이에서 페스트가 창궐한 적이 있어서 전 세계가 긴장했었는데, 이곳 까르니마따 사원에서는 쥐가 이렇게 많아도 단 한 번도 페스트가 발병한 적이 없다고 한다. 쥐들에 둘러싸인 채 경건하게 기도를 드리는 인도인들의 모습이 재미있다. 하지만 쥐를 무서워하는 사람들, 특히 여성들은 주의하는 것이 좋다. 이곳 쥐들은 너무도 천연덕스럽게 사람 발등 위로 타고 올라오기도 하는 데다가 부주의하게 걷다가 쥐를 밟아 죽이기라도 하면 곤욕을 치를 수도 있기 때문이다.

우리가 구경을 마치고 나가는데, 신혼부부 한 쌍이 예복을 입은 채로 사원에 들어서고 있었다. 결혼식을 올린 후 경건하게 예를 드리며 소원을 빌기 위해서 쥐사원에 왔다고 한다. 인도가 아니라면 결코 볼 수 없는 특이한 광경이라는 생각이 들었다. 직접 눈으로 보기 전에는 다들 잘 안 믿는다.

비카네르에서 자이살메르 방향으로 40km 정도 떨어진 곳에 가지네르 팰리스(Gajner Palace)라는 호텔이 우리 일행을 기다리고 있었다. 황량한 사막 한가운데 무슨 호텔이 있을까 반신반의했지만, 막상 도착해서 보니 커다란 호숫가에 건축된, 기대 이상으로 아름답고 기품 있는 호텔이었다.

이 호텔도 200년 전에 마하라자의 사냥터였던 여름궁전을 개조한 것이다. 호텔 옆의 호수는 황량한 사막에 있는 커다란 오아시스로, 호수 외에도 궁전 주변의 드넓은 장원은 나무들로 빼곡했다. 바깥세상과는 너무나도 대비되는, 천국 같은 곳이었고, 이름 모를 새들이 저녁하늘을 수놓으며 숲 위를 즐겁게 날고 있었다. 그 옛날 마하라자의 부귀와 호사가 느껴졌다. 감동적이라는 표현보다는 사치스럽다는 느낌을 지울 수 없었다. 바로 이 궁전 밖에는 흙먼지가 날리는 들판에 소똥으로 벽을 바른 초라한 농촌 사람들이 한 모금의 물을 구하기 위해 무거운 흙 항아리를 머리에 이고 수km 떨어진 우물을 찾아가야 하기 때문이다.

잊을 수 없는 사막에서의 하룻밤 – 자이살메르, 타르 사막

비카네르를 출발한 지 2시간이 지났지만 버스는 아직도 황량한 사막의 도로를 달리고 있었다. 이곳의 사막은 사하라 사막같이 모래만 있는 사막이 아니라 아카시아 종류의 가시나무들이 즐비해서인지 아프리카의 케냐나 탄자니아의 국립공원을 달리고 있는 느낌이다.

역시 이런 곳에서는 화장실이 문제다. 화장실을 가야 하는데 휴게소는 아직도 1시간 이상 더 가야 한다는 게 아닌가? 비상수단을 쓰기로 했다. 좌남우녀(左男右女)! 즉, 버스에서 내려서 남자들은 왼쪽에서, 그리고 여자들은 오른쪽에서 급한 대로 일을 보자는 거였다. 여자들은 황급히 오른쪽의 덤불 뒤쪽으로 삼삼오오 들어갔고 남자들은 약속이라도 한듯 왼쪽에 일렬횡대로 서서 볼일을 봤다. 인도에서나 가능한 즐거운 경험이었다.

아무리 주위를 둘러봐도 황량한 사막과 약간의 덤불뿐이었는데, 어디서 나타났는지 아이들이 모여들었다. 며칠을 세수도 못 했는지 헝클어진 머리카락에 얼굴과 손등에는 때가 꼬질꼬질했다. 더러는 어린 동생으로 보이는 아기까지 들쳐업고 나와 주위에 모여들어 '캔디?', '볼펜?', '샴푸?'를 외쳐댔다. 사탕이나 볼펜을 달라는 건 이해가 가는데 샴푸를 달라는 건 뜻밖이었다. 물도 없는 이런 황량한 곳 어디서 머리를 감겠다는 건지….

마침 전날 호텔 욕실에서 가지고 나온 작은 샴푸가 하나 있어서 그나마 머리라도 감으면 예쁘게 변할 것 같은 아이에게 주었다. 그러고 나서 돌아서는 순간 그 옆에 있던 다른 여자아이가 내가 메고 있던 카메라 가방 쪽으로 다가오더니

슬며시 옆주머니에 손을 넣어 무언가를 꺼내서 도망치기 시작했다. 튜브에 들어 있는 여행용 고추장이었다. 도망치는 아이에게 다급한 마음에 우리말로 "그건 샴푸가 아냐. 고추장이란다. 그걸로 머리를 감으면 안 돼!" 하고 소리를 치자 도망치던 여자애가 나를 휙 돌아보더니 고추장을 짜서 머리에 바르며 좋아한다. 이런 낭패가….

자이살메르(Jaisalmer)에 도착했을 때는 늦은 오후였다. 빛바랜 해가 멀리 지평선 위로 넘어가고 있었고, 웅장한 자태를 뽐내는 자이살메르 성은 그 빛에 호박색으로 곱게 물들어가는 중이었다. 많은 관광객들이 브라만의 화장터에서 일몰을 감상하고 있었다.

성을 보기에 가장 전망이 좋다는 소문이 난 이 화장터는 지금도 사용되고 있는 곳이다. 말 그대로 브라만 계급에 속하는 사람의 사체만 화장할 수 있는 장소였다. 죽는 순간에도 카스트에서 벗어날 수 없다는 사실이 어쩐지 씁쓸하다. 화장을 끝낸 지 얼마 되지 않았는지 하얀 재가 소복이 쌓여 있는 공간 옆에는 쓰다 남은 장작이 어지럽게 널려 있었다. 이곳이 자이살메르 최고의 일몰 감상 장소라는 게 참으로 아이러니하다는 생각이 든다.

다음날 새벽 우리는 가디사르(Gadisar) 호수로 나가 일출을 감상했다. 이 저수지는 마하라자인 가드시 싱(Gadsi Singh)에 의해 건설된 것으로 한때는 자이살메르에 식수를 공급했던 중요한 곳이었다. 인도에서는 특정한 강과 호수를 성지로 만든 경우가 많아 주변에 많은 사원들이 있고 물가로 다가갈 수 있도록 계단이 만들어져 있다. 신앙심이 두터운 사람들은 일출에 맞추어 이곳으로 나와 신들에게 자신과 가족의 안녕을 위해 기도하는 것으로 하루를 시작한다.

'자이사르의 오아시스'란 뜻을 가진 자이살메르는 12세기 라지푸트의 통치자였던 자이살라(Jaisala)가 세우고 이후의 통치자들에 의해 점점 더 세력이 강해지고 발전해왔다. 인도와 중앙아시아를 잇는 교역로에 위치하고 있어서 무역으로 번성했으나 이 도시 역시 18세기에 들어서면서 뭄바이를 통한 무역이 활발해지자 그 역할이 많이 축소되었다.

광야 위에 우뚝 솟은 모래성처럼 보이는 자이살메르 성은 모두 99개의 보루를 지닌 호박색의 거대한 성채다. 12세기면 우리의 고려시대에 해당하는데, 그 당시에 이토록 어마어마한 건축물을 축조할 수 있었다니 열등감마저 느껴질 정도였다.

자이살메르는 인도의 가장 서쪽 끝에 자리 잡은 타르 사막의 성곽도시다. 성곽 안에도 주민들이 살고 있는데, 인도 전역을 통틀어 현재까지 성 안쪽에 주민이 사는 곳은 이곳이 유일하다. 다른 지역의 성들은 대부분 박물관과 같은 유적지로 보존하면서 관광객들을 입장시키는 데 반해 자이살메르는 실제로 주민들이 지금도 성 안에서 살면서 장사 등으로 생계를 이어나가고 있다.

자이살메르는 낙타 사파리가 유명해서 낙타를 타고 사막을 경험해보려는 관광객들이 많이 온다. 이곳 사람들은 과거의 영광을 뒤로한 채, 낙타 사파리를 즐기려는 관광객을 상대로 사파리 여행을 알선하거나 숙박업을 하면서 살아간다.

'태양의 문'이라 불리는 정문을 통해 성 안으로 들어가니 좁은 골목길에 사람들이 나와 분주하게 움직이고 있었다. 대부분 관광객들을 상대로 기념품이나 옷을 팔고 있었지만 일상적인 생활상도 자주 눈에 띄었다.

성 안에는 과거 전성기에 지어진 아름다운 하벨리들이 고스란히 보존되어 있었고, 마하라자가 살고 있는 궁전은 정면에 위치하고 있었다. 적들의 침입에 대비하기 위해 커다란 돌멩이를 둥글게 깎아 성벽 위에 나란히 놓아 둔 광경이 재미있다.

성 밖으로 나오면 성벽 옆으로 허술하지만 사람냄새가 물씬 풍기는 소박한 재래시장이 있고, 방앗간도 있으며 거리의 마술사도 있었다. 거리의 악사인 듯한 한 사내가 어설픈 솜씨로 인도 악기를 연주하고 있었고 옆에는 세 살쯤 돼 보이는 아들이 아빠 흉내를 내며 악기를 불고 있었다.

오후에는 낙타 사파리를 하기 위해 삼(Sam)이라 불리는 모래언덕으로 갔다. 거기에는 수백 마리나 되는 낙타들이 손님을 기다리고 있었고, 몰이꾼들은 관광객을 상대로 호객하느라 정신이 없었다. 게다가 집시 여인들과 음료수 장수들까지 한데 뒤섞여 무척 혼잡한 모습이었다. 관광객들이 도착하자마자 너 나 할 것 없이 우르르 몰려들었다. 사막의 고요함과 적막함, 그리고 일몰이 있는 고즈넉한 사막의 풍경과는 너무나 대조적인 모습이었다.

이곳의 대표적인 관광 상품인 낙타 사파리 투어는 낙타를 타고 서너 시간 동안 사막으로 들어간 뒤 야영으로 하룻밤을 지내고 돌아오는 1박 2일 코스가 대부분인데, 야영지는 여러 관광객들이 공동으로 이용하기 때문에 소란스럽고 혼잡하다. 이것이 낙타 사파리를 해본 사람들의 공통된 불만이었다.

그래서 우리는 이곳이 아닌 별도의 장소에 우리만을 위한 낙타 사파리와 캠핑 장소를 정해 놓았다. 인도의 타르 사막은 세계적으로도 다섯 손가락 안에 드는 광활한 사막인데, 이곳의 특징은 대부분이 덤불과 나무들이 있는 모래언덕으로 이루어져 있다는 점이다. 나미브 사막이나 사하라 사막처럼 풀 한 포기 없는 대규모의 사구(砂丘, 모래언덕)는 거의 없다. 타르 사막의 삼 지역만이 어느 정도 유사한 사구 형태를 지니고 있어 유독 이곳에만 이렇게 많은 여행자들이 몰려드는 것이다.

팔로디(Palodi) 부근의 조그만 사막 마을에 도착했다. 마을 입구에는 우리만을 위한 일단의 낙타무리와 몰이꾼, 식사를 담당하는 요리사들, 짐 운반 수레, 그리고 적적한 저녁 시간에 우리의 여흥을 돋우어줄 예쁜 댄서 둘과 악사들이 대기하고 있었다.

점심을 먹은 후 이들이 씌워준 터번을 쓰고는 한 사람씩 낙타에 올라타고 사막을 향해 출발했다. 악사들이 선두에서 끊임없이 노래를 불러 흥을 돋우며 긴 낙타 행렬의 사파리를 이끌었다. 대부분 낙타를 처음 타보기 때문에 많이 긴장하고, 겁먹은 모습이었으나 얼마 후 어느 정도 익숙해졌는지 몇몇 사람은 손잡이도 놓은 채 태연히 낙타 위에 앉아 카메라를 만지작거리는 여유를 보이기도 했다.

그런데 갑자기 행렬 뒤쪽에서 웅성거리며 고함치는 소리가 났다. 뭔가 사고가 생겼다는 직감이 뇌리를 스쳤다. 아뿔싸! 일행 중 K씨가 낙타에서 떨어진 것이

다. 눈앞이 아찔했다. 하지만 천만다행으로 우리가 지나가던 길이 부드러운 모랫길이라 크게 다친 데는 없어 보였다. 다만 높은 데서 떨어지면서 놀라서 충격을 받은 것이다.

어떻게 된 일인가 알아보니 가이드가 나눠준 물병이 문제였다. 출발할 때 가이드가 물을 한 병씩 나누어 주었는데 그 물병을 낙타 등에 매달고 가다가 언덕을 올라가며 낙타가 출렁거릴 때 물병이 떨어지면서 낙타의 목을 내리쳤고, 놀란 낙타가 앞다리를 번쩍 들면서 뛰쳐나가는 바람에 순식간에 낙마하고 만 것이었다. 이후 며칠 동안 K씨는 놀란 가슴을 진정시키느라 식사도 제대로 하지 못할 정도로 힘들어했다.

악사들이 노래를 멈추자 낙타 발목에 달아둔 방울소리만이 사막의 적막함을 갈랐다. 태양이 작열했지만 겨울철이라 그리 따갑지는 않았고 간간이 부는 상쾌한 바람은 코끝을 간지럽혔다. 이 일단의 사파리 행렬은 우리만을 위해 준비된 것이므로 어제 보았던 호객 행위와 같이 손님을 귀찮게 하는 행동은 일절 없었다. 오히려 손님의 기분이 상하지 않을까 몹시 조심하며 모든 일에 주의를 기울이는 듯 보였다. 오늘과 내일 이틀 동안 같이 지내게 된다는 생각에 우리도 차츰 이들과 가까워졌다.

사막 안에도 작은 마을들이 있었다. 어디서 구했는지 진흙으로 벽과 담을 쌓고 지붕은 갈대줄기를 엮어 지은 집들이었는데 생각보다 깨끗했다. 물이 귀해서인지 작은 토기 항아리들에는 물이 들어 있었다. 이 척박한 타르 사막에서의 생활은 얼마나 힘들고 고달플까? 이들의 소박하고 순수한 모습을 보고 있노라면 사람이란 많이 배울수록 오히려 고상하게 사악해지는 게 아닐까 하는 생각이 들기도 했다.

마침내 캠프사이트에 도착했다. 오늘 우리가 잘 텐트가 이미 일렬로 준비되어 있었다. 우리는 텐트에 여장을 풀고 곧바로 사진촬영 준비를 했고, 낙타몰이꾼들은 삼삼오오 모여 각자 밤을 지내기 위한 준비를 시작했다.

캠프장 한쪽에서는 요리사들이 식사를 준비하고 있었다. 텐트는 작았지만 2중으로 되어 있어 이슬과 바람을 막기에 충분했고, 바닥에는 매트리스를 깔고 깨끗한 시트까지 덮어두었다. 거기다 그 위에 두꺼운 이불까지 놓여 있어서, 침낭 속에 들어가 이불을 덮으면 전혀 춥지 않을 것 같아 보였다.

저녁이 되자 캠프파이어가 피워졌고, 집시 여인들의 춤사위와 노래가 흥겹게 이어졌다. 과거 사막을 가로지르며 무역을 하던 카라반들이 해가 진 후 추위와 고독을 잊기 위해 이렇게 즐겼으리라는 생각이 들자 당시의 모습들이 영화필름처럼 머릿속을 스쳤다.

집시들은 스스로를 '롬'이라고 부르는데 이 말은 인도어 '돔'에서 유래한다. 이는 '노래와 춤으로 생계를 유지하는 낮은 계급의 사람'이라는 뜻이다. 10세기경 집시들은 인도 북서부 지방을 출발하여 서쪽으로 이동해 유럽 전역으로 퍼져나갔다. 그러니까 라자스탄은 집시들의 고향인 셈이다. 스페인으로 간 집시들의 춤이 스페인 전통무용과 결합하여 플라멩코가 탄생했다는 설은 설득력이 있어 보였다.

우리는 사치스럽게도 텐트 안에서 매트리스를 깔고 침낭 속에 들어가 이불을 덮고 자지만 낙타몰이꾼과 요리사들은 두꺼운 담요 한 장만으로 낙타, 혹은 덤불 옆에서 추위를 이기며 새우잠을 잔다고 생각하니 미안한 마음도 들었다. 이들 중에는 여자도 두 사람이나 있는데, 이들도 밖에서 밤을 새운다고 생각하니 마음이 아팠다.

밤이 되자 낮과 달리 대기가 싸늘하게 바뀌면서 추위가 엄습해왔다. 다행히 주변에 덤불과 나무들이 많아서 모닥불은 계속 피울 수 있었다. 몇몇 낙타몰이꾼들이 우리가 있는 모닥불 주변으로 모여 호기심 어린 눈으로 우리들을 바라보며 담소했다. 일행 중에 한 분이 이들과 함께 노래 청백전을 즉석에서 진행하는 바람에 시간가는 줄 모르고 즐거운 밤을 보내게 되었다.

보름을 하루 앞둔 밤이라 거의 완벽한 둥근 달이 캠프사이트를 환하게 비추고 있었다. 이따금씩 들려오던 사람들의 속삭임과 낙타의 하품소리도 어느덧 어둠 속에 묻혀버리고 사막은 마침내 고요 속에 잠이 들었다.

다음날 아침, 붉은 해가 사막의 지평선 너머에서 얼굴을 내밀기 시작할 때쯤 우리는 잠에서 깼다. 사막의 깨끗한 공기가 그대로 폐부 깊숙이 스며드는 것을 느꼈다. 영화 '바람과 함께 사라지다'에서 나왔던 타라의 고목처럼 생긴 나무 밑에는 악사들과 댄서들이 아침 공연을 하기 위해 우리를 기다리고 있었다.

미망인 화형의식 사티 – 킴사르, 조드푸르

낙타 사파리를 끝내고 돌아온 우리는 자이살메르를 떠나 조드푸르로 향했다. 버스를 타고 2시간가량 남쪽으로 이동하니 중세의 소도시인 킴사르(Khimsar)에 도착했다. 그곳에는 아담하고 고풍스러운 킴사르 성채(Khimsar Fort)가 우리를 기다리고 있었다. 킴사르 성은 조드푸르(Jodhpur)의 첫 번째 마하라자인 라오 조다의 8번째 왕자가 아버지로부터 독립하여 세운 성이었다.

성 내의 궁전 역시 호텔로 개조하여 관광객을 받고 있었다. 작은 호텔이지만 500년 전의 고색창연한 옛 모습이 그대로 잘 보존되어 있었고 아름다운 수영장도 갖추고 있었다. 특히 촛불로 장식한 테이블에서 성 아래의 마을을 굽어보며 즐긴 낭만적인 저녁식사에서는 탄성이 저절로 흘러나왔다. 다시금 어제의 그 빛바랜 붉은 태양이 사막의 저편으로 아스라이 지고 있었다.

조드푸르는 라자스탄 주 중앙에 있는 오아시스 도시다. 타르 사막 입구에 위치하고 있어 예로부터 상인들이 많이 모여드는 도시인데, 15세기에 성채가 구축된 후 성곽도시로 발전했다. 바위 절벽 위에 우뚝 서 있는 메헤랑가르(Meheranggarh) 궁전은 엄청난 규모가 압도적이다. 분홍색과 노란색 사암으로 지어진 이 궁전은 외벽과 내벽이 온통 섬세한 조각들로 이루어져 있다. 조드푸르는 역시 라지푸트의 일족이었던 라토르(Rathore)의 족장 라오 조다가 세웠으며 이후 아편과 구리, 백단향 등의 교역 중심지로 발전하며 크게 번성하게 되었다.

이 도시가 블루 시티(Blue City), 즉 푸른 도시라는 별명을 가지게 된 이유는 구 시가지 대부분의 집들이 파란색으로 칠해져 있기 때문이다. 파란 페인트를 칠한 이유는 이렇다.

성곽도시가 생긴 초기에 조드푸르의 마하라자가 인근 지역인 푸시카르(Pushkar)로부터 브라만들을 대거 유입시켰다. 이들 브라만은 대부분 시바 신(神)을 신봉하고 있었는데, 시바의 파란색 얼굴빛을 상징하는 뜻에서 자신들의 집을 파란색으로 칠하기 시작한 것이라고 한다.

힌두교의 3대 신 중 하나인 시바의 탄생 설화를 보면 우주가 탄생할 때 온 우주를 파괴하고 남을 만큼의 엄청난 맹독이 있었는데 독이 담긴 구체가 터지려는 찰나, 시바가 우주를 위해 그 독을 삼켰고 독은 그의 몸속에서 터지고 말았다. 그래서 우주는 무사했지만 독에 중독된 시바는 온몸이 파랗게 변해버렸다고 한다. 그 후로 시바는 인도인들이 가장 존경하는 신이 되었고, 파란색은 시바를 상징하는 색깔이 되었다.

이후 브라만에 이어 지배계급이었던 무사계급 라지푸트 역시 그들의 집을 파란색으로 칠하면서 파란색은 오랜 세월 동안 이 지역 지배계층의 권위와 부를 상징하는 색이 되었다. 인도 독립 후 사실상 신분제도도 없어지고 지배계급이었던 라지푸트의 특권도 상실됨에 따라 그동안 파란색을 칠하지 못했던 서민들까지 집을 파란색으로 칠하면서 조드푸르는 지금의 블루 시티가 되었다. 거친 회벽이나 시멘트 벽 위에 흰색 페인트를 칠하고 그 위에 푸른색을 덧칠함으로써 어딘지 약간 바랜 듯한 파스텔 톤의 사각형 집들이 불규칙하게 오밀조밀 붙어 있는 것이 고풍스러우면서도 특이한 분위기를 연출한다.

우리는 조드푸르의 원래 모습을 보고 싶어 이른바 '블루 시티'라 불리는 옛 마을로 내려갔다. 골목길은 언덕이 있어서인지 더욱 구불구불하고 몹시 좁아서 소라도 한 마리 걸어 나오게 되면 소든 사람이든 하나는 완전히 골목을 빠져나올

때까지 기다려야만 했다. 바닥은 옛날 그대로 돌길이었고 대부분의 집들은 파란색으로 칠해져 있었다. 정말 파란색이다!

다닥다닥 붙어 있는 집들 사이로 난 골목길은 좀 어두운 편이었다. 가끔씩 조그만 창문 사이로 아이들이 고개를 내밀어 지나가는 사람들을 쳐다보기도 했다. 그 비좁은 골목길로 오토바이, 사람, 소, 마차들이 쉴 새 없이 지나다녔다.

이곳에서 발견한 특이한 점이 있다. 이곳 사람들, 특히 여자들은 대부분 얼굴이 무척 곱고 전체적으로 귀티가 난다는 것이다. 아마도 그들의 카스트가 조상대대로 브라만이었다는 것과 무관하지 않으리라. 인도를 여행하면서 종종 느끼는 것이기도 하다. 어쩌면 당연한 것인지도 모르겠지만, 카스트가 높은 사람들이 확실히 외모에서부터 남다른 기품이 느껴진다.

마을에서 각자 자유시간을 갖고 정해진 장소에 모이기로 했다. 1시간 후 다 같이 모여서 이동을 해야 하는데, 한 사람이 보이지 않았다. S씨였다. 20분을 더 기다려도 오지 않는 것을 보니 길을 잃은 게 분명했다. 이곳은 똑같은 파란색 문과 담벼락에, 똑같은 모양의 집들이 대부분이고 골목길은 미로처럼 복잡하기 때문이다.

일단 길눈이 밝은 세 사람이 시간을 정하고 찾아 나섰다. 골목길을 한참 헤매고 있는데 머리 위에서 누군가 불렀다. 올려다보니 5층쯤 되는 건물 위에서 한 남자가 영어로 "혹시 사람을 찾으세요?" 하고 묻는 게 아닌가. 내가 "그렇다."고 대답하자 그는 나보고 올라오라는 것이었다. 처음에는 설마 저런 곳에 우리 일행이 올라갈 리는 없을 거라 생각했지만 속는 셈 치고 층계를 오르기 시작했다.

5층 꼭대기에 올라가 봤더니 그곳에서 S씨가 날 보자마자 엉엉 울음을 터뜨리기 시작하는 것이었다. 자초지종을 들어보니, 일행을 따라다니다 잠깐 뒤를 보며 사진을 한 장 찍고 돌아섰는데, 순식간에 아무도 없더란다. 깜짝 놀라서 진땀을 흘리며 이곳저곳을 한참 헤매고 있는데, 이 건물 주인이 "여기 올라오면 성이 아주 잘 보인다."고 하면서 올라오라고 하더라는 것이었다. 성이 잘 보이는 것이 중요한 게 아니라 올라가면 혹시 우리 일행이 보일까 싶어서 기를 쓰고 올라왔는데 막상 올라와서 보니 일행은 어디에도 안 보이고 다시 내려가면 어느 쪽으로 가야 하나 하는 막막함 때문에 넋을 잃고 앉아 있는 중이었다는 것이다. 낯선 나라의 미로 같은 마을에서 길을 잃었으니 얼마나 당황스러웠을까…. 그녀는 어린아이처럼 퉁퉁 부은 눈을 손등으로 부비며 안도의 한숨을 쉬고 있었다.

메헤랑가르 요새(Meherangarh Fort)는 조드푸르 여행의 백미다. 바로 조드푸르 역사의 기원이 되었던 이 성채와 궁전은 시내 어디에서도 잘 보일 정도로 거대한 바위 절벽 위에 우뚝 서 있다. 시내 전체를 조망할 수 있는 좋은 위치다. 현재는 박물관으로 바뀌어 당시 왕들의 생활상을 엿볼 수 있는 장소가 되었다. 환상적인 색채와 문양으로 치장된 방들과 가마들, 당시의 회화들과 무기들이 그대로 전시되어 있다.

이 아름다운 요새는 완만한 편이지만 궁전까지 올라가려면 제법 숨이 찬다(지상에서부터 측정한 높이는 약 40m다). 하지만 이 거대한 중세의 요새에는 현대식 엘리베이터가 설치되어 있어서 웃돈을 내면 지상에서 궁전까지 단숨에 올라갈 수 있다. 누구의 아이디어인지 대단한 발상이 아닐 수 없다. 덕분에 관광객들은 땀 한 방울 흘리지 않고 요새를 구경할 수 있으니 말이다.

궁전을 구경하고 걸어서 내려오다 보면 성문 옆에 여러 개의 손도장이 찍혀 있는 부조 작품 같은 것이 보인다. 이른바 사티(Sati)라는 풍습의 표시인데, 1843년 마하라자 만 싱(Man Singh)의 장례식 날 죽은 남편을 따라 장작더미 위로 몸을 던진 왕비들의 손자국이다. '사티'란 한마디로 표현하자면 '인도의 미망인 화형 의식'이다. 남편이 죽으면 아내가 남편을 따라 자발적으로 불길 속으로 뛰어드는 것인데, 이렇게 죽은 여자는 자신과 가족, 그리고 공동체에 명예와 존경을 안겨 주는 것이라고 여겼다.

하지만 그 속을 조금 더 들여다보면 다소 충격적이고 비참한 느낌까지 든다. 가난한 살림에 입 하나라도 덜자는 뜻에서 며느리에게 죽기를 강요하거나, 남편으로부터 물려받은 미망인의 재산을 노리고 남편의 집안에서 며느리의 순장을 적극적으로, 대부분 강제적으로 유도하는 경우가 많았다고 한다. 이러한 폐습은 20세기 초에 법으로 금지시켰지만 30~40년 전까지만 해도 인도의 농촌지역에서는 심심치 않게 벌어지곤 했다고 한다.

저 멀리 시가지 저편으로 또 하나의 거대한 궁전이 희미하게 눈에 들어왔다. 이것은 우메이드 바완(Umaid Bhawan)이라는 건물인데, 건물의 반은 박물관 겸 현(現) 마하라자의 저택으로 사용되고 나머지 반은 그야말로 왕의 호사를 경험할 만한 화려한 시설을 갖춘 최고급 호텔로 사용되고 있다.

그 호화로움에 걸맞게 숙박요금도 상당히 비싸서 숙박을 해보는 것은 나중으로 미루고, 이왕 여기까지 왔으니 호텔 구경이라도 해볼까 하고 릭샤를 타고 호텔에 도착했다. 하지만 내가 탄 릭샤는 보기에도 누추한 데다 털털거리는 소음까지 시끄러워서 호텔 입구에서부터 경비에게 제지당했다.

릭샤를 몰던 운전수는 나에게 "여기에 내려서 현관까지 걸어가세요."라며 겁먹은 얼굴로 시동부터 끈다. 은근히 호기심이 발동해서 다가오는 경비에게 약간은 거만한 표정으로 "난 이 호텔에 묵고 있는 손님인데, 다리도 불편하고 해서 현관까지 릭샤를 좀 타고 들어가야겠습니다." 하고 말했다.

경비는 잠시 난감한 표정으로 날 바라보더니 무전기로 호텔 프런트 직원과 무언가 얘기를 주고받은 후 “예, 알겠습니다. 들어가시지요.” 하며 바리케이드를 치워주었다. 늙은 운전수는 “내 평생 이 호텔에 릭샤를 몰고 들어와 보기는 처음이오.”라며 몇 개 남지 않은 이빨을 드러내 보이며 즐거워했다.

역시 호텔은 화려함 그 자체였다. 넓은 로비는 거대한 샹들리에와 조각상, 회화들로 장식되어 있고, 드나드는 숙박객들도 귀족이나 왕족들처럼 ‘때깔’부터 달라 보였다. 로비에 딸린 화장실조차 최고급 객실로 착각하고도 남을 만큼 아름다웠다.

나는 내친김에 커피숍으로 들어가 맥주를 한 잔 주문했다. 선녀처럼 어여쁜 웨이트리스가 다가오더니 바닥에 꿇어앉아 맥주와 땅콩을 정성스럽게 테이블 위에 올려놓았다. 그야말로 최고급의 서비스를 경험하는 듯해서 기분이 그만이었지만, 속으로는 ‘오늘 맥주 한 잔 때문에 돈 좀 쓰겠는데….’ 하는 좀스러운 생각이 마음을 압박했다.

하지만 잠시 후 선녀 같은 웨이트리스가 가져다준 계산서를 보고는 은근히 놀랐다. 맥주와 땅콩과 멋진 서비스가 뜻밖에도 미화 10불이 채 안 되었던 것이다(물론 인도 서민들의 물가로 따져보면 평범한 식당에서 마시는 맥주보다 3배 이상 비싼 값이긴 하다). 호텔을 나서자 멀리 호텔 입구에서 아까 내가 타고 왔던 릭샤의 운전사가 손짓을 하며 소리쳤다. 현관에서 릭샤를 타고 호텔을 빠져 나가는 나를 보고 호텔 손님들과 직원들이 신기한 듯 쳐다보았다.

우리가 묵었던 숙소도 꽤 괜찮은 비즈니스급 호텔이었는데 아까 맥주를 마셨던 그 호텔이 밤새도록 마음속에 맴도는 이유는 무얼까….

몰락한 토후의 씁쓸한 뒷모습 - 찬델라오, 라낙푸르

조드푸르에서 2시간 거리, 국도에서 깊숙이 떨어진 곳에 찬델라오(Chandelao)라는 작은 마을이 있었다. 관광지가 아닌 탓에 찾는 사람이 극히 적어 대도시와 달리 때묻지 않은 사람들의 소박한 생활상이 그대로 느껴지는 특별한 곳이었다. 대개 이맘때가 되면 이 부근은 황금빛 유채로 덮여 있었다, 올해는 유난히 가물었던 탓인지 마을 주변의 밭들에 메마른 흙먼지만 일고 있어 안타까움이 밀려왔다.

오늘은 이곳의 찬델라오가르라는 소박한 궁전호텔에서 하루를 묵기로 했다. 말이 궁전이지 여태껏 묵어본 궁전호텔에 비하면 '소박한' 정도가 아니라 '초라'하기 짝이 없는 곳이었다. 조드푸르 성과는 너무나도 대비되는, 작고 낡은 궁전이었지만 어쩐지 정감이 가는 그런 곳이었다.

붉은색 터번을 쓴 매우 잘생긴 젊은 사내가 방 열쇠들을 쟁반에 들고 일행을 기다리고 있었다. 알고 보니 그가 이 성의 마하라자, 이름은 프라두만 싱(Praduman Singh)이었다. 마하라자가 직접 방 열쇠를 주면서 손님들을 방으로 안내하는 경우는 처음이었다.

세상이 달라지다 보니 영지의 백성들을 호령하며 토후(土侯)로 살아가던 찬란했던 옛날은 이제는 더 이상 존재하지 않고, 어떠하든 먹고살아야 하는 절박한 현실만이 눈앞에 놓여 있었다. 결국 궁전을 호텔로 개조하는 것만으로도 모자라 인건비를 줄이기 위해 자신이 호텔 매니저 일까지 마다하지 않게 된 것이다. 객실은 모두 12개이고 종업원은 모두 합쳐 4명이다.

식사를 할 때도 마하라자가 동석했다. 저녁에는 자신의 어머니를 모시고 와서 손님들과 함께 식사를 하며 환담했다. 그의 어머니는 비록 현재의 생활은 넉넉

지 않아도 여태껏 귀하게 살아왔다는 분위기가 눈빛에서 묻어 나왔다. 교육을 많이 받았는지 교양 있어 보였고, 75세인데도 영어까지 능숙하게 구사했다. 그녀는 열여덟 살에 시집을 와서 평생 바깥구경은 별로 못 해보고 성에서만 살았다고 한다. 시집올 때만 해도 이 지역에서 수많은 사람들을 거느리며 부유하게 살았지만 세월이 가면서 세상도 변해 이제는 초라한 성의 안방마님이 되어버렸다고 눈시울을 적셨다.

찬델라오에서 멀지 않은 곳에는 재래시장이 있는데, 다른 곳에서는 보기 드문 정말 아름다운 시장이라는 생각이 들었다. 고추, 마늘, 감자, 배추, 무 등 싱싱한 농산물을 주로 파는데, 이 시장에서 장사를 하는 여인들은 일명 '비슈노이'라는 이름을 가진 종족으로 인물이 정말 뛰어났다. 조금 과장하면 모델이 아닐까 하는 착각이 들 정도로 아름다운 여인들이 미소를 머금고 장사를 한다.

이 비슈노이족은 라자스탄에 거주하는 종족으로, 누가 시킨 것도 아닌데 조상 대대로 야생동물들을 지키는 카스트를 자처하며 살아가는 매우 특별한 사람들이다. 그러고 보니 아프리카의 케냐나 탄자니아에서 볼 수 있는 영양이나 독수리, 여우 등을 심심치 않게 이곳 라자스탄에서 볼 수 있었다. 야생동물을 포획하는 것은 법으로 금지되어 있긴 하지만 그와는 별개로 비슈노이족들이 곳곳에서 야생동물 보호를 위해 감시를 게을리 하지 않는다는 것이 신기하다. 게다가 비슈노이들은 대개 농사를 지으며 살아가는데, 결코 육식을 하지 않는다. 특히 여인들은 척박한 시골사람답지 않게 대부분 예쁘고 깔끔하며 친절했다.

이튿날 찬델라오에서 아침 일찍 출발한 우리는 타르 사막을 완전히 벗어나 늦은 오후에 아라발리 산맥의 계곡에 위치한 라낙푸르(Ranakpur)의 자이나교 사원(Jain Temple)에 도착했다. 이 사원은 15세기에 건축된 사원으로 인도 내에서는 가장 크고, 가장 오래된 자이나교 사원이다. 많은 순례자들이 끊임없이 찾아오는 이 사원은 아그라의 타지마할 건축에 사용된 것과 같은 흰색 대리석으로 지어졌는데, 600년 전에 지어진 것이라고는 믿기 어려울 정도로 높은 완성미를 자랑한다.

사원에는 1,444개의 대리석 기둥이 있었는데, 모든 기둥은 각기 다른 문양으로 섬세하게 조각되어 있다. 더 놀라운 것은 조각된 대리석 천장 어디에서도 그 이음매를 찾아볼 수 없다는 사실이다. 사원에 들어가기 위해서는 가죽벨트나 가죽으로 만들어진 지갑과 핸드백, 가죽 슬리퍼 등은 모두 벗어놓아야 한다. 동물의 가죽이 곧 살생을 의미하기 때문이다.

자이나교는 불교와 비슷한 시기에 인도에서 발생한 유서 깊은 종교로 불교와 비슷한 교리를 가지고 있다. 힌두교, 불교와 더불어 고대 인도 문화에 커다란 영

향을 미쳤으나 현재는 그 신도 수가 200만 명이 채 안 된다. 그러나 서로 돕는 '상호부조'의 성격이 특히 강한 종교이고 경제적으로 크게 성공한 교인들이 많아 영향력은 있는 편이다. 자이나교는 극단적인 무소유와 불살생을 표방하는 종교다.

자이나 교도는 농사를 짓지 않는다. 무심코 떠낸 삽에 땅속의 벌레들이 다치거나 죽을 수 있기 때문이다. 자신의 의도와 관계가 있든 없든 생물을 죽이면 '살생'이라고 규정한다. 똑같이 살생을 금하지만, 이것이 불교와 다른 점이다. 어쨌거나 자이나 교도들은 농업에 종사하지 않으므로 주로 상업, 그중에서도 금융업에 종사하는 이들이 많은데, 그래서 그런지 부자들이 많다.

이들은 성지순례를 할 때면 흰 옷을 차려 입고 얼굴에는 반드시 흰 마스크를 쓴다. 그 이유는 감기를 예방하기 위한 것이 아니라, 혹시라도 공기 속의 미생물이 몸속으로 들어가 죽는 것을 막기 위함이다. 남자들은 알몸으로 성지순례를 하

는데, 적당히 팬티로 중요한 부분을 가리는 것이 아니라 아예 실오라기 하나 걸치지 않은 전라의 몸으로 성지순례를 한다. 상징적으로나마 무소유를 실천해보고자 하는 것이다.

이런 자이나 교도들이 돈이 많다는 것이 한편으로는 아이러니하기도 하다. '돈이 많은 무소유'라니. 하지만 그래서인지 자이나 교도들은 가난한 사람들을 위해 기부도 많이 하고 봉사활동도 아끼지 않는다. 이런 것이 진정한 노블레스 오블리제가 아닐까?

산기슭에 그림처럼 놓여 있는 이 사원의 주변 풍경은 이제까지 보아온 사막의 삭막한 풍경과는 상당히 대조적이었다. 푸른 숲의 넉넉함으로 가득한 풍경이 펼쳐진다.

그날 우리가 묵은 호텔은 파테 바(Fate Bagh)라는 궁전호텔이었다. 객실이 18개밖에 안 되는, 작지만 너무나도 사랑스러운 곳이다. 저녁이 되면 크리스마스트리

처럼 생긴 촛대에 무수히 많은 촛불을 일일이 밝혀 놓는다. 이 호텔의 주인은 우다이푸르의 마하라자라고 한다. 드넓은 장원에 겨우 18개의 객실로 과연 돈을 얼마나 벌까 하는 나의 기우는 마하라자에게는 별로 의미가 없을 것 같다. 그에게 이곳은 자신의 재산 중 그저 구우일모(九牛一毛)에 지나지 않을 테니까 말이다.

세상에서 가장 낭만적인 호수 위의 호텔 - 우다이푸르, 자이푸르

우다이푸르(Udaipur)에 도착한 우리는 시티 팰리스(City Palace)와 접해 있는 피촐라(Pichola) 호수 쪽으로 갔다. 그리고 그 호수 옆에 있는 근사한 야외 식당에서 분위기를 잡으며 우아하게 점심식사를 했다.

호수 가운데에는 우다이푸르의 상징이 되어버린 궁전호텔 레이크 팰리스(Lake Palace)가 있었다. 이 호텔은 영화 '007옥토퍼시'를 촬영해서 유명해진 곳이다. 레이크 팰리스는 18세기에 호수 위에 지어진 여름궁전인데, 호수 안에 지어졌다는 점에서 당시로서는 상당히 파격적인 건축물이었다.

그러나 20세기에 가장 낭만적인 호텔로 개조되어 현재는 세계 10대 호텔 중 하나로 꼽힌다고 한다. 이 호텔로 가기 위해서는 호숫가에서 투숙객 확인과 방문 확인을 한 후 배를 타고 들어가야 하는데, 호숫가에서 볼 때는 그리 화려해 보이지 않지만 내부를 둘러보면 화려함의 극치를 경험해볼 수 있다. 전 세계의 유명인사들이 이 호텔에 묵고 난 후 찬사를 아끼지 않았다고 해서 더 유명해졌다. 흰 대리석으로 지은 레이크 팰리스는 종업원들의 서비스 또한 정평이 나 있는 호텔이다.

우리가 시티 팰리스에 도착했을 때 빨간색 오픈 카 한 대가 우리를 스치듯 지나쳤다. 운전기사가 "마하라자가 탄 차가 지나간다."고 하며 우리보고 얼른 보라고 소리쳤다. 현재 마하라자는 왕궁 옆 저택에서 호화롭게 살고 있었다. 입구의 철창문은 빨간색으로 칠해져 있고, 정원의 조경은 유럽의 궁전을 연상케 했다. 이 마하라자가 바로 어제 우리가 묵은 라낙푸르 호텔의 주인이기도 하다.

이곳은 흰색의 시티 팰리스(왕궁)와 레이크 팰리스(호수궁전) 때문인지 화이트 시티, 즉 백색도시라는 별명을 지니고 있다. 많은 여행자들이 우다이푸르를 좋아하는 이유 역시 라자스탄의 다른 도시들과 달리 넓고 맑은 호수가 있으며 주변 경관이 무척 아름답고 거리가 비교적 깨끗해서라고 한다. 어딘지 모르게 여유롭고 쾌적한 분위기가 물씬 풍기는 도시라는 느낌도 들었다.

이곳은 1559년 메와르(Mewar) 왕국의 왕 우다이 싱(Udai Singh)이 건설한 까닭에 '우다이(Udai)의 푸르(도시)'라는 이름으로 불리게 되었다. 피촐라 호수가 내려다보이는 궁전을 중심으로, 조화를 이룬 역사적 건축물들이 배치되어 있어 꿈의 거리, 물의 도시 등으로 불릴 정도로 아름다운 도시다.

왕궁과 주변을 구경한 다음 배를 타고 호수 주변을 한 바퀴 돌았다. 호숫가 한쪽에는 시민들을 위한 빨래터가 있어서 사람들이 빨래도 하고 목욕도 즐기고 있었다. 왕궁을 비롯해 최고급 호텔들이 호수 주위에 자리 잡고 있었고, 저 멀리

산 위에는 미완성으로 남아 있는 몬순 팰리스(Monsoon Palace)의 유적이 희미하게 보인다. 우다이푸르에는 파테 사가르(Fateh Sagar)라 불리는 또 하나의 호수가 있는데, 우리의 숙소는 이 호수가 내려다보이는 언덕 위에 자리하고 있었다.

우다이푸르에서 자이푸르(Jaipur)까지의 도로사정은 여행 일정 중 가장 좋았다. 2차 혹은 3차선의 완벽한 포장 고속도로가 시원스럽게 깔려 있는 것을 보고 급속도로 발전하고 있는 인도의 경제사정이 느껴졌다. 재미있는 것은 엄연히 통행료를 받는 고속도로인데도 이곳 역시 우마차와 사람들이 도로를 버젓이 지나다닌다는 점이다. 아마 인도에서만 가능한 일일 것이다.

고속도로를 벗어나자 참으로 소박하고 오래돼 보이는 마을이 눈에 띄었다. 우리는 차를 멈추고 고즈넉한 마을 안으로 들어갔다. 짚과 함께 반죽한 소똥들이 널려 있었고, 그 옆에는 장작더미와 물소 서너 마리, 그리고 차파티를 굽는 화덕과 물항아리 등이 보인다.

우리네 시골과는 조금 다른 풍경이지만 소박한 시골 인심이 묻어나는 돌담길도 있었다. 그 옆을 따라 작은 마을로 들어서니 우리를 보고 동네 사람들이 호기심어린 눈을 반짝이며 여기저기서 모여들었다. 우리는 웃음을 지으며 손을 흔들고 아이들에게 볼펜과 사탕을 나누어주었다.

라자스탄 특유의 원색 사리를 입은 여인들이 나란히 서 있는 모습을 보고 카메라를 드니, 얼른 사리를 내려 얼굴을 가렸다. 얼굴을 가렸어도 얇은 천이라 희미하게나마 눈이 보였다. 특히 아름다운 눈을 가진 여인이 있어서 다가가니 집 안으로 숨어버린다. 사진 한 장만 찍자고 아무리 부탁해도 결코 눈을 마주치지 않았다.

그만 포기하고 돌아서는데 남자의 목소리가 들렸다. 돌아보니 남편인 듯한 남자가 여인의 옆에 서 있었다. 서툴지만 제법 영어를 할 줄 아는 사람이었다. 그는 “내가 이 여자의 남편인데 무슨 볼일이 있습니까?” 하고 물었다. 그래서 나는 “당신 아내의 눈과 입고 있는 사리가 너무 아름다워서 사진을 한 장 찍으려고 했을 뿐입니다. 부인인 줄 몰랐습니다. 불쾌했다면 미안합니다.” 하고 대답했다.

그러자 그는 빙긋 웃으면서 나에게 사진을 찍어도 좋다고 말하더니, 부인을 바라보며 얼굴을 보여주라고 명령(?)했다. 부인은 썩 내키지는 않았는지 조심스레 얼굴에 드리워진 사리를 걷었다. 정말이지 도저히 시골 아낙네라고는 믿어지지 않을 정도로 수려한 얼굴이 드러났다. 검은 눈썹과 그 밑에서 빛나는 커다란 눈동자, 그늘막으로 써도 될 만큼 길고 짙은 속눈썹, 날선 코와 도발적이고 도톰한 입술은 인도의 TV에 등장하는 영화배우들보다도 훨씬 더 아름다웠다. 용모만 보자면 영화 ‘트랜스포머’에 나온 메간 폭스도 울고 갈 정도였다. 하필이면 필름이 다 떨어져 사진은 못 찍고 말았지만.

라자스탄 지방의 여인들은 일단 결혼을 하면 남편과 시집 어른들을 제외하고는 자신의 얼굴을 외간남자에게 절대 보여주지 않는 풍습이 있다. 만일 얼굴이 보고 싶다면 남편에게 허락을 받아야 하고 남편이 부재중일 경우에는 시어머니나 시아버지에게 허락을 받아야만 가능하다.

이러한 관습은 원래 이슬람교를 믿는 중동에서 유래했다고 한다. 중동 여인들이 차도르나 부르카를 쓰고 외간남자에게는 자신의 얼굴을 보여주지 않는 것과 비슷한 것이다. 그녀들은 얼굴뿐 아니라 손이나 발등 등 신체 어느 부위도 남자에게 보여주지 않는다.

이러한 관습은 무굴제국이 인도를 지배할 때 전해진 것인데, 상대적으로 낙후된 라자스탄 지방에서는 아직까지도 특히 더 많이 남아 있는 것 같다. 더욱이 이

슬람 세력이 유입되면서 자연스럽게 피가 섞이게 되었는데, 그래서 그런지 북쪽 사람들은 선주민이 많은 남쪽 사람들에 비해 키도 크고 얼굴도 조금 희며 커다란 눈과 뚜렷한 이목구비를 지닌 사람들이 무척 많다. 특히 라자스탄 지역이 그러했다.

따지고 보면 우리나라도 조선시대에 양반집 규수들은 바깥출입을 할 때 반드시 얼굴을 가리고 다니지 않았던가?

자이푸르는 라자스탄 주의 주도(州都)답게 대도시의 면모를 지니고 있다. 인구 250만에 철도와 도로 등 교통이 편리해서 델리, 아그라와 함께 '골든 트라이앵글(Golden Triangle)'로 불린다. 18세기에 건설된 계획도시이며 구 시가는 성벽으로 둘러싸여 있다. 바둑판처럼 반듯하게 구획이 나누어진 도시의 가로줄에는 장밋빛 건물이 줄지어 있어 핑크 시티라는 별명이 붙었다.

이것은 1876년 영국의 에드워드 7세가 왕세자 시절 이곳을 방문할 때 그의 방문을 기념하기 위해 전통적으로 환영한다는 의미를 가진 '분홍색'을 시가지 전체에 칠해서 지금의 핑크 시티가 만들어지게 되었다. 현재는 시정부가 규정을 만들어 강제적으로 건물에 핑크색 페인트를 사용하게 하고 있다.

성벽 안쪽 구 시가의 풍경은 옛날 그대로였다. 자이푸르의 상징인 '하와마할(Hawa Mahal)'이라 불리는 '바람의 궁전'을 중심으로 직선으로 뻗어 있는 거리에는 다양한 형태의 각종 가게들과 사람들, 버스, 릭샤들이 얽혀서 복잡했다.

마침 호텔 부근에서 저녁에 결혼식이 있었는데, 제법 부유한 집안의 결혼식인지 많은 하객들과 음식들로 운동장이 빼곡했다. 신랑의 팔목에는 금빛 롤렉스시계가 빛나고 있었고, 신부 역시 팔과 손가락을 온통 금팔찌와 반지, 꽃으로 장식했다. 신부의 모습은 금은보화로 치장한 아라비아 왕비 같았다. 갑자기 '시티 오브 조이(City of Joy)'라는 영화가 떠올랐다. 릭샤를 몰아 어렵게 생활하면서 푼돈을 모아서 결국 딸을 시집보내는 아버지 하자리의 가슴 찡한 모습이 눈에 선했다. 인도의 빈부 격차가 다시 한 번 실감이 났다.

이튿날 아침 일찍, 시내를 빠져나와 '잘마할(Jal Mahal)'이라는 수상궁전으로 갔다. 일출을 놓치지 않기 위해 서둘렀다. 일출을 보며 촬영을 하고 나서, 우리 일행은 자이푸르가 건설되기 이전의 성곽인 암베르(Amber) 성으로 향했다. 마침 떠오르는 아침 햇빛을 받아 누런색의 암베르 성이 황금색으로 빛났다.

외국인들이 이 성을 앰버(Amber) 성이라 부르는 이유를 알 것 같았다. 아침 햇살에 비치는 성의 외벽 색깔이 호박(琥珀) 색을 띠기 때문이다. 일행은 입구에서 코끼리를 타고 성 위로 올라갔다. 성 위에 자리 잡고 있는 궁전은 거울의 방, 무굴시대의 궁전, 망루 등 아름다운 조각과 격조 높은 인테리어로 가득 차 있었다.

1년에 한 번 열리는 세계 최대의 낙타시장 – 푸시카르

이튿날 우리는 푸시카르에 가기 위해서 새벽같이 길을 나섰다. 이른 아침에 출발했지만, 푸시카르에 도착한 것은 한밤중이 다 되어서였다. 자이푸르를 출발해서 곧장 푸시카르로 왔으면 그렇게까지 오래 걸리지는 않았을 텐데, 이것저것 보고 싶은 게 많아 도중에 '디그(Dig)'라는 작은 마을에 들러 구경하고 오느라 시간이 많이 지체되어버렸던 것이다.

우리는 사전에 예약해둔 텐트촌으로 이동했다. 평소에는 방문객도 별로 없는 한적한 지방도시인 푸시카르는 매년 11월 보름달이 뜰 무렵이 되면 인도 전역에서 모여드는 낙타장수들과 성지순례자들로 인해 그야말로 북새통을 이룬다. 워낙 규모가 큰 행사이고 덩달아 우리 같은 외국인 관광객들까지 모여드니 숙소는 턱없이 부족하다.

그래서 이 기간에는 행사장 주변에 외국인 전용 특별 텐트촌이 몇 개 만들어진다. 텐트라고는 해도 호텔 요금보다 비싸면 비쌌지 결코 싸지 않다. 각 텐트마다 바닥에는 카펫이 깔려 있고 간이침대 2개가 나란히 놓여 있다. 각각의 간이침대 위에는 제법 두꺼운 요와 담요가 비치되어 있고, 호사스럽게도 텐트마다 별도의 화장실과 샤워시설도 갖춰 놓았다(비록 찬물밖에 안 나오지만). 이런 텐트에서의 하룻밤 숙박료는 텐트 1개당 100달러에서 최고 300달러까지 받는데(이제까지 우리가 묵었던 중간급의 호텔 숙박료는 평균적으로 100달러 정도였다), 그나마 사람들이 붐빌 때는 이것도 없어서 예약을 못 한다니 어이가 없다. 물론 이런 천막촌은 축제기간이 끝나면 이 사막의 신기루처럼 흔적도 없이 사라진다.

컴컴한 불빛 아래서 2명씩 짝을 맞춰 텐트를 배정하고는 내일 일정을 위해 일찍 잠자리에 들었다. 하지만 밤이 깊어지면서 사막의 추위가 이불 속으로 파고들기 시작했다. 추울 것을 예상해 좀 두꺼운 옷을 끼어 입고 자리에 누웠지만 소용이 없었다. 이불을 얼굴까지 뒤집어써도 점점 더 스며들어오는 한기는 좀처럼 가시지 않았고, 새벽이 되면서부터는 바닥과 천장에서 들어오는 습기 때문에 몸이 덜덜 떨리기까지 했다. 원래는 이 텐트에서 3박을 하기로 되어 있었는데, 이렇게 이틀을 더 잔다는 것은 무리라는 생각이 들었다.

아니나 다를까. 이튿날 새벽, 희미한 가로등 속에 마주친 일행들의 얼굴빛은 악몽 속에서나 볼 수 있는 얼굴들이었다. 잠 한숨 자지 못해 부석부석한 얼굴과 핏기 어린 눈, 까칠한 얼굴과 추레한 수염, 추위에 파랗게 질린 입술…. 평소의 점잖고 귀티 나는 얼굴들은 온데간데없고, 하룻밤 사이에 모두 괴기영화의 주연배우들이 되어 나타난 것이다. 내 얼굴을 보자마자 입을 모아 하소연을 시작했다. 그래서 오후에 다른 숙소를 찾아보기로 했다.

일단 푸시카르의 새벽 풍경을 촬영하기 위해 어제 미리 예약해놓은 마차를 타고 낙타시장으로 향했다. 여기서 마차란 우리나라의 마차와 똑같은 것인데, 말 대신 낙타가 끄는 것이 다를 뿐이다. 일반적으로 낙타는 말보다 걸음이 느리고 조용해서 뒤에 앉아서 가기에도 훨씬 안정감이 있어 좋았다.

해는 아직 본격적으로 솟아오르지 않았지만 동녘 하늘은 이미 밝아지기 시작했고, 간밤에는 어두워서 전혀 보이지 않았던 타르 사막의 낙타시장이 조금씩 그 모습을 드러내기 시작했다.

그런데, 갑자기 어둠이 채 가시지 않은 사막 위로 이상한 풍경이 펼쳐졌다. 눈에 힘을 주고 실눈으로 자세히 보니 수백 명, 아니 수천 명의 사람들이 사막의 모래밭 위에 촘촘히 앉아 있는 것이었다. 멀리서 봤을 때는, 조용한 광경이 마치 신에게 기도를 하는 것처럼 보였다. 하지만 마차가 점점 가까이 지나치면서 살펴보니, 그것은 기도하는 것이 아니라 배설하는 모습이었다!

순간 우리는 아연실색했다. 끝이 안 보일 정도로 수많은 사람들이 한꺼번에 쭈그리고 앉아서 약속이나 한 듯 함께 '일'을 보고 있는 모습이라니…. 상상도 해본 적이 없는 기가 막힌 광경이었다. 그렇게 붙어 앉아서 일을 보자면 앞사람 엉덩이도 자연히 보게 될 것이고, 그리 보고 싶지 않은 오물도 같이 보게 될 텐데, 그런 건 아무렇지도 않은 모양이었다.

그 수천 명의 사람들은 하나같이 주먹만 한 크기의 금속 물병을 왼쪽 옆에 두고 있었는데, 이 물로 뒤를 닦고 손을 씻는 것이다. 인도 사람들은 뒤를 닦을 때 휴지를 쓰지 않고 물로 씻는데, 반드시 왼손을 사용한다. 왼손이 불결하다고 여기기 때문에 왼손으로 악수를 하거나 물건을 주고받는 일은 이들에게는 결코 있을 수 없다. 물론 왼손으로 어린아이의 머리를 쓰다듬었다가는 부모에게 뺨을 맞아도 할 말이 없는 것이다.

아무튼 쭈그리고 앉은 사람들의 헤아릴 수 없이 많은 눈동자들이 마차를 타고 지나가는 우리의 눈과 마주쳤다. 이상한 긴장감이 우리 일행과 그들의 눈동자 사이에 잠시 감돌았다. 신기한 것은 모두 해바라기처럼 한 방향을 바라본다는 점이었는데, 마치 약속이나 한 것처럼 전체가 우리를 바라보고 앉아 있는 것이었다. 난 차마 눈을 더 마주치기가 어색해서 옆으로 얼굴을 돌렸다.

하지만 일행 중에 연세가 지긋하신 한 분이 얼굴을 돌리기는커녕 카메라를 꺼내서 연신 그들을 촬영하면서 들릴까 말까 한 소리로 한마디 하셨다. "저기는 지뢰밭이야. 잘 봐두라고. 나중에 저런 데서 헤매다 지뢰나 밟지 말고!" 우리는 터지는 웃음을 참았다. 지뢰밭 앞에서 차마 크게 웃을 수는 없는 일 아닌가.

이들은 일을 다 보고 나면 모래로 대충 덮어버린다. 그리고 낮에는 일을 보지 않기 때문에 우리같이 잘 모르는 외국인들은 이곳이 바로 그 일을 보는 장소인 줄 전혀 모르고 무심코 걸어 들어갈 수도 있는 것이다.

나중에 알게 된 것이지만 이렇게 일을 보는 장소가 부근에도 몇 군데 정해져 있었고, 이들은 다른 곳에서는 함부로 일을 보지 않는다고 한다. 남자용과 여자용 구역이 구분되어 있는데, 내친 김에 여자용도 구경하고 가자고 하자 현지인 가이드가 깜짝 놀라며 잘못하면 크게 망신당한다면서 손사래를 쳤다. 그제야 우린 크게 웃었다.

그러는 사이에 마차는 그 '구역'을 벗어나고 있었다. 그 후에도 이곳을 구경하며 종일 사막을 돌아다녔지만 우리가 알고 있는 개념의 화장실을 찾기란 타르 사막에서 바늘 찾기처럼 어려웠다. 사막에서 화장실 얘기를 하면서 '사막에서 바늘 찾기처럼 어렵다'는 표현을 사용하게 될 줄이야.

푸시카르 낙타시장은 원래 성지순례자들이 가져온 낙타를 사고팔던 풍습에서 시작되었다. 1년에 단 한 번만 펼쳐지는 거대한 낙타시장으로 올해(2010년)로 110년의 역사를 자랑한다. 매년 이때가 되면 라자스탄 지방의 상인들과 농부들뿐만 아니라 멀리 파키스탄 같은 나라에서 온 대상들이 낙타를 사고팔기 위해 이곳에 모여든다. 수만 마리의 낙타들이 광활한 사막 위에서 하루 종일 새 주인을 기다린다. 운이 좋아서 가져온 낙타들을 빨리 처분한 상인들은 삼삼오오 모여 앉아 차이와 술을 즐기며 세상 돌아가는 이야기를 하느라 여념이 없고, 아직 거래를 못한 주인들은 어린 새끼의 코와 귀에 꽃과 귀걸이를 달며 예쁘게 보이도록 치장하느라 바빴다.

낙타를 사려는 사람들은 낙타의 건강상태를 보기 위해 머리를 이리저리 움직여보기도 하고 등에 앉아보기도 하며, 배설물을 손으로 만져보기도 한다. 워낙 성질이 온순한 낙타는 주인이나 손님이 자기를 아무렇게나 흔들고 두드리고 주물러도 반항하는 법이 없다고 한다.

거래는 즉시 이루어지기도 하지만, 며칠이 걸리는 수도 있으므로 상인들은 데려온 낙타들과 함께 사막 위에서 천막도 없이 며칠 밤을 지낸다. 담요를 쓰고 웅크리고 앉아 빵을 굽는 이들은, 밤에는 춥고 낮에는 뜨거운 사막 기후 탓에 얼굴은 그을리고 푸석푸석하지만 참고 견디면 목돈을 손에 쥘 수 있다는 기대감 때문인지 표정이 그리 어둡지만은 않았다.

사막의 풍경은 이것만이 아니었다. 어둠이 걷히면서 밤새 감춰졌던 사람들의 냄새가 하나씩 드러났다. 손에 잡힐 듯 거의 다 꺼져가는 작은 불씨에 둘러 앉아 추위를 녹이는 손자와 할아버지, 꾀죄죄한 작은 손을 허우적거리면서 아직 잠이

덜 깬 엄마에게 젖을 달라고 보채는 아기, 얼핏 보면 작은 감자처럼 생긴 낙타의 배설물을 모으느라 낙타의 엉덩이만 노려보며 다니는 원색의 사리를 입은 아줌마들, 포장마차에서 차이를 마시며 언 몸을 추스르는 노인들, 낙타에게 물을 먹이는 인심 좋아 보이는 긴 콧수염 아저씨, 작은 물통을 들고 '일'을 보기 위해 사막 언저리로 잽싸게 달려가는 사람들….

마치 그 옛날 그림책을 보듯 다양한 장면들이 어둠 속에서 하나씩 등장하며 생중계 되고 있었다. 일행은 마치 신들린 사람들처럼 여기저기를 오가며 셔터를 눌러댔다. 말이 수만 마리지 덩치가 큰 낙타 수만 마리가 눈길이 미처 닿지 못하는 곳까지 광활한 사막을 가득 메우고 있는 것 자체가 바로 '불가사의'였던 것이다.

채식 도시에서 먹은 스릴 만점의 양갈비찜 – 푸시카르, 아지메르

사진들을 찍느라 잠시 잊고 있던 허기가 뱃속에서 신호를 보내기 시작했다. 다행히 모두 흩어지기 전에 미리 모일 시간과 장소를 얘기해두었으므로 정시에 모여 우리가 묵었던 텐트로 아침식사를 하러 갔다. 배도 많이 고프고, 오늘 하루 종일 움직일 각오로 좀 많이 먹어두어야겠다고 생각하면서 대형 천막 안에 차려진 식당으로 들어섰다.

그런데 눈을 씻고 찾아봐도 먹을 만한 게 없었다. 훅 불면 바로 날아갈 듯한 찐밥과 양배추를 채 썰어 익힌 것, 그리고 오이와 양파를 납작하게 잘라 소금 뿌린 것 외에는 아무것도 없는 게 아닌가. 어떻게 된 거냐고 물었더니, 이곳 푸시카르는 인도에서도 손꼽히는, 가장 보수적인 채식주의 지역이라는 것이었다.

이곳에서는 동물성 식품의 섭취는 엄격히 금지되며, 적발 시에는 체포는 물론 구금, 또는 추방까지 당하게 된다는 것이다. 외국인도 예외가 없단다. 기가 막힐 노릇이었다. 그것도 모르고 나는 식당에 들어오기 전까지만 해도 소시지와 베이컨에 스크램블 에그를 곁들여서 먹어야지 하고 아침메뉴에 대해 내심 기대했었으니…. 온몸에서 기운이 다 빠져나가는 기분이었다.

더 기가 막힌 건 우리가 비상식량으로 가져간 몇 개 안 되는 참치 통조림도 동물성이기 때문에 적발 대상이 되며, 그럼에도 불구하고 굳이 먹으려면 꼭꼭 숨어서 들키지 않게 몰래 먹어야 될 판이었다. 그나마 다들 가져온 것도 아닌데….

그러고 보니, 푸시카르의 시장에서도 계란이나 닭 같은 것을 파는 가게는 한 군데도 없었다. 사흘 동안 이런 밥과 채소만 먹고 움직일 생각을 하니 눈앞이 노래지면서 아찔했다. 현지 가이드도 별 뾰족한 아이디어는 없는지 난처해했다.

우리가 따라야 할 '로마의 법'은 너무 가혹했다. 푸성귀로 때운 늦은 아침식사가 끝나고 다시 낙타시장에서 흩어져 각자 자유시간을 가지는 사이, 나는 푸시카르 시내 언저리에 있는 호텔들을 찾아 나서기 시작했다. 식사도 부실한데, 오늘 밤에도 추위에 떨면서 텐트에서 자다가는 환자가 발생할 게 분명하기 때문이었다.

오후 내내 숙소를 찾아 헤매던 나는 마침내 허름하지만 그런대로 괜찮은 여인숙 하나를 발견했다. 비좁고 컴컴한 방에 초라한 침대가 전부였지만, 이곳의 최대 장점은 더운물로 샤워를 할 수 있다는 점과 밤새도록 전기를 사용할 수 있다는 점, 그리고 무엇보다 텐트와는 비교할 수도 없이 따뜻하다는 점이었다.

저녁시간이 되어 일행이 모였고, 그들을 데리고 낮에 예약해둔 여인숙으로 들어왔다. 방을 배정하고 나니 다들 텐트보다 훨씬 낫다며 환호했다. 그날 저녁은 현지가이드가 몰래 가져온 맛없는 참치 통조림 몇 개와 흰밥, 그리고 컵라면을 먹고 잠자리에 들었다. 방음이 잘 되어 있지 않아서 밤새 쿵쾅거리는 소리에 잠을 설치기도 했지만 그래도 따뜻하게 밤을 보낼 수 있어 모두 만족스러워했다.

다음날은 낙타시장 대신 이곳 사람들이 성지로 여기는 푸시카르 호수로 나갔다. 11월 보름달이 다가오는 7일간의 이때를 힌두어로는 '카틱푸르니마'라고 부르는데, 이것은 또한 우리의 추석과 같은 명절이기도 하다. 힌두교도들은 이 기간 동안 어떻게든 성지를 찾아가 강이나 호수에서 목욕을 하고 자신이 좋아하는 신이 모셔진 사원에서 한 해의 은혜에 감사하며 앞으로의 일을 신께 기원한다.

기도는 보통 동이 틀 무렵 호숫가를 찾아가 처음 떠오르는 아침 햇살을 받으며 행해진다. 대개 순례자들은 가족 단위, 혹은 부락 단위로 이곳에 모여든다. 대부분 시외버스나 기차를 타고 오지만 몸이 불편하지 않다면 수십km는 그냥 걸어서 오는 것이 보통이다.

인간에게 종교란 무엇이며, 인도 사람들에게 힌두교란 과연 무엇일까? 평소에는 그저 평범한 작은 마을에 지나지 않는 곳이라 기도하러 온 사람들을 위한 숙박시설이 있을 리 없다. 물론 있다 해도 가난한 순례자들이 머물기에는 돈이 모자란다. 또 돈이 있다 해도 이 사람들은 편안히 하룻밤을 지내는 것보다는 차라리 그 돈을 사원에 기부하는 게 더 마음 편할 것이다.

그래서 이들은 커다란 담벼락 아래에서 자신이 짊어지고 온 이부자리를 대충 펴고는 어설픈 잠을 청한다. 부락 단위, 가족 단위로 담 옆이나, 커다란 나무 아래, 또는 타고 온 트럭의 적재함을 잠자리로 이용하기도 한다.

11월의 푸시카르는 앞서 우리가 경험한 것처럼 전형적인 사막기후를 보이면서 밤에는 기온이 뚝 떨어진다. 날이 추우니 잠이 제대로 올 리가 없다. 그래서 그들은 조그만 장작불을 피워놓고는 모여 앉아 이야기를 하거나 신을 찬양하는 노래를 하면서 밤을 지새운다.

새벽이 되면, 동이 트자마자 순례자들은 이부자리를 접고 호숫가로 나간다. 푸시카르 호숫가에는 흰색의 건물들이 줄지어 있고, 물가로 내려가는 계단(가트라고 한다) 50여 곳은 이미 순례자들로 만원이다. 이들은 물가로 내려가 조심스럽게 옷을 벗고는 물속에 들어간다. 온 몸을 물로 씻고는 떠오르는 햇살을 향해 눈을 감고 신께 기도를 드린다. 푸시카르 호수의 물은 이미 성수이다.

태초에 창조의 신 브라흐마가 들고 있던 연꽃이 떨어지면서 그곳에 물이 솟아나 지금의 호수가 되었다고 믿는 이들에게 이곳은 성지 이상의 의미가 있다. 여인들도 물속에서 속살을 드러낸 채 절규하듯 신에게 기도한다. 한쪽에서는 성수를 마시고 옷을 빨고, 그 옆에서는 엄숙하게 죽은 시체를 화장한다.

이곳에서 화장을 하게 되면 죽은 자의 영혼은 신의 축복을 받아 다음 생에는 복을 받고 태어난다는 윤회사상을 깊이 신봉하기 때문이다. 이들에게 있어 죽음은 끝이 아니라 새로운 시작이다. 시간은 일직선으로 흐르는 것이 아니라 돌고 도는 원과 같은 것이고, 그래서 이들은 다음 생에 대한 알 수 없는 두려움과 기대감을 가지고 간절히 기도한다. 그렇게 이곳의 모든 풍경은 경건함과 성스러움, 바로 그 자체다.

이 성스러운 모든 것은 부정을 타서는 안 되므로 이곳에서는 사진촬영이 엄격히 금지된다. 이 호수에서의 경건한 목욕 절차가 끝나면 사람들은 밖으로 나와 자신들이 신봉하는 신을 모셔놓은 사원을 찾아간다. 거기에서 신께 돈을 기부하고 만수무강과 만복을 위해 다시 기도한다. 푸시카르에는 약 500곳의 크고 작은 사원이 있는데, 그중 가장 중요한 사원은 바로 창조의 신 브라흐마를 모셔놓은 힌두 사원으로서, 인도 전역에 걸쳐 하나밖에 없는 귀한 사원이라고 한다.

인도에는 다양한 신들이 있지만 인도인들이 가장 높이 모시는 신은 단 셋뿐이다. 하나는 인도 최고의 신인 '파괴의 신 시바', 그리고 '창조의 신 브라흐마', 이 모든 것들을 유지시키는 '유지의 신 비슈누'가 그것이다. 파괴와 창조, 유지, 그리고 다시 파괴가 이어지는 고리 속에서 유독 브라흐마는 인도에서 천대를 받는다고 한다. 그 이유는 조강지처를 버리고 바람을 피운 것이 원인이라고 한다. 그렇기 때문에 브라흐마를 정식으로 모시는 사원은 인도 전역에서 이곳, 푸시카르의 브라흐마 사원이 유일하다.

브라흐마가 바람을 피운다는 사실을 알게 된 첫째 부인은 브라흐마에게 '당신은 영원토록 오로지 이곳에서만 존재를 인정받을 것'이라고 말한 것이 현실로 이루어져, 그는 불쌍하게도 푸시카르에서만 영향력을 발휘하고 있는 것이다.

우리는 이들이 기도하는 모습을 지켜보다가 브라흐마 사원으로 발길을 돌렸다. 호숫가에는 선하고 참된 순례자와 승려들도 많지만, 승려 행세를 하면서 관광객의 돈을 교묘하게 갈취하는 가짜 승려도 무척 많으므로 각별한 주의가 필요하다.

그들의 수법은 이렇다. 관광객이 호수 가까이 다가가면 어디서인지 황색 법복의 승려 차림을 한 사내들이 나타나 정중하게 호수에 대해 설명을 하기 시작하며 서서히 물가로 데리고 가서 앉힌 다음, 주머니에서 하얀 실을 꺼내어 양쪽 손목에 감아주고는 머리에 손을 올린 후 요란하게 주문을 외우며 복을 비는 의식을 거행한다. 고맙다고 인사를 한 후 일어서면 복을 빌어준 대가로 시주를 하라고 요구한다. 당황한 관광객들이 주머니에 있는 잔돈을 주려고 하면, 가짜 승려들은 관광객을 에워싸고는 큰돈을 요구한다.

주변에 경찰이 있지만 신고해도 소용없다. 결국 겁먹은 관광객들만 순식간에 적지 않은 돈을 빼앗기고 마는 것이다. 많게는 수백 달러까지 갈취를 당하는 경우도 있는데, 우리를 안내하던 인도인 가이드도 가짜 승려에게 사기를 당해 20달러를 갈취당하고 마는 어이없는 일이 벌어지기도 했다.

오전에 브라흐마 사원을 구경한 후 작은 사원이 있는 뒷산에 올라가 시내 전경을 둘러보았다. 그러고 나서 다시 호텔로 돌아온 일행은 저녁에 '특식'을 먹을 작전을 짜기 시작했다. 이곳 사람들이 먹는 채식 식단만 가지고는 도저히 허기가 져서 견딜 수 없기 때문이었다. 주변에서 구할 수 있는 고기 중에서 우리나라에서는 구경하기 어려운, 그러면서도 연기가 나지 않도록 조리할 수 있는 요리를 생각해냈다. 저녁 메뉴는 양갈비찜으로 정하고 모험 아닌 모험을 감행하기로 했다.

오후에 일행이 사진 촬영을 하는 동안, 나는 차를 한 대 빌려서 이웃도시인 아지메르(Ajmer)로 향했다. 아지메르는 푸시카르에서 약 30km 떨어진 도시로, 푸시카르와는 달리 대부분의 주민들이 이슬람교를 믿는 무슬림이었다. 이들은 쇠고기와 돼지고기는 전혀 먹지 않지만 양고기와 닭고기는 즐겨 먹는 사람들이다. 시장에 가보니 역시 없는 게 없었다. 우선 푸줏간에 들러 양갈비 15인분을 달라고 하자 먹기 좋게 잘라서 비닐봉지에 넣어주었다. 내가 푸시카르에서 왔다고 말하자, 주인은 흠칫 놀라면서 고기를 다시 여러 겹으로 포장하기 시작했다. 검은 비닐봉지로 여러 겹을 다시 싼 후 그것을 신문지로 다시 포장하고 끈으로 묶어서 주는 것이다. 내용물이 무엇인지 겉으로 봐서는 도저히 알 수 없도록 한 것이다. 푸줏간 주인은 더듬거리는 영어로 "Are you OK?" 하고 묻는다. 들키지 않고 잘 해먹을 수 있겠느냐는 뜻이었을 것이다. 나는 염려 말라고 대답한 후 고기를 받아 들고는 내친 김에 옆집에서 계란도 두 판을 샀다. 그곳에서도 계란이 담긴 판을 신문지로 둘둘 말고는 끈으로 단단히 묶어 주었다.

도대체 같은 나라 안에서, 그것도 어깨를 맞대고 있는 도시끼리 이렇게 문화가 다른 것을 어찌 이해할 수 있으랴. 우리의 영호남은 상대도 안 될 것 같았다. 채소가게에서 양파와 마늘, 고추를 넉넉히 사서 푸시카르로 돌아오면서도 다소 걱정스럽긴 했다. 양갈비찜을 해본 경험도 없는데 어떻게 요리를 해야 할지도 문제였다.

숙소로 돌아오자 허기져서 도저히 안 되겠는지 사람들도 일찍 돌아와 내가 오기만을 눈이 빠지도록 기다리고 있었다. 천만다행으로 여인숙 주인이 아지메르 사람이었다. 우선 주인을 불러 애절한 말투로 자초지종을 설명하자 주인은 이해한다는 듯 고개를 끄덕거리며 잠시 생각하더니 염려 말라고 하면서 종업원들을 불러 모았다. 종업원 셋이 올라오자, 주인은 이들에게 한 명씩 현관과 각 층에 보초를 세우고 무슨 일이 생기면 크게 소리를 질러서 알리라고 지시한 후, 우리에게는 가장 위층의 구석방 안에서 요리를 해먹으라는 것이었다. 단, 냄새가 밖으로 새어나가면 위험하므로 최대한 방문과 창문을 모두 안에서 걸어 잠그고 요리를 하라는 것이다.

우리는 그렇게 하기로 하고 그 방에 모여 마늘과 양파를 까고는 미리 가져갔던 전기냄비에 재료를 넣고 요리를 하기 시작했다. 마침 일행 중에 요리를 아주 잘하는 분이 있어서, 직접 가져온 양념과 고추를 넣고는 간을 보면서 양갈비를 삶기 시작했다. 고기가 익어가면서 맛있는 냄새가 솔솔 피어오르기 시작하자 입에 침이 고이기 시작했다.

두 사람이 누우면 빠듯할 만한 비좁은 방에 15명이 빼곡히 들어 차 침묵 속에서 냄비 속의 양갈비만 노려보고 있었다. 김이 빠져 나갈 틈이 없어 방 안은 후끈한 열기로 가득 찼지만, 잠시 후면 그토록 기다리던 고기를 맛볼 수 있다는 기대감으로 모두들 꾹 참고 있었다. 나는 냄새가 밖으로 새어나가 혹시나 경찰이 달려올까 봐 귀를 바깥으로 쫑긋 세우고 긴장하고 있었다.

한참 후 요리를 맡은 분이 고기 한 점을 시식했다. 침을 삼키며 그 모습을 지켜보고 있는 사람들의 긴장된 모습을 보니, 마치 주인이 먹는 음식을 옆에서 침 흘리며 바라보는 애완견 같다는 생각이 들어서 터져 나오는 웃음을 간신히 참았다. 이윽고 다 되었다는 신호가 떨어지기가 무섭게 모두들 냄비로 달려들어 한 점씩 갈비를 집어 들었다. 포크나 젓가락도 없이 맨손이었지만 뜨거운 것도 아랑곳하지 않았다. 한 점 물어뜯으며 씹으니 "바로 이 맛이야!" 하는 탄성이 절로 터졌다.

'아! 무엇을 먹는다는 것이 사람을 이렇게 행복하게 할 수도, 그리고 비참하게 할 수도 있구나' 하는 생각이 들었다. 양갈비가 떨어지자 이번에는 냄비에 다시 물을 붓고 달걀을 삶기 시작했다. 답답한 열기로 질식할 것 같은 방에서도 누구 하나 밖으로 나가려 하지 않고 달걀이 삶아지기만을 기다렸다.

급히 삶느라 대부분의 달걀들이 옆구리가 터지고 흰 속살이 비어져 나왔지만 그런 걸 신경 쓰는 사람은 아무도 없었다. 내 생전 그렇게 맛있는 달걀은 처음이었다. 다 먹고 나니 치우는 게 또 큰일이었다. 갈비뼈와 달걀껍질은 비닐봉지에 담아 신문지로 말아서 싼 다음 옥상 위에 숨겨 놓았다. 그리고 밤이 되기를 기다린 후 어둠을 틈타서 사막의 모래밭에 몰래 묻어버렸다. 드라마를 연상케 하는 이 경험은 평생 잊지 못할 추억이 되었다.

온통 낙타뿐인 삭막한 사막, 그러나 그 삭막한 곳 한쪽에서는 빨간색, 노란색의 원색 사리로 곱게 치장한 여인네들이 좌판을 벌여놓고 액세서리를 팔고 있었다. 파는 물건은 주로 목걸이를 비롯해 팔찌와 발찌, 작은 동전지갑과 빨간 꿈꿈가루(빈디를 찍을 때 쓰는 빨간색 가루) 정도이지만 노파에서부터 소녀에 이르기까지 여인들은 이곳을 떠날 줄 모른다.

그 옆에서는 라자스탄 특유의 복장으로 치장한 집시 여인들이 행인들과 낙타 상인들의 시선을 사로잡는다. 이따금 낙타들이 내는 울음소리와 집시 댄서들의 현란한 몸짓이 교차되면서 신비한 분위기가 연출된다. 갓난아이는 집시 엄마가 춤추는 동안 내내 울어대고, 마지못해 춤을 추다 멈춘 엄마가 주저앉아 아이를 끌어당기고는 숨을 헐떡이며 젖을 물리는 모습에 가슴이 찡해왔다.

황색의 사막 위에 원색의 사리가 조화를 이루는 성지 푸시카르. 그리고 금육 도시 푸시카르. 그곳에는 인간의 온갖 더러움과 죄를 씻어주는 호수에서 내세를 위해 기원하는 인도인들의 성스러운 모습과 거대한 낙타시장이 있었다. 오늘도 그 모습들은 석양에 붉게 물든 호수에 모두 녹아들고, 보름달을 맞이하기 위해 새로운 밤을 기다린다. 며칠 후면 이곳은 다시 고요에 파묻히는 사막의 한적한 시골로 돌아가고, 또다시 1년 후 이맘때면 오늘과 같은 신기와 광기 어린 축제가 되풀이 될 것이다.

달빛 위로 흐르는 애절한 사랑 – 아그라

인도의 겨울은 쾌적한 날씨는 좋으나 대신 해가 짧은 것이 흠이다. 여느 때 같으면 자이푸르에서 점심을 먹고 출발해도 해가 지기 전에 아그라(Agra)에 도착할 수 있었는데, 오늘은 아무래도 아침 일찍 아그라로 출발하고, 점심도 도중에 간단히 먹어야만 늦지 않게 아그라에 도착할 수 있을 것 같았다. 도로사정은 왜 이리도 나쁜지, 버스나 승용차가 다닐 수 없을 정도로 곳곳이 패이고 울퉁불퉁해서 도무지 속도를 낼 수가 없었다. 결국 우리 일행이 아그라의 호텔에 도착한 것은 저녁 7시가 다 되어서였다.

아그라는 무굴제국 3대 황제 악바르가 제국의 수도로 건설한 곳이다. 악바르 황제는 수도를 델리로 옮길 때까지 16세기에서 17세기까지 약 1세기 동안 아그라에서 인도 북부를 지배했다. 아그라 성은 성벽과 성문이 붉은 사암으로 만들어져 '붉은 성'이라고도 불린다.

라자스탄의 다른 도시들에 비해 무슬림들이 많이 살고 있는 곳, 타지마할로 너무나도 유명한 도시가 바로 아그라다. 하지만 이맘때쯤이면 인도의 대도시가 대부분 그러하듯 이곳도 공해가 너무 심해서 숨을 쉴 때마다 목이 따끔거릴 정도다. 눈도 코도 따갑고 답답하다. 이 더러운 공기 속에서 타지마할이 앞으로 몇 년이나 더 견딜 수 있을까 하는 걱정도 든다.

다음날, 우리는 캄캄한 새벽부터 자리를 박차고 일어나 호텔을 나섰다. 누구나 보는 타지마할도 좋겠지만 떠오르는 태양과 거기에 비친 타지마할의 실루엣을 직접 감상하고 싶은 마음이 들어서였다. 릭샤를 타고 타지마할 입구에 내린 우리는 타지마할의 담장을 따라 야무나 강으로 내려갔다. 겨울에는 건기라 강에 물이 별로 없다.

언뜻 보기에는 걸어서 건널 수도 있을 것 같아 보이긴 하지만 그래도 강은 강이다. 이 강을 건너는 나룻배는 단 한 척. 일출을 제대로 보려면 해가 뜨기 훨씬 전에 강을 건너야 하는데 사공은 아직 보이지 않았다. 어제저녁에 미리 이곳에 와서 선금까지 얹어주면서 일찍 나오라고 신신당부를 했건만….

타지마할 주변에는 경비를 서는 무장경찰들이 있는데, 우리가 수상쩍은지 자꾸만 쳐다보았다. 그러더니 그중 하나가 다가오면서 “이곳은 특별 경계지역이니 그만 나가달라.”고 말하는 게 아닌가. 우리는 사진을 찍으러 온 사람들인데 나룻배 사공이 오지 않아서 배회하던 중이었다고 사정을 말하자 “오케이.” 하며 웃어준다. 고마웠다. 하지만 사공은 해가 떠오르기 직전이 다 되어서야 눈을 부비며 나타났다. 어제 늦게 잠자리에 들어서 피곤하다나….

물이 별로 없어서 강은 개천 같았지만, 그 강 건너편으로 보이는 일출은 정말 장관이었다. 붉은 햇살이 타지마할의 메인 돔 위로 올라오자 건축물의 실루엣이 강물에 비춰져 환상적인 풍경으로 변했다. 새벽의 강가는 무척 추웠지만 누구 한 사람 아랑곳하지 않았다. 몇몇 인도 사람들이 강가에서 용변을 보다가 우리와 눈이 마주쳤다는 게 흠이라면 약간 흠이었다.

우리는 호텔로 돌아와 아침식사를 한 후 다시 타지마할로 향했다. 공항을 방불케 하는 소지품 검색을 통과해 타지마할 안으로 입장하여 각자 바쁜 촬영시간을 가졌다. 타지마할은 인도의 대표적 이슬람 건축물로 무굴제국의 5대 황제였던 샤자한이 두번째 왕비 뭄타즈 마할의 죽음을 추모하여 만든 건축물이다.

창백한 달빛이 아그라 성의 테라스에 걸쳐친 어느 날 밤, 결국 뭄타즈는 자신의 운명을 예감한 듯 곁에 앉아 있는 샤자한을 올려다보며 마지막 미소를 지었다. 그는 눈물이 가득한 눈으로 왕비를 바라보며 말했다. 그대의 소원이 있다면 무엇이든 들어주겠노라고. 뭄타즈는 자신을 위해 아름다운 무덤을 만들어줄 것을 황제에게 부탁했고, 그는 죽어가는 왕비의 손을 잡으며 굳게 약속했다. 1631년 6월 7일의 일이다. 뭄타즈는 14번째 아이를 낳다가 39세의 젊은 나이로 마침내 황제의 곁을 떠나게 되었고, 황제는 슬픔을 가누지 못한 채 장례를 치르는 기간 동안 흰 상복을 입고 왕비의 죽음을 애도했다.

샤자한은 뭄타즈 마할이 죽은 후 곧바로 그녀와의 약속을 실행에 옮겼다. 이로써 아그라의 야무나 강 남쪽에 기념비적인 건축물이 역사적인 착공에 들어가게 된다. 그 이름은 바로 타지마할. 타지마할은 '왕관 모양의 궁전'이라는 의미다.

오스만 투르크 최고의 모스크 전문 건축가 우스타드 라호리가 초빙되었고, 마크라나 지방에서 최고급 백색 대리석들이 재단되어 속속 아그라로 도착했다. 인도 전역에서 내로라하는 조각가들이 황제의 명을 받고 모여들었고, 이탈리아와 터키, 심지어 남미에서 유색 대리석과 오닉스를 수입해왔다. 그리고 루비와 사파이어, 옥이 중국과 아라비아 등지에서 대량으로 공수되었다.

2만 명의 노예들이 건축가의 지시를 받으며 대공사를 시작했고, 무려 22년간의 공사 끝에 타지마할은 그 웅장한 모습을 드러냈다. 그 모습은 무굴제국의 영광과 샤자한의 명예에 걸맞은 아름다운 자태로 창조되었다. 놀라울 정도로 섬세한 조각은 물론이고, 백색 대리석에 홈을 파서 유색의 대리석으로 상감 처리한 정교한 기술은 세상의 그 어느 건축물과도 비교할 수 없었다.

코란을 새겨 넣은 대리석 기둥은 밑에서 올려다보았을 때 시각적으로 맨 윗부분과 아랫부분이 정확히 같은 폭으로 보이도록 위로 올라갈수록 점점 판의 너비를 넓히고 글자를 크게 새겨 넣었다고 한다. 그 세심함은 감탄사만으로는 부족

하다.

본관의 주위에 높이 솟아 있는 4개의 미나르(첨탑)는 타지마할의 완성미를 더해줄 뿐만 아니라, 본관을 중심으로 5도씩 바깥으로 벌어지게 배치함으로써 정면에서 똑바로 보았을 때 탑이 안쪽으로 구부러지지 않고 반듯하게 보일 수 있게 하였다. 게다가 만에 하나라도 지진이 발생할 경우 첨탑이 안쪽으로 넘어지지 않도록 설계한 믿어지지 않는 시공기술에는 그저 혀를 내두를 수밖에 없다.

붉은 사암으로 된 정문은 중앙 운하에 한가로이 그림자를 드리우고 있는 본관의 맞은편에 열려 있다. 균형미와 세련미를 고려해 본관의 한쪽 옆에 모스크를 만들고, 그 반대쪽에는 모스크와 외형이 똑같은 건물을 세운 치밀함도 보여준다. 가히 세계 7대 불가사의에 속하기에 전혀 손색없는 웅장하고 아름다운 건축물이라 할 만하다. 타지마할 완성 후 공사에 참가한 장인들의 손을 모두 잘랐다는 얘기는 이미 잘 알려진 이야기다. 후세에 타지마할보다 더 아름다운 건축물이 지어지는 것을 미리 막고자 했던 샤자한의 광기는 이후에도 계속되는 비극으로 이어진다.

타지마할이 건설되면서 사후 2년 동안 그 앞뜰에 임시로 묻혔던 뭄타즈 마할은 바닥 공사가 끝나자마자 바로 타지마할의 지하에 옮겨졌다. 타지마할이 완성되는 날, 샤자한은 다시 한 번 성대한 행사를 갖고 뭄타즈 마할의 영혼을 위로했다. 죽은 지 23년이 지났건만, 아직도 왕비를 사랑하는 샤자한의 눈에 뭄타즈는 생전의 모습 그대로 살아 있었다.

하지만 샤자한은 타지마할이 완성된 후 오히려 더 괴로워했다. 타지마할을 볼 때마다 아내의 얼굴이 떠오르고 그리움은 고통이 되어 다가왔다. 황제는 타지마할이 보이지 않는 곳에서 잠시 쉬는 게 좋겠다는 대신들의 조언을 받아들여, 조부인 악바르 대제 시절의 수도였던 파테푸르 시크리(Fatehpur Sikri)로 6개월간의 휴가를 떠난다. 샤자한은 거의 병적으로 대리석을 좋아했는데, 그곳에 머무는 동안에도 그는 파테푸르 시크리 성내에 자리하고 있었던 성자의 초라한 무덤을 대규모의 대리석 무덤으로 증축하고 공간을 확장하는 한편, 시민들에게 1년에 한 번씩은 이곳을 순례하도록 했다.

그는 뭄타즈 마할이 없는 아그라에 머물기보다는 외부에 출타하는 일이 많아졌고, 이윽고 조부 후마윤 시대의 수도였던 델리에 '샤자하나바드(Shajahanabad)'를 건설하기 시작한다. 독실한 이슬람 교도인 샤자한은 장차 이슬람 세계의 끝까지 그 명성을 떨칠 도시를 건설하기 위하여 붉은 사암의 거대한 성, 이른바 '랄킬라'를 짓기 시작했다. 당시 성 안에는 인도에서 가장 큰 모스크를 짓도록 명령했는데, 그것이 바로 유명한 '자마마스지드'다.

샤자한이 제국을 통치하던 30년간, 제국확장에 대한 업적에도 불구하고 타지마할 건설로 국고를 바닥냈고, 결과적으로 그의 업적 역시 빛을 잃게 되었다. 말년에는 중병에 걸려 국사를 돌보기가 힘들어졌고, 왕비 뭄타즈 마할에 대한 그리움으로 야무나 강 북쪽, 즉 타지마할의 반대쪽에 이번에는 검정색 대리석으로 타지마할과 똑같은 거대한 자신의 묘를 건설하기 시작했다.

하지만 황제의 네 아들들은 황제의 임종이 가까워졌음을 눈치 채고, 국고 탕진을 염려한다는 이유로 아버지의 계획에 반대했다. 그리고 그들은 황제 자리를 차지하기 위해 서로 치열한 경합을 벌이게 된다. 그중 군인 기질을 타고난 야심가 아우랑제브가 장남과 다른 형제들을 제치고 재빨리 아그라를 차지함으로써 실질적인 권력을 쥐게 된다. 그는 아버지 샤자한을 아그라 성채의 작은 방에 감금하고는 아버지가 시작한 '샤자한의 묘' 건축을 중단시켰다.

무려 8년이라는 기간 동안 이곳에 갇혀 살았던 샤자한은 75세의 나이로 멀리 야무나 강 너머의 타지마할을 바라보면서 쓸쓸히 세상과 작별을 고하고 만다. 사후 그의 묘는 타지마할 지하 뭄타즈 마할의 관 옆에 안치되었다.

뭄타즈 마할에 대한 샤자한의 사랑은 그야말로 시공을 초월한, 타지마할만큼이나 불가사의한 사랑, 바로 그것이었다. 하루에도 4번씩 색깔을 바꾼다는 타지마할의 자태는 고요한 달빛에 비칠 때면 보랏빛을 띤 상아색으로 바뀌고, 그 고운 모습은 마치 샤자한과 뭄타즈 마할의 달콤한 속삭임처럼 다가온다. 아그라 성채에서 타지마할을 바라보면, 손에 잡힐 듯하면서도 잡히지 않는 안타까운 심정이 저절로 느껴진다. 8년 동안 이곳에서 타지마할을 바라보기만 해야 했던 샤자한의 애절한 마음은 어떠했을까. 애달픈 사랑이 곳곳에 스며들어 있는 곳, 아그라는 그런 곳이었다.

인간이 가진 가장 극한의 모습들 – 마투라

인도의 수도 델리에서 동남쪽으로 약 150km 떨어진 야무나 강변의 한 작은 고대도시는 그날 오후에도 인도 전역에서 몰려든 순례자와 장사꾼들로 북새통을 이루고 있었다. '라틱푼리마'라 불리는 힌두교 명절이 오려면 아직도 한 달이 넘게 남았지만 오늘 이곳을 찾는 순례자들은 이런 것에 전혀 개의치 않는 것 같아보였다. 이곳은 바로 마투라(Mathura)다.

5대 힌두 성지 중 하나로 인도의 수많은 신들 중에서도 특히 여성들에게 압도적인 인기를 얻고 있는 매력 만점의 신 '크리슈나'의 탄생지이기도 하다.

크리슈나는 원래 보호의 신인 비슈누가 네 번째로 환생한 신이다. 신화에 의하면, 크리슈나는 자신을 숭배하는 1만 6,000여 명의 소젖 짜는 여인들과 결혼을 했으며, 그녀들은 16만 명이 넘는 신성한 자식들을 낳았다고 전해진다. 또한 크리슈나는 한 번에 1,000명이 넘는 여자들과 춤을 추거나 동침할 수 있다니, 그야말로 사랑에 관한 한 신들의 우두머리 격인 시바도 혀를 내두를 정도라고 한다. 항상 잔잔한 미소를 머금은 채 음악과 함께 등장하기 때문에 힌두 사원의 크리슈나 신은 언제나 온화한 모습이다.

마투라는 크리슈나를 숭배하는 모든 이들의 고향일 뿐만 아니라, 역사적으로도 대단히 중요한 곳이다. 최초의 인도인은 자신들의 땅을 바라타(Barata)라 불렀는데, 이것은 기원전 1,000년 경 델리 평원에서 일어난 권력투쟁을 주된 내용으로 담고 있는 장편 서사시 '마하 바라타('위대한 바라타'라는 의미)'에 나와 있다. 마하 바라타가 탄생한 곳이 바로 마투라라는 것이다. 그뿐 아니라 이곳에서 출토된 기원전의 불교 유적들은 간다라에서 출토된 그것들과 달리 그리스 스타일이 아닌 순수한 인도 스타일로서, 예술성에 있어서는 그리스 스타일과 어깨를 나란히 할 만큼 격조가 높다. 이 출토 유물들은 마투라 박물관에 보존되어 있으며, 이곳에서 유래된 불상은 쿠샨 왕조를 거쳐 굽타제국 시절에 본격적으로 실크로드를 따라 중국으로 전해지게 되었다.

마투라의 본격적인 힌두 성지는 박물관이 있는 곳에서 출발한다. 길들은 좁은 갈래로 갈라져서 야무나 강 쪽으로 향한다. 작은 골목길은 강 쪽으로 다가가면서 다시 더욱 좁은 골목길들로 갈라지는데, 햇볕이라고는 평생 한 줌도 들어오지 못할 듯한 좁은 골목길에는 벌집처럼 작고 어두운 숙소들이 빼곡하게 차 있다. 그곳에는 마지막 희망을 걸고 찾아온 환자들과 죽음을 기다리는 사람들, 그리고 성지순례자들로 가득하다.

강으로 이어지는 골목에는 신에게 바칠 꽃을 파는 여인네와 빨간 꿈꿈가루를 파는 노인, 염주알과 팔찌를 파는 가게가 있는가 하면 길흉을 점치는 점쟁이들이 어두컴컴한 작은 공간에 촛불을 켜고 진한 향냄새를 뿜어내며 지나가는 사람들을 불러댄다. 갑자기 골목에서 튀어나온 검은 물소의 행렬에 가뜩이나 좁고 복잡한 골목이 일제히 현기증에 걸린 듯 어쩔 줄 몰라 당황한다.

목욕이라고는 평생 해본 적이 없는 듯한 어린아이들의 손을 붙잡고, 꼬질꼬질하게 때가 탄 보자기를 필사적으로 끌어안은 여인이 보였다. 바쁜 걸음으로 가트(강가의 계단)로 내려가는 그녀의 눈에 보이는 고생의 흔적은 차라리 숭고해 보일 정도였다. 먹이를 찾아 이리저리 방황하는 흰 소 두 마리가 어느 가게 앞에서 털북숭이 아저씨에게 훈계를 듣고 있었다. 그 장면이 우스워 한참을 바라보았더니 남자가 나를 쳐다본다. 나와 눈이 마주치자 어색해하며 씩 웃는다.

무소유를 절대 근간으로 하고 있는 자이나교의 노(老) 스님 한 분이 자신의 무소유 신념을 증명이라도 하려는 듯 실오라기 하나 걸치지 않고 릭샤를 타고 가는 모습에는 입이 다물어지지 않았다. 이처럼 일일이 열거하기도 어려운 장면들, 표현하기도 힘든 수많은 애절한 장면들이 마투라의 하늘 아래 무료로 생중계되고 있었다.

뿐만 아니라 근원을 분간할 수 없는 온갖 소음과 정체를 알 수 없는 수상한 냄새들이 후각과 청각을 쉴 새 없이 자극했다. 어떠한 녹음기로도 인도의 소음을 녹음할 수 없고 어떠한 촬영기로도 인도의 영상을 정확히 담아낼 수 없다고 했던 누군가가 말한 것이 딱 맞았다. 이곳에서는 그 사실을 제대로 실감할 수 있었다.

마크 트웨인은 이렇게 말했다고 한다. 인도를 1주일간 여행하면 소설 1권을 쓸 수 있고, 7개월간 여행하면 시 1편을 쓸 수 있지만, 7년을 여행하고 나면 아무것도 쓸 수가 없다고 말이다. 무소유를 절대 이상으로 추구하는, 그래서 실오라기 하나 걸치지 않고 생활하는 어느 자이나교 승려가 사람들로 빼곡한 시장에서 과일을 사먹는 모습을 도대체 어떻게 해석해야 할까?

마투라는 인간이 가진 가장 극한의 모습들이 가장 솔직하고 적나라하게 연출되는 특별한 곳이었다. 종교란 무엇이며, 신이란 인간에게 과연 어떤 존재일까? 끝없이 이어지는 윤회의 사슬에 얽매어 하루하루를 살아가는 힌두인들, 이곳을 찾는 사람들은 매혹적인 크리슈나 신으로부터 무엇을 기대하는 것일까?

피라미드와 마찬가지로 당시 국민들을 고통 속으로 몰아넣고 많은 원성을 샀던 것이 타지마할이었다. 하지만 당시에는 경제적인 가치가 하나도 없었던 그 아름다운 건축물이 후손들에게 좋은 관광자원이 된 것은 참 아이러니다. 타지마할과 마투라를 마지막으로 이번 여행의 일정을 모두 끝내고 우리는 델리로 향했다.

인도처럼 다양한 인종과 언어, 문화를 가지고 있는 나라가 하나의 통일된 국가로 남을 수 있었다는 것이 신기하기만 하다. 대만의 어느 역사학자가 중국이 통일된 중국으로 남을 수 있었던 것은 '한자' 때문이라고 주장한 적이 있다. 알파벳은 자음과 모음으로 되어 있기 때문에 영토가 분리되면 자모를 이용하여 각자의 언어를 표현함으로써 서로 다른 문자가 되지만, 한자는 자모라는 도구가 없으니 분열이 되더라도 각자의 문자를 만들 수 없었고 결국에는 하나로 통일될 수 있었다는 논리였다. 나름대로 일리가 있는 주장이라고 생각한다.

마찬가지로 인도가 엄청난 다양성에도 불구하고 하나의 문화권을 형성하고, 통일된 국가가 될 수 있었던 것은 종교, 특히 힌두교의 힘이다. 인도는 전체 인구의 80%가 넘는 사람들이 힌두교를 믿는다. 힌두교는 사제 계급인 브라만이 믿던 종교에서 비롯되었다.

힌두교는 고대종교들이 대부분 그렇듯이 다신교다. 기독교가 전파되기 전에 그리스와 로마가 그랬듯이 인도 사람들은 많은 신들을 모시고 있다. 로마에서는 위대한 업적을 남긴 사람이 죽으면 그 사람도 신으로 추대되었고, 고대사회에서 종교는 다신교가 대부분이요 일신교가 이단이었다.

기원전 5세기경에 발생한 일신교인 불교, 자이나교 등이 브라만교에 대한 대안으로 대중에게 전파되었다. 이들 새로운 종교가 한때 인도에 널리 보급되었고 불교는 아시아 전역으로 퍼져나가는 위세를 떨쳤다. 이후 브라만교가 민간신앙과 결합하여 힌두교가 되었고 널리 대중들에게 전파되었다.

인류가 고대사회를 지나오면서 종교도 다신교에서 일신교로 변했지만 유일하게 힌두교만은 여전히 다신교다. 아마 단순히 믿는 사람의 수만을 기준으로 한다면 힌두교가 전체 종교 중 1, 2위가 되지 않을까?

힌두는 '큰 강'을 의미하는 말로 인도의 많은 강이나 호수가 성지인 이유가 여기에 있다. 힌두교는 종교생활에서도 고행에서부터 성(性)의 숭배에 이르기까지 다양한 방법으로 수행을 하는 여러 계파로 나누어지는데 전국 각지에 다양한 성지와 사원이 있다. 성에 대한 숭배 때문에 각종 성애 장면을 묘사한 것으로 유명한 사원이 카주라호 사원이다.

인도는 '신들의 나라'라 불릴 정도로 많은 신들이 인간과 함께 산다. 인도 사람들은 집집마다 힌두신을 모시고, 버스나 택시, 릭샤에도 힌두신의 마스코트나 그림, 조각품 등을 붙여놓고 있다. 힌두신이 약 1억 종류에 달한다고 하니, 좀 더 시간이 지나면 신들의 숫자와 사람들의 숫자가 같아지지 않을지 걱정이다.

유럽의 역사와 문화가 성당을 중심으로 이루어져 왔듯이, 인도의 전통과 문화도 다양한 사원을 중심으로 형성되고 발전되어왔다. 유럽에 가서 성당만 보고 왔다고 불평을 하는 것과 마찬가지로 인도에 가서 사원만 보고 왔다고 불평하는 것은 그 지역에 대한 이해가 부족해서다.

여행을 하면 견문이 넓어지고 인생에 대한 지혜가 쌓이면서 현명한 사람이 된다는 말이 있다. 하지만 지금까지의 경험에 비추어보면, 원래 현명하고 지혜로운 사람은 여행을 통해서 더욱 지혜로워지지만, 어리석은 사람은 여행을 많이 하면 할수록 오히려 허영심만 쌓이게 되어 더욱 더 고집스러워질 뿐이다.

세상에는 두 종류의 사람이 있다. 인도를 좋아하는 사람과 그렇지 않은 사람이다. 게다가 인도만큼 평가가 극과 극으로 양분되는 나라도 많지 않을 것이다. 인도에 대한 수식어는 너무 많아 한두 문장으로 정의하긴 어렵다. 나도 결국은 인도를 한 마디로 정의내리는 데는 실패하고 말았다. 나에게 인도는 다양한 종교, 문화, 인종, 환경 등 다채롭고 복합적인 매력으로 가득한 나라라는 것뿐이다.

[여행 일정 요약]

17박 18일(11월 28일~12월 15일) 1일 19시 40분 인천 공항 출발(방콕 경유) ➡ 23시 50분 뉴델리 도착 2일 델리 ➡ 만다와로 이동 3일 만다와 ➡ 비카네르로 이동, 도중 데쉬노크의 쥐사원 답사 4일 비카네르 ➡ 자이살메르로 이동 5일 자이살메르 주요 지역 답사 6일 자이살메르 ➡ 팔로디 부근 사막으로 이동 7일 사막 ➡ 킴사르로 이동 8일 킴사르 ➡ 조드푸르로 이동 9일 조드푸르 ➡ 찬델라오로 이동 10일 찬델라오 ➡ 라낙푸르로 이동 11일 라낙푸르 ➡ 우다이푸르로 이동 12일 우다이푸르 ➡ 푸시카르로 이동 13일 푸시카르 낙타시장 참관 14일 푸시카르 ➡ 자이푸르로 이동 15일 자이푸르 ➡ 아그라로 이동 16일 타지마할을 비롯한 아그라의 명소 답사 17일 아그라 ➡ 마투라 답사 후 델리로 이동 18일 02시 10분 델리 출발 ➡ 12시 20분 인천 공항 도착

15박 16일 1일 19시 40분 인천 공항 출발(방콕 경유) ➡ 23시 50분 뉴델리 도착 2일 델리 ➡ 만다와로 이동 3일 만다와 ➡ 비카네르로 이동, 도중 데쉬노크의 쥐사원 답사 4일 비카네르 ➡ 자이살메르로 이동 5일 자이살메르 주요 지역 답사 6일 자이살메르 ➡ 팔로디 부근 사막으로 이동 7일 사막 ➡ 킴사르로 이동 8일 킴사르 ➡ 조드푸르로 이동 9일 조드푸르 ➡ 찬델라오로 이동 10일 찬델라오 ➡ 라낙푸르로 이동 11일 라낙푸르 ➡ 우다이푸르로 이동 12일 우다이푸르 ➡ 자이푸르로 이동 13일 자이푸르 ➡ 아그라로 이동 14일 타지마할을 비롯한 아그라의 명소 답사 15일 아그라 ➡ 마투라 답사 후 델리로 이동 16일 02시 10분 델리 출발 ➡ 12시 20분 인천 공항 도착

국명 베트남 사회주의 공화국
인구 8,580만 명(2008년)
면적 33만 341㎢(한반도의 약 1.5배)
수도 하노이(Hanoi)
주요 베트남어
종족 베트남족(89%), 타이족, 몽족, 크메르족 등 53개 산악 소수민족
종교 불교(12%), 기독교(가톨릭 7%, 개신교 1%), 민속신앙 기타

문명의 단맛을 거부한 소수민족을 찾아서

―베트남 북부―

4

베트남에는 정부가 자국의 국민으로 공식 인정한 부족만 해도 54종족이나 된다. 베트남족(낀족이라고도 한다)이 90%를 차지하고 53개의 소수민족이 나머지 10%를 이룬다. 서북부와 북부 베트남의 깊숙한 오지, 그곳엔 다양한 부족들이 얽혀 살면서 각기 다른 독특한 고유의 문화를 형성하고 유지해 마치 전통문화의 전시장을 방불케 한다.

지형적으로 중국의 윈난성(雲南省, 운남성)과 라오스에 연접하면서 인도차이나반도에서 가장 높은 판시판 봉(해발 3,143m)을 중심으로 마치 서로 다른 색깔의 계단식 수를 놓은 듯이 여러 부족이 한데 어우러져 살아가고 있다.

이 지역에 사는 소수민족들은 다른 동남아시아 국가의 원주민들과는 달리 대부분 피부가 희고 인물도 수려하다. 뿐만 아니라 부족들마다 각양각색의 의상과 여성들의 화려한 머리장식, 그리고 온몸에 착용하고 있는 여러 형태의 장신구들이 매우 아름답고 저마다 독특한 특색을 갖추고 있어 정말 흥미롭다. 생생하게 살아 있는 민속박물관이라는 말이 더 어울릴 정도다.

더욱 흥미로운 것은 수천 년 전부터 삶의 터전으로 붙박고 살아온 토박이 부족과 인접 지역들로부터 수세기에 걸쳐 이주해온 부족들이 한데 어우러져 살면서 제각기 나름대로의 고유한 문화를 형성하며 공존하고 있다는 점이다. 그렇게 되기까지 오랜 세월 동안 하나의 질서가 만들어졌는데, 늦게 이주해온 부족일수록 환경조건이 더 열악한 고산지역에 정착하게 됨으로써 나중에는 마치 계단처럼 층을 이루게 된 것이다.

이들은 자신들의 고유문화를 지키려고 하는 문화적인 애착이 대단하다. 주변 환경은 새로운 서구문명의 침투로 인하여 급속히 변하고 있음에도 불구하고 그들은 자신들의 문화를 후손들에게 한결같이 전수해주고자 애쓴다. 본래의 토속 언어에서부터 생활 풍습에 이르기까지 고집스럽다 싶을 만큼 전통문화에 집착하는 모습도 많이 보았다. 외래문화에 동화되어 전통을 하나하나 잃어가고 있는 우리의 현실과는 커다란 대조를 이룬다.

우리가 베트남 북부지방을 목적지로 택한 이유는 바로 그것이었다. 다른 지역의 소수민족들은 대부분 자신들의 전통을 잊고 살아가는 데다 베트남 사람들과 같은 평상복을 입고 생활하며 아주 특별한 날이 아니면 전통의상을 입는 일이 전혀 없는데 반해, 북부 산악지대의 소수민족들은(모두 그런 것은 아니지만) 상당수가 평소에도 전통복장을 입고, 밭일을 하면서까지 전통을 이어가려고 나름대로 애쓰며 살아가기 때문이다.

하지만 이런 산악 오지마을을 여행한다는 것이 항상 순조로운 것은 아니었다. 외국인에게 어느 정도 알려진 오지마을에서는 별로 간섭이 없었지만, 그 외의 몇몇 외진 지역들은 까다로운 절차와 허가가 필요해 일행을 괴롭혔다.
사진촬영을 하는 모든 곳을 그 지역 경찰이 동행하고 통제를 한 적도 있었다. 군사훈련 장면을 촬영하다 단체로 경찰서에 끌려간 적도 있고, 국경 주변의 시장에서 사진을 찍다가 간첩으로 의심받고 국경수비대에 가서 조사를 받기도 했다. 하지만 이런 절차상의 어려움 속에서도, 소수민족들의 따뜻한 인간미와 순수한 미소를 가슴 깊이 느낄 수 있어서 너무 좋았다. 오지를 떠나 하노이를 거쳐 서울행 비행기에 몸을 싣는 그 순간까지도, 이들의 따뜻하고 아름다운 모습이 눈앞에 아른거렸다.

로로족이 사는 마을에서 어여쁜 처녀의 사진을 찍었더니 그녀는 나에게 "하나 보내줄 수 있어요?" 하고 물었다. 틀림없이 보내주겠다며 주소를 적어달라고 하자 그녀는 베트남어로 주소를 적어주면서 주소 밑에 "이곳을 잊지 말아주세요." 라고 덧붙였다. 그런 세련된 센스를 가진 사람들을 어떻게 석기시대처럼 촌스럽게 살아가는 오지마을 사람들이라고 말할 수 있을까. 그녀의 서글서글한 눈매와 함박웃음이 아직도 눈에 선하다.

이렇게 아름다운 소수 민족들이 어깨를 맞대고 전통적인 모습으로 살아가는 곳은 지구상에 여기밖에 없다. 따라서 이들에 대한 각별한 관심과 애정 없이 이런 지역을 여행하는 것은 무의미하다. 인간은 자신이 가지지 못한 것과 가질 수 없는 것만을 사랑한다는데, 그래서 우리가 사는 곳에서는 가질 수 없는 이들의 순수한 마음과 미소를 사랑하는 것일까? 베트남 북부는 정말 아름다운 곳이었다.

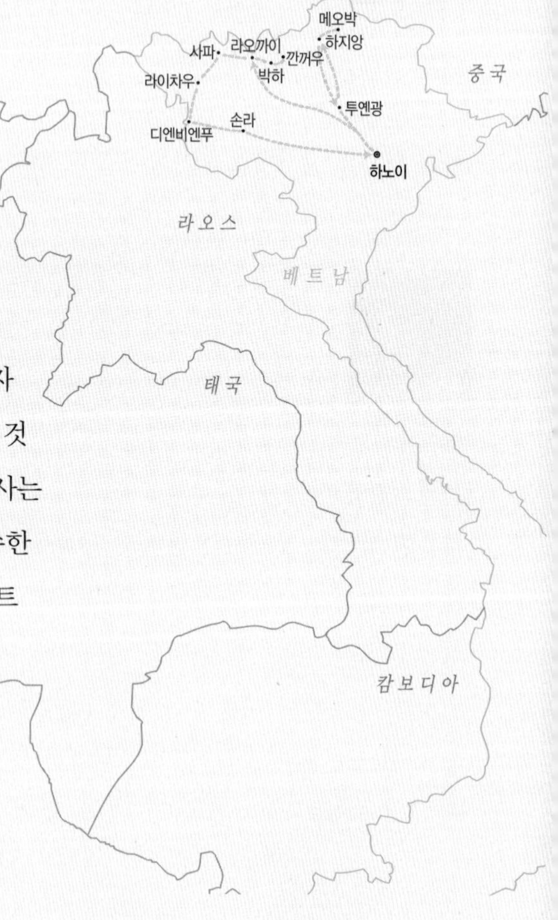

축제처럼 화려한 소수민족 재래시장 – 라오까이, 박하, 깐꺼우

박하(Bac Ha)까지의 길은 제법 멀었다. 새벽 6시 정각에 베트남의 수도 하노이를 출발한 일행은 완만한 오르막 포장도로를 따라 하루 종일 달려 저녁 7시가 훨씬 지나서야 중국과 국경을 접하고 있는 국경도시 라오까이(Lao Cai)에 도착할 수 있었다.

길이가 100m 정도로 보이는 다리 하나를 사이에 두고 중국과 베트남의 국경이 맞닿아 있었다. 호텔 발코니에서 국경이 어슴푸레 보일 정도였다. 불과 수년 전만 하더라도 양국 간의 불편한 관계로 인해 자유로운 통행이 불가능했었지만, 지금은 조그만 통행증 하나만 있으면 양국의 주민이 생업이나 친지 방문을 위해 이 다리를 자유롭게 오갈 수 있게 되었다. 그런 점은 우리의 남북한 관계보다 훨씬 성숙해 보이고 부럽게 느껴졌다. 서로 다른 나라끼리도 이렇게 적대적인 관계를 청산하고 우호적으로 삶을 교류하며 살아가는데, 동족임에도 불구하고 세계 최고의 긴장지역을 조성하며 대치하고 있는 남북한 상황은 도대체 어떻게 설명할 수 있는 것일까? 서글픈 생각이 든다.

다음날 새벽 5시. 확성기에서 흘러나오는 요란한 방송이 라오까이 시내를 잠에서 깨웠다. 대개 최근의 국정소식과 부지런히 일하자는 내용으로 구성된 방송이었다. 마치 예전에 우리나라도 새마을 운동이 한창이던 시절, 새벽에 '잘살아보세'라든가 '새벽종이 울렸네' 같은 노래가 나왔던 것과 비슷했다. 이 새벽방송은 베트남의 어느 지방 도시에서나 거의 빠뜨리지 않고 들을 수 있다. 한 가지 다른 점이라면 여기서는 '잘살아보세' 대신 이탈리아 가곡인 '산타 루치아'가 오리지널 이탈리아 테너 가수의 음성을 타고 원어 그대로 우렁차게 새벽공기를 가르다는 점이다. 그 점은 다소 의아했다.

시끄러운 방송 소리에 잠이 깬 우리는 주섬주섬 옷을 입고 차를 타고 국경검문소가 있는 다리 쪽으로 나가보았다. 다리 옆에는 통행증을 발급해주는 사무소가 있었고 벌써부터 많은 사람들이 줄을 서서 차례를 기다리고 있었다. 이들은 대부분 중국으로부터 각종 생필품과 식료품, 과일들을 사와서 베트남에서 파는 장사꾼들로서 일반적으로 비자 없이 통행증만으로 아침 8시부터 오후 5시까지 하루 동안 체류가 허가된다고 한다. 이들이 물건을 구입하기 위해 중국 내륙 깊숙이 들어갈 필요는 없다. 이미 중국인 장사꾼들도 자신들의 국경 초소 옆에 베트남 상인들을 위한 대규모 도매시장을 만들어놓았기 때문이다. 얼마 전부터는 외국인도 이곳의 국경을 통과하여 여행하는 것이 가능해졌다.

국경지역을 잠시 구경하고 목적지 박하를 향해 출발했다. 박하는 약용식물 박하가 아니고 베트남어로 '강의 북쪽'이라는 뜻인데, 해발 700m 고지에 산으로 둘러싸여 있는 지방 소도시다. 박하가 유명해진 것은 매주 일요일에만 열리는 소수민족 재래시장 때문이다. 평소에는 한적한 지방 소도시이지만 주말만 되면 5~6개의 산악부족들이 생필품은 물론 자신들이 직접 만든 자수품, 수공예품을 내다 팔기 위해 전통복장을 입고 박하와 깐꺼우(Can Cau) 등 주변의 시장으로 모여든다. 또 이를 보기 위해 많은 유럽 관광객들이 몰리면서 주말에만 북적대는 도시가 되었다. 장터는 시장의 기능뿐만 아니라 산악부족들 간의 소통의 장이기도 하다.

길 왼쪽으로 '박하 27km'라는 조그만 팻말이 보였다. 거리로 보아서는 30~40분 정도면 도착할 수 있으리라고 짐작했지만, 우리의 계산은 아득히 높은 몇 개의 고개들과 마주치면서 보기 좋게 빗나갔다. 이름도 없는 이 고개들은 모두 고도가 해발 2,000m를 넘는 데다 길도 가파르고 대부분 구름과 안개로 덮여 있어 넘어가기가 만만치 않아 보였다. 안내원의 말에 따르면 포장도 제대로 안 된 이 길은 수년 전까지만 해도 불과 27km를 가는 데 궂은 날에는 하루가 꼬박 걸렸다고 한다. 안내원의 말이 과장 같지는 않아 보였다.

결국 점심시간이 다 되어서야 목적지에 도착했고, 우리는 방 16개짜리의 조그만 호텔에 여장을 풀 수 있었다(하지만 이곳에서는 가장 큰 숙소다). 시내 중심가에는 마차와 낡은 트럭이 몇 대 서 있었고, 우리처럼 어디서 소문을 듣고 왔는지 이곳의 시장을 구경하기 위해 찾아온 푸른 눈의 프랑스인들과 독일인들이 간혹 눈에 띄었다. 그 외에는 차분한 시골마을의 정취만이 가늘게 뿌리는 빗방울과 함께 무겁게 가라앉아 있었다. 지대가 높아서인지 날씨는 생각보다 쌀쌀했다. 어쩌다 특이한 전통복장의 풀라(Phu La)족 여인들과 마주치기도 했는데, 그들은 이 시장에 내다팔 장작을 등에 지고 종종걸음을 치며 표정 없이 골목을 돌아서갔다.

깐꺼우로 가는 토요일 아침, 산굽이를 돌아가는 길목마다 울긋불긋한 소수민족 특유의 전통복장을 입은 아낙네들의 모습들이 눈에 들어오기 시작했다. 모두들 자기들이 사는 동네를 출발해서 밤새도록 걸어 시장으로 가는 사람들이었다. 처녀들은 물론 어린아이를 업은 노파까지 알록달록한 전통복장에 특이하게 생긴 커다란 은 귀걸이와 목걸이, 팔찌로 한껏 치장하고 가는 모습이 아주 이색적이었다. 그저 물건을 사고팔기 위하여 시장에 가는 것이 아니라 그 이상의 의미가 있는 것 같았다.

시냇물을 건넌 후에는 물에 젖을세라 풀어놓았던 검정 각반을 종아리에 다시 묶는 등 옷매무새를 다시 다듬는 모습이 앙증맞기까지 했다. 이들은 몽(H'mong)

족 중에서도 의상이 이채롭고 화려하다고 해서 영어로는 플라워몽(Flower H'mong)이라 불리고 있었다.

1시간쯤 달렸을까? 몇 굽이의 산을 넘어 깐꺼우 시장에 도착했다. 이른 아침이긴 하지만 화려한 전통의상을 차려입은 소수민족 할머니, 아줌마, 아이들이 서둘러 시장으로 가는 모습이 곳곳에 보였다. 남자들은 대부분 검은 옷에 과거 베트콩들이 쓰던, 테두리에 작은 챙이 달린 국방색의 동그란 모자를 쓰고 시장에 나타났다. 잠시 후 메마른 흙빛이던 마당은 울긋불긋한 색채로 가득 차기 시작했다.

마치 매스게임을 하기 위하여 같은 유니폼을 입고 한 곳에 운집한 사람들처럼 같은 모양, 같은 색상의 알록달록한 전통복장을 입은 사람들. 게다가 같은 색상의 모자와 스카프를 머리에 걸치고, 비슷한 형태의 귀걸이와 목걸이들로 치장한 수천 명의 소수민족들이 서로 몸을 부대끼며 소란스러운 시장 풍경을 연출하고 있었다.

어떻게 이렇게 약속이나 한 듯 같은 복장을 하고 일요일 아침에 한 곳에 집결하여 대규모의 독특한 시장 풍경을 이루게 된 것인지 이해가 잘 되지 않았다. 이들은 인근 산악지대에 넓게 분포한 소수민족들로, 계단식 논과 밭에서 쌀과 옥수수, 카사바, 사탕수수, 채소 등을 재배하며 살아가는 사람들이다. 말이 '인근' 산악지대이지, 더러는 시장으로부터 20km 이상 떨어진 가파른 산악지역에 사는 사람들도 많다. 그들은 이곳까지 오려면 캄캄한 한밤중에 집을 나서서 밤새도록 걸어야 한다. 시장에 도착하면 일찍 장보기를 마치고는 다시 종일 걸어서 돌아가야 하는 먼 길이다.

마지막 남은 전통에 대한 자부심 – 박하, 반포

박하 시장은 어제의 깐꺼우보다 훨씬 규모가 컸다. 깐꺼우처럼 이곳도 플라워 몽족이 대부분을 차지하고 있었는데, 문자 그대로 발 디딜 틈이 없을 정도로 혼잡하고 흥미진진했다.

갓 태어난 새끼돼지의 꽥꽥 소리를 들으며 흥정을 벌이는 사람들부터 겨우 한 줌 될까 말까 한 숙주나물을 좌판에 놓고 하염없이 졸고 있는 아낙네, 제대로 못 먹어서인지 비쩍 마른 개 한 마리를 데리고 나와 팔리길 기다리는 노파, 어디서 잡았는지 새 두 마리를 엉성한 대나무 새장 속에 가두어놓고 옆에 쪼그리고 앉아 때에 찌든 손가락으로 코를 후비는 아저씨까지, 생생한 삶의 현장이 느껴지는 장면들이었다. 그 옆에는 커다란 대나무 통으로 잎담배를 한 모금 빨고는 증기기관차의 굴뚝만큼이나 많은 연기를 내뿜으며 행복해 하는 어머니가 있고, 그 어머니의 쌈지 속에 담배 한 봉지를 사서 찔러주는 며느리의 다정한 미소가 마음 가득 따스하게 느껴졌다.

한쪽에는 즉석 대장간에서 무뎌진 농기구를 손질해주는 주름 깊은 농부가 있고, 사탕수수를 커다란 칼로 다듬는 아기 업은 아줌마, 알록달록한 여러 색상의 털실을 아래위로 훑어가며 호객하는 아가씨, 중국제인 듯한 조잡한 플라스틱 그릇들과 생필품을 한 줄로 늘어놓고 소리치는 할아버지도 보인다. 그 옆에는 손녀인 듯 보이는 귀여운 어린아이들이 시장의 소란스러움을 자장가 삼아 곤히 잠들어 있었고, 처녀들은 물건을 사고파는 것과는 전혀 무관한 듯 자신들의 아름다운 의상과 화장한 얼굴을 뽐내며 무리 지어 몰려다니고 있었다. 물론 그녀들을 바라보며 넋을 잃고 있는 총각들의 은근한 눈빛도 빠질 수 없다.

전에 없던 낯선 시멘트 건물의 담벼락 뒤 은밀한 숲속에서 남몰래 배설의 기쁨을 즐기고 있는 아주머니들, 마시러 왔는지 팔러 왔는지 아침부터 술에 절어 좌판 옆에 주저앉아 졸고 있는 아저씨, 거기다 간혹 눈에 띄는 유럽 여행자들의 눈부신 금발까지 보이니 시장 풍경이라기보다는 축제라는 표현이 더욱 잘 맞을 것 같았다.

점심때가 조금 지나자 법석거리던 분위기가 다소 가라앉기 시작하면서 사람들이 하나둘 시장을 빠져나가기 시작했다. 이제 집으로 가야 할 시간이 되었기 때문인데, 그도 그럴 것이 먼 곳에서 온 사람들은 지금 출발해도 늦은 밤이 되어서야 집에 도착할 수 있기 때문이다. 우리는 이들 중 몇몇 가족을 따라 그들의 집까지 가보기로 했으나, 저녁 무렵까지 따라갔는데도 아직도 산 2개를 더 넘어야 한다는 말을 듣고는 발길을 되돌리지 않을 수 없었다. 그 길은 자동차로는 갈 수도 없는 길인 데다, 밤새도록 다시 걸어온다는 것이 도저히 엄두가 나지 않았기 때문이었다.

반포(Ban Po)라는 지역의 한 플라워몽족 마을을 찾은 것은 다음날 아침이었다. 마을 사람들은 한창 일터로 나갈 채비들을 하고 있었다. 전형적인 전통복장을 갖추고서 물소와 나귀를 끌고 쟁기를 어깨에 둘러멘 아낙네들의 표정에는 도시 사람들이 가진 근심거리는 없어 보였다. 또 다른 아낙의 무리가 망태를 하나씩 지고 맨발로 산을 오르고 있었다.

여인네들의 재잘거림은 세계 어디서나 같은 모양인지 연신 무언가 수다를 떨면서 힘든 산길을 잘도 오르고 있었다. 목걸이와 귀걸이도 빼놓지 않았다. 나중에 안 일이지만 이들이 입고 있는 알록달록한 치마는 꽤나 무거웠다. 왜 이렇게 무거운 치마를 입고 각반을 차고 거추장스러운 커다란 귀걸이와 목걸이까지 걸

치고 논밭일, 화전일과 나무하는 일에 나서는 것일까? 하루이틀도 아니고 매일 말이다. 이들도 다른 부족들처럼 편한 복장으로 일하면 좋을 텐데…. 희한한 일이었지만 우리로서는 볼거리가 많아 마냥 즐겁기만 했다.

대개의 소수민족들은 부족 고유의 방언을 가지고 있기 때문에 타 종족은 그들의 말을 전혀 알아듣지 못한다. 그리고 아직까지는 영어가 통할 리도 없다. 그래서 우리는 왜 매일 그렇게 무거운 옷을 입는지 물어보려고 했으나 더 묻지 않았다.

잠시 후 발길을 돌리려고 하는데 갑자기 한 떼의 아이들이 우리에게로 몰려들었다. 아이들은 천진한 눈빛을 반짝거리며 마냥 웃고 떠들고, 즐거운 표정으로 소리 질렀다. 이 아이들은 아침에 마을의 학교에서 공부를 하던 중이었는데 바깥에 있는 외국인들의 행동이 궁금해서 못 견뎠는지 수업 중에 모두 교실을 뛰쳐나온 것이었다.

궁금하기는 선생님도 마찬가지였는지, 아이들 뒤로 단발머리를 한 신세대 여선생님이 서 있었다. 예쁘장한 투피스 차림의 여선생님이었는데, '밍'이라는 이름의 이 선생님은 플라워몽족이 아니라고 했다. 변방의 소수민족에게 교육을 시키고자 하는 정부의 정책에 의해 하노이에서 부임해온 전형적인 베트남족 여인이었다. 이곳에 부임한 지 1년이 되었는데 처음에는 하노이가 그립고 산속 마을 생활이 답답하기도 해서 눈물도 많이 흘렸다고 한다. 하지만 지금은 그래도 많이 익숙해졌고 사람들도 좋아져서 많이 안정을 찾았다며 서투른 영어로 열심히 설명을 했다. 20대 초반으로 보이는 그 여선생님의 귀엽고도 안쓰러운 모습이 지금도 눈에 선하다.

플라워몽족은 소수민족 중에서도 매우 부지런한 사람들로 남녀가 평등하게 일을 한다. 또 손재주가 좋고 미적 감각이 뛰어나 매우 화려한 의상을 직접 만들어

입기도 하고 예쁘게 치장할 줄도 안다. 자신들만의 전통사회를 지키려고 노력하며 단결력도 매우 강한 부족인 것 같았다.

대부분의 소수민족들은 젊은 사람일수록 전통복장을 벗어던지려고 애쓰는데 반해 이 플라워몽족은 아주 어린 소녀들까지 자신들의 전통복장을 무척이나 자랑스러워하는 점이 인상적이었다. 자신들의 전통을 지키는 데 강한 자부심을 지닌 이 부족이 앞으로도 그 전통을 이어갔으면 하는 것은 너무 이기적인 바람인 걸까? 이런 아름다운 재래시장을 얼마나 더 오래 볼 수 있을지 모르겠다. 편리함을 내세운 문명의 단맛에 빠져드는 순간, '박하'라는 도시는 그저 평범한 지방 소도시로 전락해 사람들의 기억 속에서 사라질 것이다. 지구상에 남은 몇 안 되는 아름다운 비경과 전통이 시간이 갈수록 하나둘 사라져가는 것 같아 안타까울 따름이다. 진정 이곳의 재래시장은 지상에서 가장 화려한 시장이었다.

또 시장에는 이문이 많이 남는지 유난히 술을 파는 여인들이 많았다. 여인들은 100L 정도 들어갈 것 같은 커다란 플라스틱 통에 집에서 담근 소주를 담아가지고 와서 작은 병에 원하는 만큼 따라 주고 돈을 받았는데, 술은 40도가 넘을 정도로 독했다. 허기도 달랠 겸 시장 안에서 그 독한 술과 삶은 곱창으로 요기를 마친 후 인근의 또 다른 소수민족인 풀라(Phu la)족 마을을 찾았다.

마침 일을 마치고 집으로 돌아온 아주머니가 우리를 보더니 잠시 주춤했다. 풀라족은 플라워몽족과 달리 소박한 파란색 상의와 짙은 남색 바지를 입고 있으며 긴 머리를 땋아서 머리에 둘둘 말고 있다는 것이 특징이다. 그녀의 인상은 그런대로 곱상한 편이었지만 어딘지 모르게 그늘이 있고 몹시 고단해 보였다.

플라워몽족이 대부분인 이곳에서, 그들에 비해 더욱 소수인 풀라족은 그래서 그런지 왠지 좀 주눅이 들어 있는 것처럼 보였다. 이들은 자신들의 텃밭에서 감자 같은 작물을 재배하면서 살아가는데, 장날에는 한쪽 귀퉁이에서 자기들끼리 만 모여 장작과 숯을 팔아 생활을 하고 있었다. 특이하게도 장작이나 숯은 풀라족만 팔고 있었다.

어깨를 맞대고 이웃에 살고 있으면서도 플라워몽족과는 잘 어울리지 않는 것 같았다. 풀라족 아이들이 다니는 학교도 따로 있었다. 역시 어느 집단이나 다수 쪽이 힘이 센 것인가 하는 생각이 들자 이들이 몹시 안쓰러워 보였다.

어린 풀라족 소녀가 사진을 찍는 나에게 숯 1개를 내밀며 방긋 웃어주었다. 그 모습에 왠지 가슴이 저려왔다. 볼펜 한 자루를 꺼내 손에 꼭 쥐어주자 옆에 있던 엄마가 매우 고마워한다. 겨우 볼펜 한 자루에 이렇게 고마워하니, 내가 더 미안해졌다.

어처구니없는 것은 풀라족 남자들이었다. 이들은 천성이 원래 그런 것인지, 여자들이 장에서 힘들게 땔감나무를 파는 동안 집에 모여 술판을 벌이고 있었다. 그것을 보니 한숨이 절로 나왔다.

거대한 다랑논이 연출하는 환상적인 풍경 – 사파, 라이차우

풀라족 마을을 둘러본 우리는 발길을 돌려 사파(Sa Pa)로 향했다. 사파는 프랑스 식민지 시절 프랑스인들이 앞 다투어 별장을 짓기 시작하면서 만들어진 산악도시다. 후텁지근한 하노이와는 달리 시원한 기후라서 이곳은 원래부터 과수원으로 가득했다. 남쪽으로 9km 내려간 지점에는 베트남에서 가장 높은 산인 '판시판(Fansifan, 해발 3,143m)' 산이 있어 지금은 산을 좋아하는 사람들이 트래킹을 즐기기 위해 많이 찾는 곳이기도 하다.

요즘은 주변의 다양한 소수민족들이 옛 모습대로 살아가는 것을 보기 위해 유럽에서 온 여행객들이 몰리고 있다. 게다가 지금은 라오까이까지 기차가 개통되어 사파까지의 이동이 예전에 비해 훨씬 쉬워졌기 때문에 더욱 많은 관광객이 찾는 도시가 되어버렸다. 베트남 북부의 관광지 중에서 가장 인기 있는 곳 중 하나라고들 하니 우리도 약간의 기대를 가지고 있었다.

사파는 고도가 꽤 높은 지역으로 해발 1,600m에 위치하는데, 박하보다도 400m 이상 높다. 고도가 높아지면서 길 왼쪽으로 거대한 계단식 다랑논들이 모습을 드러내기 시작했다. 가파른 산악지역, 아침마다 안개가 끼는 이런 곳에 이토록 거대한 계단식 논을 일구고 살아가는 몸집 작은 소수민족들의 끈기와 용기가 그대로 느껴졌다.

다랑논은 폭이 좁고 층이 져 있어 기계를 사용할 수 없으므로 물소와 농부가 한 몸이 되어 일일이 수작업으로 모를 심거나 추수를 해야 한다. 그런데도 이토록 가파른 곳에 상상 이상의 거대한 다랑논을 조성할 수 있다는 것은 불가사의

에 가깝다는 생각이 들었다. 이따금씩 안개 사이로 검은색 복장의 몽족 여인들이 망태기를 지고 언덕을 오르는 모습들이 눈에 들어왔다.

사파에 도착하자마자 우리는 시장으로 나갔다. 박하에서 본 화려한 전통복장과는 달리 이곳의 몽족은 짙은 남색의 저고리와 짧은 치마를 입고는 그 위에 수를 놓은 앞치마를 걸치고 있었다. 머리에는 동그란 모자를 쓰고 다리에는 역시 짙은 남색의 각반을 하고 있는데, 멀리서 보면 그냥 검정색으로 보인다. 짙은 옷색깔 때문에 이들은 '블랙몽(Black H'mong)'이라 불린다. 블랙몽족 말고도 머리에 큼지막한 붉은 보자기를 모자처럼 말아 쓰고 있는 또 하나의 소수민족이 있는데, 이들은 쓰고 있는 붉은 보자기 때문에 '레드자오(Red Dzao)'라 불리고 있다. 이 지역은 이 두 소수민족이 대부분을 차지하는데 가끔씩 드물게 눙(Nung)족의 모습도 볼 수 있다.

사파는 역시 프랑스풍의 건물들이 많이 있고 그동안 외부 세계에 너무 많이 알려진 탓에 박하와는 비교가 되지 않을 정도로 많은 유럽 관광객들이 거리를 배회하고 있었다. 그래서 그런지 식당 역시 현지음식을 파는 곳보다 서양음식을 파는 곳이 대부분을 차지했다. 스파게티나 햄버거, 스테이크 같은 음식은 이곳에서는 더 이상 낯선 음식이 아니었다.

시장은 2층 콘크리트 건물로 되어 있는데, 아래층은 주로 현지인들이 애용하는 푸줏간, 생선가게, 채소가게 등 일반적인 생필품과 식품을 파는 좌판이 가득하고 2층은 소수민족들의 공예품과 의류 등 주로 관광객들을 위한 가게들로 채워져 있었다.

사파는 더 이상 '순수한 소수민족 시장'이 아니었다. 장이 열리는 날이건 아니건 나이 어린 소녀들부터 할머니까지, 너 나 할 것 없이 집에서 만든 조악한 공예품을 들고 나와 길거리에서 관광객들에게 파느라 여념이 없었다. 물건을 사지 않으면 사진 한 장 마음 놓고 찍을 수도 없다. 사진을 찍었다면 물건을 사든지 모델료를 주든지 택일해야 한다.

어느새 이곳은 소수민족 원주민들의 수줍은 웃음은 결코 기대할 수 없는, 정말 어처구니없고 뒷맛이 씁쓸한 곳이 되어버렸다. 물론 관광객들이 그만큼 많이 온다는 얘기다. 이곳에 비하면 아직까지 박하나 깐꺼우는 너무나도 순수하고 때 묻지 않은 곳이었다. 좀 더 정확히 말하면 그곳은 아직 때가 '덜' 묻은 곳이라 할 수 있다.

오지의 순수함과 아름다움은 이렇게 외부 사람들에 의해 빠르게 망가져 간다. 그러나 이제 와서 어쩔 수도 없다. 이미 그들은 그런 생활에 익숙해져 있으니 말이다. 하지만 그런 것만 빼면 거대한 계단식 논과 함께 어우러져 있는 사파의 풍경은 정말 환상적이었다.

일행 중 M씨가 "우리 오늘 저녁은 김치찌개를 해 먹으면 어떨까요?" 하고 사람들에게 물었다. 모두들 좋다고 난리다. 지금까지 먹었던 베트남 음식도 그리 나쁘지는 않았지만 오늘은 뭔가 얼큰한 것이 당겼다. 게다가 다들 여기까지 와서 스테이크니 스파게티니 하는 서양음식을 사먹을 생각은 조금도 없었다.

일단 가져온 김치가 있으니 돼지고기와 채소를 좀 사기로 했다. 이곳에서 파는 흑돼지의 목살은 우리나라 돼지고기보다 비계가 훨씬 두꺼워 보였다. 돼지고기와 함께 매운 고추, 감자, 파, 마늘 등을 사고 쌀도 좀 샀다.

베트남에는 안남미만 있는 줄 알았는데, 의외로 쌀가게에 가보니 무려 8종의 쌀이 있었다. 밥을 하면 훌훌 날아가는 종류부터 찹쌀처럼 끈적이고 찰진 것까지 다양해서 중간 정도의 찰기가 있는 쌀을 골랐다.

마지막으로 냄비는 쉽게 구했는데 휴대용 가스레인지를 구하는 게 문제였다. 대부분 장작불로 밥을 짓는 이런 지역에서 우리나라에서 쓰던 가스레인지는 쉽게 구할 수 있는 물건이 아니었던 것이다. 그릇가게를 여러 군데 돌아보았지만 대답은 모두 신통치 않았다. 그런데 한 가게에서 구해주겠다는 반가운 대답을 들었다. 젊은 주인은 우리보고 20분만 기다리라고 말을 하고는 오토바이를 타고 사라져버렸다.

2시간 가까이 기다린 끝에 웃으면서 돌아오는 젊은 주인을 다시 볼 수 있었다. 그는 로마의 개선장군 같은 표정을 지으며 보란 듯이 휴대용 가스레인지와 부탄가스를 1통 내밀었다. 왜 이렇게 늦었느냐고 물었더니 이 근처에서는 구할 수가 없어서 대도시인 라오까이까지 다녀오는 길이란다. 어찌나 서둘렀는지 헬멧을 벗는 그의 머리에서 김이 무럭무럭 솟아올랐다. 하지만 어이없게도 너무 서두르느라 부탄가스는 1통만 가져왔단다. 한숨이 절로 나왔다.

호텔에 양해를 구하고 방 안에서 밥과 찌개를 만들었다. 호텔 지배인은 친절하게도 룸서비스로 그릇과 수저를 인원수대로 챙겨주었다. M씨는 얼마 남지 않은 신김치와 고추장을 풀어 넣고 맛깔스럽게 찌개를 끓여 왔다. 방 안에 모여 앉아 불편한 자세로 먹는 저녁이었지만 평생 잊지 못할 훌륭한 저녁식사였다. 얼큰한 국물을 떠 넣는 와중에 시원한 사파의 밤공기가 창문으로 들어오고 있었다.

다음날 새벽, 잠에서 깨어 창문을 열어보니 밖은 짙은 안개 때문에 전망이 전혀 보이지 않았다. 아침식사로 제공되는 이 호텔의 쌀국수는 제법 맛이 있었다. 희한하게도 호텔은 그럭저럭 고급스러운데 주방에서는 여전히 장작불을 이용해서 요리를 하고 있었다. 가스나 전기를 쓰는 것보다는 차라리 장작을 쓰는 게 더 싸게 먹히기 때문이겠지만, 가만히 생각해보면 전기는 자주 끊기고 가스는 구하

기가 쉽지 않다는 이유가 더 클 것 같았다.

안개 낀 아침에 호텔을 나선 일행은 사파에서 가장 아름답다는 코스로 트래킹을 나섰다. 라오차이(Lao Chai) 마을에서 타반(Tha Van) 마을로 이어지는 바로 그 길이다. 어제 사파를 올라오면서 보았던 계단식 논들이 여기서는 아스라이 내려다 보였다. 아무리 보아도 감탄사만으로는 부족한 환상적인 광경이 파노라마처럼 끝없이 눈앞에 펼쳐졌다.

언젠가 우리나라 남해에도 멋진 다랑논이 있다고 해서 일부러 찾아가보고는 좀 실망한 적이 있었는데 사파의 다랑논은 상상을 초월했다. 과연 인간의 힘으로, 더구나 얼마 되지 않는 소수민족의 힘으로 저토록 험난한 곳에 어마어마한 농지를 조성하고 일구었다는 것이 믿어지지 않을 정도였다. 불가사의 같기만 해서 새삼 이들에 대한 경외심이 우러나왔다.

갑자기 그들에 대한 편견을 가지고 있었던 나 자신이 부끄럽게 느껴졌다. 관

광객들에게 달려들어 물건 하나라도 더 팔려고 눈을 반짝거리던 아이들을 그렇게 나쁘게만 생각할 일이 아니었다. 그만큼 이곳에서의 삶이 고달프기 때문일 것이었다. 이런 생각이 미치자 이들이 한없이 가엾고 안쓰러워 보이기 시작했다.

느긋하게 트래킹하면서 동네 주민들과 인사를 주고받으며 반나절을 보낸 뒤 오늘의 목적지인 라이차우(Lai Chau)로 향했다. 이곳은 라오차이, 우리가 지금 가려고 하는 곳은 라이차우다. 이름이 비슷비슷한 지역들이 너무 많아서 여러 번 와도 자주 헷갈리곤 한다.

라이차우로 가는 길에는 블랙자오(Black Dzao)족 여인들이 눈에 많이 띄었다. 사파에서 본 레드자오족과는 복장이 다르다. 레드자오 여인들은 붉은 보자기를 쓰는데 이곳의 여인들은 그보다 좀 더 복잡하게 생긴 장치를 머리에 쓰는 것이 특징이었다. 말로 설명하기가 쉽지 않은 그 머리 장신구는 은으로 만든 묵직한 직사각형으로 되어 있고 크기가 제법 크다. 그 커다란 장신구를 머리에 쓰고 그 위에 다시 검은 스카프를 얹는데, 참으로 신기한 머리모양이다. 이들이 입는 저고리와 바지는 짙은 남색으로 레드자오족의 것과 같았지만 단지 머리의 장식이 전혀 다른 것이다.

재미있는 것은 모든 자오족 여인들은 눈썹이 없다는 것이다. 이것은 이 부족 여인들만의 특징이기도 한데 특별한 이유가 있다고 한다. 옛날부터 자오족 여인들은 미모가 워낙 출중해서 다른 종족 총각들이 몹시 탐을 냈다고 한다. 급기야 한 처녀가 납치되는 사건이 발생하게 되었고 이로 인해 종족 간에 커다란 싸움이 났다. 그 이후로 자오족 여성들은 눈썹을 모두 뽑아 버렸다고 한다.

그래서인지 지금도 여인들은 나이에 관계없이 눈썹을 전부 뽑는다. 하지만 눈썹이 없어서인지 자오족 여인들은 별로 예쁜 편이 아니었다. 오히려 우리 눈에는 여러 소수민족 여인들 중 가장 인물이 없는 쪽인 것 같았다. 새삼 눈썹이 얼마나 인상에 큰 영향을 미치는지 알게 되었다. 하지만 일행 중 한 분의 생각은 조금 달랐다.

"모나리자도 눈썹이 없잖아?"

용감하고 자존심 강한 민족, 타이족을 만나다 – 디엔비엔푸, 손라

오늘은 베트남의 서북쪽 끝자락에 있는 도시 디엔비엔푸(Dien Bien Phu)를 거쳐서 손라(Son La)까지 가는 일정이다. 엊그제까지만 해도 아침저녁으로 쌀쌀한 기후였지만 이제 낮에는 제법 덥다. 높은 지역에서 평지 가까이로 많이 내려온 탓이다. 디엔비엔푸는 대 프랑스 전쟁의 최후 격전지가 있었던 곳이다. 전쟁 박물관은 물론이고, 현재까지도 당시의 격전지가 남아 있다.

프랑스와 전쟁할 때 사용되었던 탱크와 박격포, 비행기의 잔해들이 그대로 녹슨 채 남아 있어 50년이 넘는 역사를 말해주었다. 박물관 안에는 호치민의 사진과 혁명용사들의 사진들이 걸려 있고 이 전쟁에 참여했던 이곳의 소수민족들의 모습들도 사진으로 남아 있다. 이렇게 작고 여려 보이는 사람들이 어떻게 프랑스군을 물리칠 수 있었는지 이곳 사람들의 숨어 있는 저력이 무섭다.

디엔비엔푸 전투는 1차 인도차이나 전쟁의 승패를 결정지은 전투였다. 1953년 11월, 프랑스는 베트남 서북부 산간지역인 디엔비엔푸에 주둔지를 설치했다. 하노이의 정부군이 라오스로 침공하려는 길목을 차단하기 위한 것이었다. 당시 호치민 정부의 최고지휘관이었던 보응우옌잡 장군은 디엔비엔푸의 프랑스 진지에 포격을 개시했다. 약 2개월에 걸친 치열한 격전 끝에 5월 7일 프랑스군으로부터 항복을 받아냄으로써 전투는 막을 내렸다. 결국 프랑스가 베트남에서 철수하면서 1차 인도차이나 전쟁은 끝이 난다.

우리가 손라에 도착한 것은 캄캄한 밤이 되어서였다.

'타이족 마을을 방문하게 되거든, 머리를 위로 묶은 여자 곁은 절대 어슬렁거리지 말라'는 말이 있다. 자칫 그녀들의 남편에게 혼날 수 있기 때문이다. 처녀들은 머리를 절대 위로(정수리 쪽) 묶지 않으며 유부녀는 결코 뒤로(뒤통수 쪽) 묶지 않는 것이 타이족 여인네들의 관습이다. 즉, 머리를 묶은 모습만 봐도 금방 아가씨인지 유부녀인지를 구별할 수 있는 것이다.

타이족의 고향이라는 손라에 들어선 우리는 나지막한 언덕 위에 있는 한 마을을 찾았다. 사실 타이족은 이곳에만 살고 있는 게 아니다. 이 지역과 인접한 다른 나라, 즉 중국, 태국, 미얀마, 라오스 등에서도 볼 수 있다. 따라서 타이족이라는 소수민족 자체만 보려고 했다면 굳이 이렇게 고생스럽게 손라까지 올 필요도 없이 태국 북부나 중국 남서부의 윈난성으로 가는 것이 훨씬 쉽고 편할지도 모른다.

하지만 유감스럽게도 그런 지역의 타이족들은 그들만의 오랜 전통과 문화(전통의상을 포함한)로부터 이미 너무나도 많이 이탈되어버렸다. 그래서 그들의 전통적인 생활양식을 엿보는 것이 불가능해졌다. 그나마도 극히 일부, 그것도 관광객에게 보여주기 위해 간신히 명맥을 유지하고 있는 변형된 문화 이외에는 남아 있는 것이 없다는 말이다.

다행히도 베트남의 고산지역, 특히 손라와 디엔비엔(Dien Bien) 지방에 살고 있는 타이족은 아직 상당 부분 원형 그대로의 모습을 보존하고 있었다. 의상도 타이족의 옛 모습을 가장 잘 보여주고 있으며, 생활방식과 관습들 역시 예전 모습 그대로 보존되고 있다는 점이 우리로서는 고맙기까지 했다.

전체적으로 타이족은 타 부족에 비해 잘생겼다. 더운 지방에 사는 민족답지 않게 피부색이 희고, 특히 여자의 경우 몸과 균형이 맞는 자그마한 얼굴에 서글서글한 눈매와 얇은 입술, 그리고 편안하면서도 수줍은 듯한 미소를 가졌다. 날씬

한 허리, 볼륨 있는 가슴과 엉덩이를 가진 것도 다른 부족들과는 조금 다른, 타이족의 뛰어난 용모를 대변한다.

뛰어난 용모에 걸맞게 이들은 뛰어난 고유의 문화를 가지고 있는 것으로도 유명하다. 집 안도 매우 청결하게 관리한다. 만일 여행자가 부근에 숙소를 구하지 못해서 원주민의 집에서 하룻밤 신세를 져야 한다 해도 그곳이 타이족의 마을이라면 전혀 문제가 없다. 이들은 각주(脚註) 위에 집을 지어 아래층은 창고로 사용하고 위층을 거실과 침실로 사용한다.

원래는 대나무를 주축으로 하여 그 위에 집을 지었으나 전국시대 때 《삼국지》의 제갈량이 이곳에 와서 집 짓는 법을 가르쳐주었다고 한다. 그 이후에는 주춧돌 위에 각주를 사용하여 집을 짓기 시작하였다고 하는데, 웬만한 지진에도 견딜 만큼 견고하다고 한다.

타이족의 집을 방문할 때 주의해야 할 점이라면, 함부로 침실에 들어가서는 안 된다는 것이다. 이들은 다른 사람이 침실을 사용하는 것을 허락하지 않으며, 구경하는 것도 터부시할 정도로 프라이버시를 중요하게 여긴다. 하지만 침실에 문은 없고 발이나 커튼이 쳐져 있는 정도라서 만족스러울 만큼 프라이버시가 지켜질지는 의문이다.

또한 이들은 소수민족 중 유일하게 고유의 문자를 가지고 있어 옛날부터 마을의 대소사를 기록으로 남기고 있다. 게다가 농사와 천기에 대한 탁월한 지식과 노하우를 지니고 있어 타 부족의 부러움을 사곤 했다. 현재 태국에서 사용하는 태국 문자도 타이족의 문자가 어원이라 할 수 있는데, 태국을 영어로 타일랜드(Thailand), 즉 '타이족의 나라'라고 부르는 것만 보아도 이들의 자부심을 눈치 챌 수 있을 것이다.

앞서 언급했듯이 한때 타이족은 이 지역을 점령했던 프랑스에 대항하여 산악

에서의 게릴라전으로 프랑스 정규군에게 쓰라린 패배를 안겨주었다. 결국 이것이 베트남 독립에 직접적인 동기가 되었을 정도로 용감하고 자존심이 강한 민족이다. 베트남 전체 인구의 1.5%로 백(白)타이와 흑(黑)타이를 모두 합해 10만 명도 채 되지 않는 적은 숫자이지만 이들이 미친 정신적인 영향은 모든 소수민족들 사이에서 단연 압도적이다. 전쟁 당시에는 타이족 여인들도 남자들을 도와서 총을 들고 함께 싸우다가 많이 희생되었다고 한다.

이렇게 용감하고 호전적인 민족이 막상 접해보면, 도대체 어쩜 이렇게 순수하고 소박하며 대하기 편할 수 있을까 싶어 놀라지 않을 수 없다. 전혀 모르는 외지인에게도 타이족 여인들은 눈만 마주치면 눈웃음으로 먼저 인사했다. 또한 아무 집에나 들어가면 낯선 사람에게도 집 주인이 선뜻 차를 대접한다. 박하나 사파에서는 전혀 경험할 수 없었던 일이다.

특히 타이족의 여인들은 무척 개방적이어서 낯선 남자들에게도 먼저 관심을 표하는 경우가 많다고 한다. 그래서인지 집안일과 밭일을 우리네 시골 아낙들만큼 많이 하면서도 입가에는 늘 미소가 가득하고 다른 소수민족 여인들에 비해 낯선 사람이 다가가도 덜 수줍어한다는 것이 신기했다.

혹시나 해서 타이족 여인들의 누드사진을 찍고 싶다고 말을 전하자 놀랍게도 지원자가 너무 많아 3명을 골라야 했다. 촬영장소인 냇가에 도착하자 말을 꺼내기도 전에 옷을 훌훌 벗고는 어떻게 포즈를 취할지 거꾸로 물어오는 바람에 오히려 우리 쪽이 더 당황했다. 타이족 여인들은 이토록 건강하고 당당한 모습이었다.

언젠가 라오스를 방문했을 때 아카족 마을에 들러 '여인들의 누드를 찍고 싶다. 사례는 하겠다.'고 말한 후 돌멩이에 맞아 죽을 뻔한 적이 있어서 이곳에서

도 무척 조심스럽게 그냥 해본 말이었지만 타이족 여인들은 확실히 달랐다. 뿐만 아니다. 차를 타고 달리면서 가끔씩 나타나는 냇가에서 어깨를 완전히 드러내고 목욕하는 여자들은 타이족 여인들뿐이었다.

타이족 처녀들이 부르는 전통가요 속에는 노골적인 노랫말들도 많이 섞여 있는데, 예를 들자면 '이부자리는 준비되었지만 같이 잘 님이 없네.'라든가 '그대와 나는 이웃에 살면서도 같은 구름만 쳐다보며 한숨짓네. 언제나 그대와 함께 이불 속에서 같은 꿈을 꿀 수 있을까?' 등 매우 적극적인 가사들이 흥미로웠다.

타이족 역시 대다수의 다른 부족처럼 결혼을 빨리 하는 편으로 여자의 경우 대개 17세 정도면 결혼을 한다. 20세가 되면 이미 노처녀 취급을 받아서 혼담도 잘 들어오지 않는다고 한다. 이들의 구애 방법이 재미있는데, 총각이 밤에 조용히 찾아와 처녀가 있는 방바닥을 밑에서 나무로 두드린다. 앞에서 설명했지만, 타이족의 가옥구조는 각주를 세우고 그 위에 집을 올리기 때문에 바닥이 공중에 떠 있다. 물론 옆방에서 자는 부모들이 이 소리를 듣지 못할 리 없다. 하지만 이 소리를 들으면 '내 딸을 좋아하는 남자가 있구나' 하고 도리어 안심한다고 한다.

이렇게 방바닥을 '두드려' 구애하는 것이 이들 타이족에게는 하나의 오랜 관습으로 전해 내려왔기 때문에 '두드림'을 못 받은 처녀들은 시름에 젖어 한숨 쉬는 것 외에 달리 뾰족한 연애의 수단이 없다고 한다. 지금도 좀 더 외진 지역에서는 이러한 관습이 이어지고 있다고 한다.

타이족 처녀총각의 결혼은 대개 연애결혼을 원칙으로 하며, 대부분 결혼 전에 이미 연애경험이 있다. 처녀들의 마음을 사로잡기 위해서는 전통악기를 다룰 줄 알거나 춤을 잘 춰야 한다. 특히 '키네'라 불리는 전통악기는 처녀들의 노래와 가장 잘 어우러지는 감성적인 나무 악기로 이 악기를 훌륭하게 연주할 줄 아는 총각은 가장 많은 인기를 얻는다. 이런 것만 보아도 타이족 처녀들이 얼마나 감성적이고 외향적이며 적극적인지 알 수 있다.

타이족은 개방적인 성격 탓에 외지인과도 잘 어울린다. 외지인과 잘 어울리긴 하지만 그러면서도 외부세계의 문화에 동화되지 않고 자신들만의 전통과 관습을 잘 이어나가고 있다. 이들 타이족은 여인들의 다채로운 옷 색깔과 머리에 꽂은 하이비스커스 꽃만큼이나 신선하고 아름다운 민족이라는 것을 새삼 느낄 수 있었다.

베트남의 양귀비 파텐족의 감격스러운 환대 – 투옌쾅

하노이에서 하루를 보내고 다시 서북쪽을 향해 출발한 차들은 언제부터인가 우측으로 방향을 꺾어 투옌쾅(Tuyen Quang) 쪽으로 달리고 있었다.

아침 9시, 하노이를 출발한 지 꼬박 4시간이 지났다. 오늘부터 1주일에 걸쳐 여행하는 지역은 특별 허가를 받아야만 출입이 가능한 지역이 대부분이라 현지 안내인도 최대한 전문성을 갖춘, 그리고 임기응변에도 능해서 무슨 일이든 가급적 신속하게 대처할 수 있는 사람이 필요했다. 우리가 정한 안내인은 '밍'이라는 이름을 가진 40대 초반의 여자였다. 그녀 역시 하노이에서는 알아주는 사진가로 활동하고 있어서 사진작가들로 구성된 우리 일행들에게 많은 도움이 될 것 같았다.

투옌쾅에 들어서자 제법 높은 산이 우리 앞을 가로막았다. 산굽이 하나를 지프들이 힘겹게 올라갔을 때, 제일 높은 곳까지 올라왔다고 느낀 순간 갑자기 시야가 환하게 밝아지면서 멀리 파텐(Pa Then)족 마을의 모습이 그림처럼 펼쳐졌다. 산자락 밑 언덕에 자리한 이 마을의 초가지붕 굴뚝에서는 지금 막 아침밥을 지은 듯 하얀 연기들이 여기저기에서 무럭무럭 피어오르고 있었고, 마을 앞 들녘에서는 파텐족 여인 몇 명이 허리 뒤에 김매기용 칼을 하나씩 차고서 물소를 호령하며 밭을 갈고 있었다.

일행의 입에서는 탄성 소리가 한꺼번에 터져 나오기 시작했다. 마치 어두운 극장 스크린이 갑자기 밝아지면서 멋진 장면이 펼쳐진 것처럼, 안개 속에서 마주친 이 마을과의 만남은 극적으로 연출된 영화의 한 장면처럼 설렌다.

마을 입구에 위치한 광장에 들어선 일행은 다시 한 번 놀라고 말았다. 마을 사람 전부가 나와서 우리를 기다리고 있는 게 아닌가! 우리가 도착한 날이 월요일이었음에도 이 마을의 모든 부녀자는 물론이고, 유일하게 있는 초등학교, 중학교의 모든 학생과 선생님들까지 수업을 작파하고 기다리고 있었다. 마을 사람들은 학교 운동장의 입구부터 양쪽으로 도열하여 서서 운동장에 입장하는 일행들에게 박수세례를 퍼부었다. 이런 열렬한 환영에 우리는 몸 둘 바를 몰라 쩔쩔 맸다. 이 마을이 생긴 이래로 외국인의 방문이 처음이기라도 한 듯이 우리 일행을 구경하려고 마을의 남녀노소가 모두 모여 기다리고 있었던 것이다.

잠시 후, 운동장 한가운데서 우리들을 위해 공연이 시작되었다. 아리따운 파텐족 처녀 8명이 화려한 전통의상을 갖추고 무용과 노래의 한마당을 펼치는데, 주로 여인네들이 과일이나 열매를 따는 모습, 농사짓는 모습, 그리고 총각들과의 사랑을 표현한 무용극 형식이었다.

무용극과 함께 노래와 전통악기 연주가 이어지고, 한쪽에서는 밥그릇 등을 이용해 화음까지 맞추고 있었다. 그들이 춤을 추는 모습을 바라보던 우리는 붉고 아름다운 의상과 어우러지는 하늘하늘한 동작과 웃음을 가득 담은 애교스런 모습에 모두 넋이 나가고 말았다. 그런 모습이 재미있었는지 마을 사람들은 우리의 표정을 하나도 놓치지 않으려는 듯 이리저리 따라다니며 즐거워했다. 일행은 연신 카메라 셔터를 눌러댔다. 정말이지 이들의 순박하고 아름다운 모습들을 한 장면도 놓치고 싶지 않았다.

공연이 끝나자 이 마을의 촌장인 탄밍 씨가 차를 대접하고 싶다며 자신의 집으로 초대를 했다. 마음 써서 제안해주었는데 거절하는 것이 예의가 아닌 것 같아 가벼운 마음으로 따라간 일행은 또 한 번 놀라고 말았다. 애초에 우리가 기대했던 가벼운 방문 정도가 아니라, 우리를 위해 미리 준비해놓은 듯, 돼지고기와 떡, 술을 비롯하여 갖가지 음식들이 방 안 가득 차려져 있었고 부엌에서는 아직도 계속 음식을 만들고 있었다.

잠시 후 학교 교장 선생님을 비롯한 동네의 유지들이 모두 모여 끊임없이 일행에게 차와 술과 음식을 권했다. 분위기가 점점 고조될 무렵, 이번에는 아까 공연을 하던 아름다운 처녀들이 집 안으로 들어와 일행에게 술을 따라주며 건배를 권했다. 얼굴에는 해맑은 웃음을 잔뜩 머금은, 갓 스물이 될까 말까 한 아리따운 처녀들이 술을 잘도 마셨다. 마시고는 또 한 잔 부어주고 또 건배하고 마시고, 서로 이해할 수 없는 말로 웃으며 이야기꽃을 피우고…. 이건 완전한 잔치 분위기였다.

촌장님 댁 바깥으로는 동네 사람들이 빼곡하게 집을 에워싸고 호기심 어린 눈을 반짝이며 문틈으로 우리를 감상(?)하고 있었다. 일행 중에 술을 못 마시는 사람도 있었는데, 분위기에 젖어 넙죽넙죽 여러 잔을 받아 마시는 바람에 몸을 가누지 못해 비틀거리면서도 연신 즐거워한다. 재미있는 것은 어린 처녀들이 어른들 앞에서 그렇게 술을 마셔도 누구 하나 말리는 사람도 없다는 점이었다. 그것은 여자들에 대한 존중의 표시이자, 무척 개방적인 이곳의 분위기를 알려주는 단면이기도 했다.

파텐족은 베트남의 53개 소수민족 중 숫자가 가장 적은 민족 중 하나로서, 모두 합쳐 4,000명이 채 안 된다고 한다. 주로 이곳 투엔쾅 지역에 살고 있으며 파흥(Pa Hung)이라 불리기도 한다. 주로 화전을 일구며 쌀과 옥수수를 주식으로 한다. 저지대의 경사진 곳이나 계곡, 또는 강가에 부락을 형성하여 살고 있는데, 대개 30~40가구가 1개의 부락을 이루며 타이족처럼 각주 위에 집을 짓는다. 차이가 있다면 타이족은 2층 집을 짓는데 이들은 단층집을 짓는다는 점이다.

파텐족은 타 소수민족에 비해 두드러지는 특징이 하나 있다. 그것은 바로 남녀평등 의식이다. 농사든 가사든 일에 남녀 구별이 없고, 특히 힘든 일일수록 남자가 해야 한다는 매우 진보적이고 합리적인 사고를 갖고 있다. 대부분의 소수민족이 힘든 노동과 가사를 모두 여자들에게 떠맡기는 것에 비하면 커다란 차이점이 아닐 수 없다.

이들은 몸집이 비교적 작은 편인데, 여성들의 의상은 매우 화려하고 아름다우며 소수민족의 전통복장 중에서도 가장 특이하고 매력적이다. 남자는 보통 셔츠와 군청색 바지를 입고 긴 스카프를 목에 두른 차림이 보통이다. 여자는 긴치마와 블라우스를 입는데, 서구식으로 브래지어도 착용한다. 특히 여자들은 머리를 터번처럼 감아 올린 후 화려한 장식물로 가장자리를 장식한다. 마치 커다란 멕시코 전통 모자처럼 생겨서, 멀리서 보면 크고 아름다운 모자를 쓴 것 같아 보인다. 색상은 단연 붉은색을 으뜸으로 사용하여 화사함을 더했으며 목과 손목에도 화려한 은 장신구들을 착용한다.

파텐족은 타 부족과의 결혼이 허락되지 않으며, 혼인은 자유로운 연애결혼과 부모에 의한 중매결혼이 거의 반반을 차지한다. 결혼식이 끝나면 남편은 예외 없이 1년 이상 처갓집에서 기거해야 하고, 장인과 장모의 허락을 받은 후 본가로 돌아온다. 그러나 만일 처갓집에 아들이 없을 경우에는 평생 처갓집에서 장인장모를 모시고 처가의 조상 제사를 모시며 살아야 한다. 이것은 파텐족만의 특유의 관습으로서 지금도 예외 없이 계속 이어지고 있다. 외아들이라 할지라도 처가를 우선으로 한다. 동성동본 간의 결혼은 금지되어 있다.

또 한 가지 특이한 점이 있다. 아이들을 낳게 되면 전체 중 반은 엄마의 성을, 나머지 반은 아빠의 성을 따른다. 아이가 넷이면 둘은 엄마 성, 둘은 아빠 성을 따르는 것이다. 특별히 종교에 대한 개념은 없으나 유교적인 색채의 전통을 가지고 있어 조상을 섬기며, 과거 우리나라의 농민들처럼 농업과 관련 있는 비의 신 또는 흙의 신 등을 섬기기도 한다. 절기마다 제를 올림으로써 풍년과 행복을 기원한다.

화려한 색채의 복장만큼이나 밝고 명랑한 이들은, 춤이나 오락을 매우 좋아해서 그쪽이 상당히 다채롭게 발달되어 있다. 여자들의 경우 다른 부족에 비해 훨씬 용감하고 외향적이고 친화력이 강해서, 처음 보는 사람에게도 경계심보다는 호기심을 보이며 스스럼없이 대한다. 다른 소수민족처럼 어색해하거나 두려워하는 일은 별로 없다.

별다른 기대 없이 이곳에 온 일행은 이들의 무조건적인 환대와 예우에 너무나도 감격했다. 우리도 방문에 앞서 양말, 과자 등을 선물로 준비했는데, 준비한 선물이 약소하다는 생각도 들었다. 그 자리에서 약간의 돈을 추렴하여 고마움을 표시하려 하였으나 촌장은 정색을 하며 거절했다. 돈을 받으려고 우리를 대접한 것이 아니라는 것이다. 이런 경험은 처음 있는 일이라 모두 당황했다. 결국 감사하다는 말과 함께 따뜻한 악수를 나눔으로써 고마움의 표시를 대신해야 했다. 정말이지 아쉬운 발걸음을 돌려야 하는 일행들의 얼굴에는 무어라 형언할 수 없는 가슴 저린 감정이 피어올랐다.

이번 파텐족 방문은 정말 특별한 경험이었다. 가장 숫자가 적은데도 다른 부족에게 흡수되지 않고 자신들만의 고유 전통을 유지한다는 것이 결코 쉽지 않았을 텐데 이들은 꿋꿋하게 자기들만의 세계를 가꾸고 지킴으로써 타 부족들에게도 부러움과 존경을 받고 있었다. 인접한 부족들로부터 직간접으로 부단한 도전을 받고 있으면서도 이에 아랑곳하지 않고 열심히 일하고 재미나게 살고 있는 이들 파텐족은 진정 베트남의 양귀비라 칭송할 만했다.

오지 중의 최고 오지, 하지앙의 소수민족들 – 하지앙, 메오박

투엔쾅에서 하루를 보내고 하지앙(Ha Giang) 주의 주도 하지앙 시에 도착한 것은 오전 11시 경이었다. 파텐족 마을을 뒤로하고 북쪽으로 달리는 일행들의 마음속엔 어제의 행복했던 흥분이 채 가시지도 않은 상태였다.

베트남은 주의 이름과 주도의 이름이 같은 곳이 많이 있다. 우리가 가려고 하는 하지앙 지방은 아직 외국인에게 개방되지 않은 일종의 제한구역이기 때문에 하지앙 시의 허가를 받아야만 들어갈 수 있었다. 일행 대부분이 사진가라 한국을 떠나기 전 나는 베트남 대사관과 하노이의 베트남 사진작가협회의 추천서를 받았고, 베트남 문화부의 협조공문을 어렵사리 준비해둔 터였다. 일단 하지앙 시에서 마지막으로 확인절차를 받아야 했기에 서류를 가지고 먼저 시청을 찾았다.

하지만 막상 도착해보니 여기서는 얘기가 달랐다. 추천서와 문화부의 협조공문을 본 관리는 참고는 하겠지만 여기서는 통하지 않으니 다시 확인서를 받으라는 것이다. 담당자가 타자기로 글자 하나를 치는 데 족히 1분은 넘게 걸렸다. 여기서 오늘의 목적지까지 들어가려면 최소한 5시간을 더 들어가야 하니 마음만 급해졌다. 우여곡절 끝에 공문 하나 만드는 데 2시간이나 소요되어 결국 2시경에 다시 출발할 수 있었다.

예정에 없던 큰 액수의 돈도 추가로 더 들었다. 돈도 돈이지만 시에서 여경(女警) 한 사람을 차에 동승시켰다. 명목은 우리를 안전하게 호송하기 위해서라고 하는데 실상은 우리의 일거수일투족을 감시하기 위해 보낸 공안(公安), 즉 경찰이었다.

베트남 여인들은 비교적 호리호리하고 인물이 좋은 편인데, 이름이 '쏭'인 이 여경은 신기할 정도로 인물이 없고 뚱뚱한 아가씨였다. 성격도 몹시 무뚝뚝하고 붙임성이라곤 눈곱만큼도 없는 데다 그러면서도 먹기는 또 얼마나 먹어대는지 하루 종일 먹는 모습만 눈에 띌 정도였다. 앞으로 며칠 동안 이 아가씨가 우리를 밀착 감시하면서 따라 다닌다고 생각하니 가슴이 답답해졌다. 혹시 경찰서에서도 밉상으로 찍혀서 우리에게 딸려 보낸 것이 아닐까 하는 생각까지 들 정도였다. 하지만 우리에게는 선택의 여지가 없었고, 이렇게 어색한 동행과 함께 이제부터 정말 '오지'로의 여행은 시작되었다.

첩첩산중이라는 말은 바로 이곳을 두고 하는 말이 아닐까 싶었다. 지프 한 대가 간신히 지나갈 정도의 좁은 길이 까마득한 산봉우리까지 계속되었다. 굽이를 돌고 돌아서 고개 하나를 넘나 싶으면 또 하나의 거대한 봉우리가 우리 앞에 떡 버티고 있었다. 한쪽은 천 길 벼랑이다. 그야말로 오줌을 질금거릴 정도의 긴장감으로 겹겹 산굽이를 여러 개 넘으니 저 아래로 난쟁이 동네처럼 작은 마을이 보이기 시작했다. 하지앙의 북쪽 산악지대의 마을들은 대개 봉우리들에 둘러싸여 있는 모습을 하고 있었다. 풍경은 마치 하롱베이를 산꼭대기에 얹어놓은 모습이랄까.

하지앙에는 무려 20여 개의 소수민족이 흩어져 살아가고 있다. 우리가 처음 방문한 마을은 '메오박(Meo Bac)'이라는 마을이었는데, 마을 전체에 전화라고는 간이 우체국에 있는 자석식 전화기 1대가 전부였다. 딱히 전화기에 관심이 있는 것은 아니었지만 그만큼 오지라는 뜻이다.

너무 오래 달려왔고 일행들도 많이 지친 것 같아 얼른 숙소에 들어가서 쉬고 싶었다. 숙소는 우리나라의 여인숙 정도 되는 게스트하우스로 이 지역의 유일한 숙박시설인데 그럭저럭 깨끗하고 지낼 만해 보였다. 식당이 딸려 있지 않아서 마을에 있는 '유일한' 식당에서 저녁을 먹어야 했다.

대체로 아무리 오지라도 그런대로 먹을 만한 요리가 나오곤 했었는데, 이 서너 평짜리 허름한 식당에서는 그렇지 않아 당혹스러웠다. 먹을 거라곤 달랑 삶은 돼지고기와 채소 몇 가지, 그리고 고구마가 전부였다. 신기하게도 밥이나 국수도 없다. 밥은 안 먹느냐고 물어보니 쌀이 다 떨어져서 없고, 쌀이 들어오려면 이틀을 기다려야 한단다.

이 마을은 워낙 척박해서 쌀이 생산되지 않는 곳이다. 그래서 이곳은 쌀이 아닌 옥수수와 고구마가 주식이다. 쌀밥을 맛보려면 이 식당에나 와야 돈을 주고 사먹을 수 있는 것이다. 그런데 그나마도 가끔씩 오는 쌀장사가 늦게 오면 이렇게 때때로 식당에도 쌀이 떨어지는 일이 생긴다고 한다. 세계 1,2위를 다투는 쌀 생산 국가에서 쌀을 구경하기가 이렇게 어렵다니 생각할수록 아이러니한 일이다.

우리가 가져온 라면 몇 박스도 동이 난 지 오래다. 별수 없이 고구마 등으로 대충 요기를 하고 있는데, 갑자기 숙소에서 사람이 찾아왔다. 빨리 방을 비워달라는 것이다. 그게 무슨 소리냐고 했더니 기관(공산당)에서 갑자기 관리들이 도착해서 방이 필요하다는 것이다. 아침에는 떠날 사람들이라면서, 내일은 다시 재워줄 테니 오늘 저녁만 다른 데서 자라고 한다. 벌써 밤 10시가 다 되어 가는데 이게 무슨 황당한 경우인가? 가까운 숙소가 어디 있느냐고 물었더니 여기서 2시간을 더 가야 한다는 것이다. 거기에는 방이 있느냐고 물어보니 그건 알 수 없단다.

지방의 숙소에서는 정부 기관원이 오면 우선적으로 그들에게 방을 주어야 하는 것이 법이라고 했다. 난감했지만 버텨봐야 소용없다. 숙소에서 쫓겨난 일행은 마땅히 갈 데가 없어 고민하다가 마을 이장 집으로 찾아갔다. 다행히 몇 사람을 재워줄 수는 있다고 한다. 공간이 모자라 운전기사들은 부엌에서 웅크리고 자는 수밖에 없었다. 이불도 모자라서 있는 옷을 죄다 껴입고 자리에 누웠는데도

밤새도록 추위에 이가 딱딱거렸다.

우리가 이 마을에 온 목적은 베트남의 소수민족 중에서도 가장 숫자가 적다는 로로(LoLo)족이 사는 마을을 보기 위해서였다. 이곳을 비롯해 불과 몇 개의 마을에만 살아가는 로로족은 여태껏 보아온 플라워몽족이나 파텐족과는 또 다른 화려하고 아름다운 전통의상을 입고 있었다. 피부도 무척 희고 인물도 썩 좋은 편이어서 내심 좀 놀랐다.

이들은 15세기경 중국의 윈난성 쪽에서 처음 이주한 것으로 알려지고 있다. 쌀도 없는 이런 척박한 곳에서 옥수수와 고구마만 먹고도 이렇게 훌륭한 인물들이 만들어지는 것을 보면 확실히 좋은 유전자는 따로 있는 모양이다. 먹는 것과 인물의 생김새는 아무 상관이 없는 것일까?

전통의상을 곱게 차려 입은 로로족 처녀들이 밭에서 일을 하고 있었다. 몇 명을 모아놓고 사진을 찍고 나니 자기들 집으로 우리를 초대했다. 감사한 마음으로 집까지 따라갔더니 옥수수로 만든 소주를 한 잔씩 권했다. 베트남 북부지방을 여행하면서 쌀로 빚은 술을 많이 마셔봤지만 옥수수로 빚은 술은 처음이었다. 쌀로 빚은 것보다 오히려 훨씬 부드럽고, 목구멍에 착 감기는 감칠맛이 있어서 좋았다. 처녀들의 순박한 미소가 곁들어진 맛있는 술이었다.

그날 밤에는 전날 쫓겨난 게스트하우스에서 잘 수 있었다. 저녁에 과일이라도 좀 살 수 있을까 해서 밖으로 나왔더니 뚱뚱한 여경이 따라 나섰다. 근처에는 과일가게가 없어서 시장에 가보았더니 바짝 마른 할머니 한 분이 좌판에 열댓 개의 귤을 놓고 팔고 있었다. 일부러 몸속의 물기를 모두 빼서 말리기라도 한 것처럼 꼬챙이같이 마른 할머니였는데, 그 귤들도 할머니를 닮아 모두 말라 비틀어져 있었다.

귤만 놓고 보면 전혀 살 마음이 없었지만 할머니의 물기 없는 눈을 바라보니 그냥 돌아설 수가 없었다. '못 먹게 되면 그냥 버리지 뭐.' 하고 생각하면서 우리말로 "얼마예요?" 하고 물었다. 어차피 영어든 한국말이든 못 알아듣는 건 마찬가지니까.

할머니는 내 눈을 바라보며 뭐라고 대답을 하면서 낡은 비닐봉투에 주섬주섬 귤을 모두 담기 시작했다. 여경은 내가 할머니와 대화하는 것을 하나라도 놓칠세라 바짝 달려들어 귀를 세우고 듣더니 할머니를 노려보며 뭐라고 중얼거렸다. 알아듣지는 못했지만 말투는 '이 사람과 쓸데없는 대화를 하지 말라'고 경고하는 것같이 들렸다. 공산국가란 이런 것이구나 하는 생각에 약간 두려운 마음이 들었다.

경찰에게 필름을 압수당하다 – 하지앙

다음날 아침, 보기 드물게 구름 한 점 없는 아침이 밝았다. 오늘은 하지앙 지방에서 가장 많이 분포되어 있는 화이트몽족(White H'mong) 마을로 이동하기로 했다. 자동차로 서너 시간이면 도달할 수 있는 거리였다. 몽족의 전통 여성의상은 무릎까지 내려오는 치마와 앞쪽으로 열리는 블라우스인데, 화이트몽족은 염색하지 않는 흰 치마를 입고 그 위에 단순한 무늬가 있는 앞치마와 뒤치마를 걸치고 다리에는 각반을 한다.

아직도 어제의 로로족 마을이 눈에 아른거렸다. 일정이 너무 빠듯한 게 아쉬웠다. 어제의 여행을 곱씹을 여유도 없이 다시 다음 일정으로 내닫는 것이 어쩔 수 없긴 했지만 그래도 마음에 안 들었다. 내일 아침이면 또 어디론가 급히 떠나야 하는 것이 여행이라기보다는 차라리 나그네의 끝없는 여정 같다는 생각이 들었다.

그런 생각을 하고 있던 사이에 갑자기 차창 밖으로 멀리 여러 명의 화이트몽족 여자들이 모여 있는 모습이 눈에 들어왔다. 급히 차들을 세우고 자세히 보니 놀랍게도 젊은 여자들이 군사훈련을 받는 광경이었다. 중국과 국경을 맞댄 지역이다 보니 이곳은 최전방이나 다름없는 지역이다. 그래서 이곳의 모든 주민은, 심지어 여자들도 총을 들고 규칙적인 제식훈련을 의무적으로 받고 있는 것이었다.

산속에서, 여자들이, 그것도 소수민족의 전통복장 차림으로 총을 들고 군사훈련을 받는 모습은 우리에게는 너무 충격적이었다. 더욱이 사진 촬영감으로는 전무후무한 피사체라고 할 수 있기에 이를 놓칠세라 일행들은 일제히 카메라를 들고 셔터를 누르기 시작했다. 우리와 동행한 여경은 뚱뚱한 몸과 짧은 팔다리로 우리를 막아선 채 허우적거리며 촬영을 저지했다. 아차, 그렇구나. 이런 건 군사기

밀일 수도 있겠다 싶어서 촬영을 멈추고 다시 차를 출발시켰다.

출발한 지 10여 분쯤 지나자 오토바이 한 대가 길을 막아섰다. 어제 저녁 식당에서 보았던 경찰서장이었다. 가이드와 기사들을 불러 몇 마디 주고받더니 자기를 따라오라고 지시했다. 차를 되돌려 경찰서장을 따라가면서 안내인 밍에게 물어보니 군사훈련 하는 장면을 촬영한 것이 발각된 모양이라면서 걱정을 하는 것이었다.

경찰서에 도착한 우리는 카메라 안에 있는 필름을 포함해 카메라가방 안에 들어 있던 아직 쓰지 않은 새 필름까지 모두 압수당했다. 눈앞에서 필름이 모조리 버려지는 장면을 눈물을 머금고 바라보는 수밖에 없었다. 애걸복걸하길 거듭해서 다행히 이전에 촬영한, 큰 가방에 들어 있는 필름은 빼앗기지 않았다. 촬영한 필름들은 두말할 것도 없이 우리에게 보물과도 같은 것이었다.

우리는 2시간 동안 경찰서에서 오도 가도 못 하고 붙잡혀 있었다. 한참을 고심하던 현지 안내인 밍이 경찰서에 있는 전화로 어디론가 전화를 하자 잠시 후에 키가 크고 몸집이 좋은 양복 차림의 한 사내가 들어왔다. 그는 경찰서장과 잘 아는 사이인지 악수를 하면서 웃으며 말을 하기 시작했다. 이 사내는 이 지역을 관장하는 공산당원이었던 것이다.

그는 밍과 잠시 대화를 나누더니 다시 경찰과 이야기를 나누고, 몇 번인가를 고개를 끄떡이더니 웃으면서 밍과 악수하고는 떠나버렸다. 밍이 우리를 보면서 환하게 웃으며 잘됐다고 손가락으로 오케이를 표시하는 것이었다. 알고 보니 우리의 안내인 밍도 공산당원이었던 것이다. 그녀는 궁여지책으로 이 지역의 공산당원을 찾았고 마침 그것이 경찰서에서 통한 것이다. 이념과 체제가 이렇게 무서운 것인 줄 정말 몰랐다. 우리는 다시는 그런 것을 찍지 않겠다고 각서를 쓰고 서명까지 한 후 가까스로 풀려날 수 있었다.

간신히 풀려난 일행은 남쪽으로 비포장도로를 따라 30km 남짓 올라가 깎아지른 산 중턱에 자리한 몽족 마을에 도달했다. 이곳의 몽족은 저지대에 자리 잡고 사는 타이족과는 달리 대부분 산속이나 산 중턱에 정착하여 화전을 일구고 쌀과 옥수수, 카사바 등의 농작물을 재배하며 살아가고 있었다. 마침 조상을 기리는 명절이어서 몽족 마을에는 외지에 흩어졌던 가족들이 한데 모여 음식을 나눠먹으며 웃고 즐기고 있었다.

이 마을은 베트남에 분포되어 있는 5개의 몽족 중 화이트몽족으로서, 우리의 갑작스러운 방문에 처음에는 의아해하며 경계하는 눈빛이 가득했다. 하지만 곧 친근하게 맞이하며 웃음을 머금고 집으로 초대해주기까지 했고 낯선 우리에게 차와 술도 권해주었다. 동네 사람들이 이방인들을 보려고 아이어른 할 것 없이 순식간에 모여들어 집 안팎으로 빼곡하게 들어섰다. 다들 눈동자를 반짝이며 우리의 일거수일투족에 즐거워했다.

그러다가 카메라를 들이대면 들짐승을 피하듯 모두 허둥대며 도망가느라 정신없었다. 한마디로 사진촬영은 쉽지 않았다. 대부분 카메라를 처음 보는지 '찰칵' 하는 셔터 소리가 날 때마다 눈을 휘둥그레 뜨고는 신기한 듯 바라보는 순진한 사람들이었다.

몽족은 독특한 풍습을 하나 가지고 있다. 자식들이 15세가 넘으면 대개 양가의 주선으로 결혼을 시키는데, 처음부터 정식으로 결혼식을 올리는 것이 아니라 일정 기간 동안 먼저 동거를 시킨 후 첫 아이를 낳은 시점으로부터 적당한 날을 잡아 비로소 결혼식을 거행한다. 장기간 동거를 했는데도 불구하고 아이가 생기지 않으면 두 사람의 정식 결혼은 불가능하며, 각자 다른 상대를 골라 다시 동거를 시작해야 한다.

더욱 외진 곳에 사는 일부 몽족은 가을 추수철이 되면서 일정 기간 동안 매주 한 번씩 그들만의 장터에 모이는데, 이 모임은 한밤에 이루어지며 술과 춤을 즐기는데, 파티가 끝날 무렵 각각의 성인 남녀는 기혼, 미혼을 가리지 않고 자유로이 다른 상대를 골라 사방으로 흩어져 사랑을 나눈다고 한다. 새벽이 어슴푸레 찾아올 무렵, 이들은 각자의 집으로 돌아가 마치 아무 일도 없었던 것처럼 원래의 생활로 돌아간다. 물론 지난밤의 일을 가지고 남편이 아내를, 혹은 아내가 남편을 책망하거나 싸우거나 하는 일은 전혀 없다.

가끔 여자가 다른 사람의 아이를 가지는 경우도 있지만 그 아이가 태어난다해도 현재 남편은 그것을 문제 삼지 않으며 순순히 자식으로 키운다고 한다. 종족을 보존하고 육성하는 한 방편이라고 하는데, 이러한 신기한 관습은 오직 몽족만이 지니고 있다. 물론 남녀 간의 이러한 어울림은 오직 같은 몽족 사이에서만 이루어지는 것으로서 외지인의 접근이나 참여는 절대 불가능하다.

몽족은 타 부족과의 동거나 결혼이 금지되어 있다. 오늘날 다른 소수민족은 또 다른 소수민족이나 베트남인들과의 결혼을 자연스럽게 받아들이고 있는 추세이지만 이들 몽족만은 현재까지도 자기 부족 간의 결혼만을 고집스럽게 지켜가고 있다.

일단의 화이트몽족 여인들 무리가 망태기를 하나씩 지고 시장으로 향하고 있었다. 하나같이 땅딸막하고 통통해 보이는 그녀들의 골격은 부근의 다른 민족과는 확실히 달랐다. 한 나라의 같은 지방에 살면서 종족에 따라 생김새와 골격이 이렇게 큰 차이가 난다는 것이 참 신기했다. 그렇게 다른 형태의 민족들을 관찰할 수 있다는 것이 바로 베트남 북부지방을 여행하는 묘미라 할 수 있다.

베트남에서는 공식적으로 이들 소수민족에 대한 인종차별은 없으며, 오히려 정부로부터 직, 간접으로 보호를 받으며 살아간다. 그러나 워낙 깊고 험준한 산악지대나 오지에서 사는 데다 밖으로 나오지 않으려는 성향을 가지고 있기 때문에, 아이들의 교육 문제라든가 경제력의 낙후가 필연적으로 발생하게 된다. 게다가 문맹과 조기결혼, 지나친 다산과 조기사망 등 여러 심각한 문제가 생겨나고 있기 때문에 정부의 지원 자체가 용이하지 않을 정도이다.

여행의 목적은 그야말로 다양하다고 할 수 있다. 그 목적 중 하나가, 비록 다른 나라이기는 하지만, 소박하고 때 묻지 않은 고산족이나 소수민족들의 삶을 관찰하고 경험하는 것인데, 유감스럽게도 이렇게 문명에 오염되지 않은 삶의 현장은 아마도 그리 오래 가지 않을 것 같다. 정부의 개발정책 때문에 베트남의 북쪽 끝 오지마을에도 비록 조악하기 짝이 없긴 하지만 이미 가라오케가 설치된 주점이 들어서게 되었다. 새로운 유행에 호기심 많은 젊은 세대들이 앞으로 마을을 어떻게 바꿔놓을지는 짐작이 가고도 남는다. 과연 문명에 오염되지 않은 순수한 모습과 전통적인 생활양식이 영원히 보존될 수는 없는 것일까?

다시 하노이로 돌아오는 발길은 한없이 무겁기만 했다.

[여행 일정 요약]

14박 15일(1월 10일부터 1월 24일까지) 1일 19시 30분 인천 공항 출발 ◎ 22시 30분 하노이 도착 2일 하노이 ◎ 라오까이 ◎ 쉼라로 이동 3일 라오까이 ◎ 박하로 이동 4일 깐꺼우와 박하의 플라워몽족 시장 답사 5일 박하 ◎ 사파로 이동 6일 사파 마을 답사 후 라이차우로 이동 7일 라이차우 ◎ 디엔비엔푸 ◎ 손라로 이동 8일 손라 주변의 타이족 마을 답사 후 하노이로 이동 9일 하노이 ◎ 투옌꽝으로 이동 10일 투옌꽝 ◎ 하지앙 ◎ 메오박으로 이동 11일 메오박 주변의 소수민족 마을 답사 12일 메오박 주변의 소수민족 마을 답사 13일 메오박 ◎ 하지앙으로 이동 14일 하지앙 ◎ 하노이로 이동 ◎ 23시 50분 하노이 출발 15일 05시 30분 인천 공항 도착

6박 7일 1일 19시 30분 인천 공항 출발 ◎ 22시 30분 하노이 도착 2일 하노이 ◎ 박하로 이동 3일 깐꺼우와 박하의 플라워몽족 시장 답사 4일 박하 ◎ 사파로 이동 5일 사파 주변의 마을 답사 6일 사파 ◎ 하노이로 이동 ◎ 23시 50분 하노이 출발 7일 05시 30분 인천 공항 도착

국명 중화 인민 공화국
지역 간쑤성(甘肅省, 감숙성)
간쑤성의 인구 약 2,562만 명(2000년)
간쑤성의 면적 42만 5,800㎢(한반도의 약 1.9배)
주도 란저우(蘭州, 난주)
주요 언어 중국어
종족 한족(92%), 회족, 티베트족, 몽고족, 카자흐족, 만주족 등 약 45개 종족으로 구성
종교 불교(18%), 이슬람교, 민속신앙 등

찬란했던 과거를 간직한 실크로드의 오아시스

간쑤성

5

간쑤성(甘肅省, 감숙성)은 고대 장안(지금의 서안[西安])으로부터 시작된 실크로드의 중요한 중간 기점이 되는 지역이었다. 당대의 찬란한 문화와 문물이 서역으로 전해지는 여러 통로들 중에서도 반드시 거쳐 가는 메인 루트로 잘 알려진 둔황(敦煌)의 둔황석굴(敦煌 石窟, 막고굴[莫高窟]이라고도 불린다)이 있으며 현장법사, 문성공주 등이 지나쳐간 곳이기도 하다. 고대 4대 문명의 하나인 황허 문명의 발생지 또한 이곳이다.

이번 여정은 티베트 불교 사찰 중에서 가장 큰 탱화를 소장하고 있는, 6대 사찰 중의 하나인 샤허의 '랍복랑사(拉卜楞寺)'를 찾아 티베트인들의 불심을 엿보는 것을 주목적으로 잡았다. 1년에 한 번 열리는 몬람 축제에 바로 그 탱화를 펼쳐 보여주는 '탱화 말리기' 행사가 있어서 출발 날짜를 축제에 맞추었다.

샤허(夏河, 하하)로 가는 길목에는 이슬람교를 믿는 회족들만 사는 도시가 있어서 종교에 따른 두 민족의 생활상을 비교할 수 있는 좋은 기회가 되었고, 돌아오는 길에는 황허(黃河, 황하) 주변의 아름다운 겨울 풍경과 실크로드 시대에 불교가 부흥을 이루며 조성되었던 병령사(炳靈寺)의 석굴을 방문해서 불교의 자취를 더듬어 보리라고 생각했다.

극히 일부 지역만을 돌아본다는 아쉬움이 있었지만 종교라는 것이 얼마나 많은 사람들의 정신을 지배하는지, 그리고 한편으로는 종교라는 것이 때로는 얼마나 배타적인지에 대해서도 많은 공부를 한 것 같았다. 회족들이 사는 린샤(臨何, 임하)와 티베트족들이 사는 샤허처럼 바로 이웃한 지역끼리 이렇게 종교가 극과 극을 달릴 정도로 다르다는 점이, 그러면서도 사이좋게 공존한다는 점이 아이러니하게 느껴졌다. 우리나라처럼 여러 종교가 같은 곳에서 혼합된 것이 아니라, 회족과 티베트족이 어깨를 맞대고 있는 지역에서 각자 별도의 강력한 종교를 지향하고 있는 것이다.

이번 여행에서도 가장 기억에 남는 것 중의 하나는 역시 오지에 사는 사람들의 훈훈한 사람 냄새였다. 아직도 황하석림(黃河石林) 옆 사과마을 사람들의 따뜻한 미소가 눈에 선하다. 중국은 땅이 넓어서 그런지 갈 데도 참 많고 오지도 참 많다. 어설프게 오지 흉내를 내지 않아도, 그 옛날 우리네 시골처럼 인심도 좋고 구경거리도 많은 지역들이 아직 얼마든지 남아 있다. 특히 이번에 여행한 간쑤성은 사람들의 신실한 마음과 기운이 물씬 느껴지는 매우 독특하고 아름다운 곳이었다. 이런 분위기가 최대한 오랫동안 잘 보존되었으면 좋겠다는 마음이 간절하다.

티베트족 순례자들의 꿈 – 린타오, 린샤, 샤허

비행기가 간쑤성의 성도인 란저우(蘭州, 난주)에 도착한 것은 아직 쌀쌀한 2월 초 어느 날이었다. 짙은 구름이 하늘 끝에 드리워져 있고, 언제 내렸는지 모를 하얀 눈으로 뒤덮인 공항 주변의 마을들이 아련히 보이는 저녁 무렵이었다.

란저우는 황허 상류의 하서회랑(河西回廊)의 동쪽에 위치하며 서에서 동으로 흐르는 황허를 따라 2,200년 전에 조성된 가늘고 긴 모양의 도시다. 한때 금이 발견됨에 따라 금도(金都)라고도 불리었으며, 1941년에 란저우 시가 되었다. 예로부터 장안에서 서역까지 이어지던 고대 실크로드의 요충지로 발전해왔으며, 당나라 시대에는 서역을 여행하고 인도에 들어간 현장법사도 이곳에서 하룻밤을 묵었다고 한다. 또 641년 당태종의 딸 문성공주는 이곳을 출발하여 청해호를 거쳐 당시의 티베트 왕인 '송첸캄포'에게 시집을 갔다고 전해진다.

현재 이곳은 석유와 석탄이 풍부하게 매장되어 있고, 수력발전에 적합한 지형까지 갖추고 있어 에너지 자원이 풍족한 곳이 되었다. 그런 혜택을 받아 서북 지역 최대의 공업도시로 발전하고 있는데, 재미있는 것은 중국의 다른 지역과 달리 전기를 많이 쓰면 쓸수록 오히려 요금을 깎아준다는 것이다. 쓸수록 요금이 내려간다니, 그와 반대인 우리로서는 여간 부러운 일이 아닐 수 없다.

란저우는 해발고도 1,700m의 흙빛 황토 고원 위에 자리 잡고 있는데, 이곳은 또한 인류 4대 문명의 발상지 중 하나인 황허의 상류가 흐르는 지역으로서, 수천 년 전 화려한 문명이 꽃피었던 바로 그곳이다. 지금은 박물관에 소장된 얼마 안 되는 유물로 당시의 문화적 자취를 간신히 추측할 수 있을 뿐, 도시 자체는 중국의 여느 현대적인 도시와 별로 다르지 않았다. 한 가지, 얼른 눈에 띄는 차이점이 있다면 도시의 규모가 생각보다 작다는 것이었다. 그리고 다른 알려진 대도시와 달리 사람들이 대체적으로 검소하고 소박한 모습이라는 점도 좀 달랐다. 흠이라면 그다지 계획적으로 건설된 도시는 아닌 탓인지 주차시설이 턱없이 모자라 심지어 우리가 묵었던 특급호텔 앞에서조차 자동차를 주차하기가 너무 어려웠다.

이른 아침, 란저우를 출발한 버스는 남쪽의 린타오(臨洮, 임조)까지 연결된 46km 거리의 고속도로에 올랐다. 고속도로를 이용하는 차량들이 별로 없는 이른 아침, 도로는 하얀 눈으로 덮여 얼어붙은 채 방치되어 있어서 도저히 속력을 낼 수 없었다. 이런 속도라면 과연 오늘 중에 목적지인 샤허에 도착할 수나 있을까 하는 걱정이 들기 시작했다. 도로 양옆으로는 눈에 덮인 계단식 밭이 거대한 피라미드의 옆면처럼 산비탈을 장식하고 있었다.

그러나 얼마 후 고속도로를 벗어나자 점차 고도가 낮아지는 듯하더니 린타오에 들어서자 그렇게 걱정스러워 했던 눈은 온데간데없고 안개가 드리워진 시골 마을의 아침 풍경만 눈에 가득 들어오기 시작했다.

린타오는 《삼국지》에 등장하는 초선(貂嬋)이 태어난 고장이기도 하다. 왕윤의 가기(歌妓)로 동탁과 여포를 이간질하기 위해 자신의 모든 것을 바쳐 연환계(連環計)를 썼으며, 성공한 후 주인을 따라 자결하는 여인이 바로 초선이 아니었던가? 그녀의 눈은 너무 아름다워서 바라보기만 해도 그 눈 속에 빨려 들지 않을 수 없을 정도라고 표현되기도 했다. 초선의 고결한 모습이 역사적 사실을 얼마나 담고 있는지는 몰라도, 아무튼 고대 중국의 4대 미인 중 하나였던 초선의 고향을 지나가고 있다는 사실에 기분이 묘해지기도 했다. 린타오는 또한 진시황이 조성한 만리장성의 서쪽 끝이 위치하는 곳이며, 고대 황허 문명 당시의 유물 중 다량의 도기(陶器)가 발굴된 장소이기도 하다.

하지만 지금의 린타오에는 당시와는 판이하게 다른 곳이 있다. '중국에 이런 곳도 있었나' 싶을 정도로 낯선 장면들이 보인다. 둥그런 흰 모자를 쓴 남자들과 검은 스카프를 쓴 회족 여인들이 거주하는 '임하회족자치주(臨何回族自治州)'의 한 도시로 탈바꿈해 있었다. 초승달과 별을 형상화한 높은 첨탑을 여러 개씩 지니고 있는 중국식 모스크들이 마치 서울 시내의 교회만큼이나 많이 보였고, 멋인지는 몰라도 검은색의 두툼한 외투를 어깨에 걸친, 흰 모자를 쓴 사나이들이 가족들을 데리고 어디론가 걸어가고 있는 모습도 자주 눈에 띄었다.

도로의 양옆으로는 회족 마을들이 빼곡히 들어차 있었는데, 대부분이 누런 황토 벽돌로 지어져 있었다. 지붕은 모두 검은색 기와로 덮여 있었는데, 특이한 것은 지붕이 모두 반쪽이라는 것이다. 시옷(ㅅ) 자의 한 획만 남은 모양이랄까? 마치 기와집 한 채를 반으로 딱 잘라낸 것처럼 모든 집들이 비스듬한 반쪽짜리 지붕을 가지고 있었다.

이 지역의 회족은 청나라 때 대거 이주한 사람들로, 남자는 흰 모자에 수염을 기르며 여자는 검은색 스카프를 착용하는 특색을 보인다. 회족은 종교적으로 이슬람을 신봉하므로 돼지고기는 절대 먹지 않고 대신 양고기를 많이 먹는다. 양고기 탓인지는 몰라도 이곳 노인들은 무척 장수하는 편인데, 노인들의 피부가 무척 깨끗하고 발그레한 홍조를 띄고 있으며, 건강한 웃음을 머금고 있는 모습들이었다.

포플러 나무와 들녘이 어우러진 풍경이 지나가고 나지막한 산굽이를 돌아 점심을 먹기 위해 도착한 린샤시는 임하회족자치주의 주도(州都). 다리 밑 장터에

는 회족 남자들이 양가죽을 거래하고 있었다. 한결같이 검은 옷에 흰색 모자를 유니폼처럼 입고 무리를 지어 양털과 가죽을 감정하면서 거래를 하는 모습이 이채롭다. 이곳은 '회족자치주'라는 단어가 말해주듯 60만 인구 중 회족이 전체의 80%를 차지한다. 간쑤성의 전체인구는 2,600만 정도인데, 그중 한족이 90%를 차지한다는 점을 감안하면 회족은 소수에 불과하지만 이곳에서만큼은 절대 다수를 차지하는 것이다. 같은 종족끼리 같은 곳에 모여 살아가는 인간의 사회성에 대해 다시 생각해보게 되었다. 이 도시는 어디를 가도 완벽하게 회족만 눈에 띄는데, 이런 도시는 여태 중국 어디에서도 본 적이 없었다.

회족은 생김새부터 한족과는 다소 차이가 있었다. 황인종이면서 백인에 가까운 피부를 가졌고, 짙은 눈썹과 깊은 눈을 지니고 있다. 외모로 보나 이슬람교를 신봉하는 이들의 종교로 보나, 이들이 중앙아시아 지역에서부터 실크로드를 통해 이주해 정착한 민족이라는 것이 사실인 모양이다. 실크로드 일대의 상업이 번

창하기 시작한 7세기부터 물자의 교류와 함께 사람들도 많이 오갔을 테니까 말이다.

중국을 여행하다 보면 곳곳에 '청진(淸眞)식당'이라 쓰인 간판을 볼 수 있는데, 이것은 회족식당을 의미한다. 회족은 어딜 가나 이 회족식당에서만 식사를 한다. 청진식당에서는 대개 양고기나 닭고기, 생선 같은 것을 재료로 신선도가 높은 요리를 하는 것이 특징이라고 한다.

린샤를 떠나 이번 여행의 주 목적지인 샤허로 향했다. 린샤에서 샤허로 가는 길은 척박함 그 자체였다. 대부분의 티베트족(중국에서는 장족[藏族]이라고 한다)이 거주하는 지역은 고도가 높고 환경이 척박한 고원지대인데 이곳도 예외는 아니었다. 비포장도로로 접어든 버스는 심하게 흔들거리며 차츰 고도를 높이기 시작했다.

임하회족자치주를 벗어나자마자 곧바로 티베트족 지역임을 알리는 커다란 쵸르텐(불탑) 하나가 나타났다. 그 이후부터 양옆으로 거칠고 높은 산악지대가 펼쳐지더니 풀 한 포기 없는 잿빛 풍경으로 변하기 시작했다. 창문을 꼭꼭 닫아두어도 버스 안까지 흙먼지가 들어와 요동치기 시작했고, 앞서가는 트럭이 보이지 않을 정도로 흙먼지가 심했다.

바깥 풍경은 누런 먼지뿐이고 버스 안에 있어도 맑은 공기 한 모금 제대로 마실 수 없는 답답하고 지루한 여정이 여러 시간 계속된 후, 드디어 샤허로 들어서는 포장도로가 눈앞에 나타났다. 일행은 참고 있었던 숨을 한꺼번에 토해내며 창문을 열었다. 시원한 바람이 폐부 깊숙이 들어왔다.

샤허까지는 앞으로 20km 남짓. 하루 꼬박 달려와 마침내 목적지를 목전에 둔 것이다. 이미 날은 저물어 가는데 어디서 출발했는지 모를 순례자 한 사람이 아스팔트 위에서 오체투지를 하며 샤허로 향하고 있었다. 불과 몇 시간 전까지만 해도 회족들이 북적거리는 지역에 있었던 일행은 그곳과는 전혀 다른 세계에 발을 들여놓은 것이다. 중국이라는 한 나라 안에 있음에도 불구하고 이 두 지역은 전혀 다른 별개의 국가처럼 분위기가 달랐다.

이번 여행의 주요 목적지인 샤허에 도착한 것은 늦은 오후가 다 되어서였다. 내일부터 축제가 시작되기 때문인지 많은 티베트족 순례자들이 한껏 성장을 하고 곳곳에서 모여들고 있었다. 거대한 탱화를 말리는 의식이 포함된 축제라고 한다.

샤허를 찾아온다는 것은 한마디로 랍복랑사(拉卜棚寺, 중국어로 라브렁스)를 순례한다는 의미다. 랍복랑사는 1709년 창건되었는데, 이곳에서 보유하고 있는 탱화는 세로 길이가 30m, 가로 폭이 20m에 달하며 티베트 6대 사찰에서 보유한 것들 중에서 가장 큰 것이다. 이것을 내일 아침 축제 첫날 언덕 위에 펼쳐 말리는 행사, 즉 '탱화 말리기'를 한다는 것이다.

마을의 절반을 차지하고 있는 이 사찰에는 청나라 때만 해도 5,000명에 가까운 승려가 거주하고 있었지만 문화혁명 이후에 급격히 줄어들어 지금은 1,000명 정도의 승려가 거주하면서 불도를 닦고 티베트 불교를 연구하고 있다.

'랍복랑(拉卜楞)'은 '대활불(大活佛)의 처소'라는 뜻이라고 한다. 해발 3,000m 고산지대에 위치하고 있는 랍복랑사는 6대 사찰답게 규모가 엄청나게 크고 경내에는 108개의 부속 사찰과 500여 개의 작은 불교 학당이 있는데, 승려들은 이곳에서 불교 이론과 의학, 천문학, 역학에 이르기까지 다양한 공부와 수행을 하는, 명실 공히 세계 최대의 티베트 불교대학이라고도 할 수 있다.

사원의 중앙 뒤쪽에 위치한 거대한 금빛 지붕의 건물은 '대금와전(大金瓦殿)'이라고 부르는 미륵불전이고, 대경당이라 불리는 본전은 1985년 화재로 전소되었다가 1990년 복구되었다고 한다. 그 맞은편에 있는 '공당보탑(貢唐寶塔)'은 높이 31m의 5층탑으로 랍복랑사의 대표적인 건축물이다. 이곳에 올라가면 사찰 주변의 모든 곳을 동서남북으로 일목요연하게 관찰할 수 있는데, 유일하게 이 탑의 꼭대기에서는 입장료를 받고 있었다.

사찰을 둘러싼 3km에 이르는 긴 회랑을 따라 마니차 1,174개가 순례자들에 의해 돌고 또 돌아가고 있었다. 끊임없이 이어지는 순례자들의 진지한 불심에 의해 마찬가지로 끊임없이 돌아가고 있는 마니차들을 보고 있노라면, 순례자들의 신심 어린 표정들이 오버랩 되며 일순간 최면에 빠져드는 듯한 착각을 일으키게 된다.

마침 대경당 뒤에서 한 해 동안 모아놓은 고승들의 소변을 나누어주는 의식이 진행되고 있었다. 소변을 받기 위한 노력은 거의 필사적이다. 순례자들은 그것을 '성수'처럼 여기기 때문에 소변이 담긴 주전자를 든 승려가 등장하면 주위는

금세 인산인해를 이룬다. 한 방울이라도 더 받아 마시기 위해 빈 병이나 그릇을 든 팔을 최대한 뻗는 그들의 노력과 정성은 눈물겹기까지 하다. 이 성수는 마시기도 하고 얼굴이나 몸에 바르기도 하는데, 악귀가 다가오는 것을 막아주는 효능이 있으며, 불심을 더욱 견고하게 만들어준다고 한다. 나처럼 불심과 별로 상관없는 평범한 사람으로서는 도저히 이해할 수 없는 광경이었다.

일행은 사찰의 사전답사를 마치고 허쭤(合作, 합작) 시로 향했다. 샤허에는 안락한 호텔이 많지 않아서 2시간가량 떨어진 거리에 위치한 허쭤의 샹그릴라 호텔을 숙소로 정한 것이다.

허쭤는 '감남장족자치주(甘南藏族自治州)'의 주도로 이곳 역시 해발 3,000m의 고원에 조성되어 있었다. 해발 3,000m면 대다수의 사람들이 가벼운 현기증 같은 고산증을 느끼는 고도다.

호텔에 도착한 우리는 예약한 방이 있는 5층까지 계단으로 올라갔다. 고산지역이라 확실히 공기가 희박한 느낌이었고, 그래서 그런지 고작 5층인데도 모두들 헉헉거리며 가쁜 숨을 몰아쉬었다. 하지만 호텔 직원들은 일행의 무거운 여행가방까지 들고 오르면서도 눈 하나 깜짝하지 않았다.

흥미로운 것은 이 호텔 직원들이 우리가 감사의 표시로 주는 팁을 절대 받지 않는다는 점이었다. 심지어 아침에 청소해주는 분을 위해 베개 위에 놓아둔 팁도 저녁에 돌아와 보면 그대로 있었다. 아직 여행자들이 많이 찾아오지 않는 지방 호텔이라서 그런지 순박한 직원들은 팁이란 것에 대해 그리 익숙하지 않은 것처럼 보였다. 그래도 돈을 주면 본능적으로 받으려고 할 텐데…. 이들의 순수한 마음씨가 무척 인상 깊게 느껴졌다.

저녁식사는 호텔식당에서 전형적인 중국식으로 했다. 점심을 먹었던 린샤에서는 식당의 메뉴에 돼지고기가 없었는데, 이곳의 저녁식사에는 돼지고기 요리가 등장했다. 불과 반나절 만에 전혀 다른 나라를 여행하는 것 같은 착각이 들 정도였다. 종교라는 것은 참 무서운 것이구나 하는 생각도 새삼 들었다. '철학은 개인을 지배하고 이념은 사회를 지배하며 종교는 국가를 지배한다'는 어느 문인의 말이 떠올랐다. 종교는 인간의 삶을 지배하는 마지막 카드로 더 이상의 양보를 불허하기 때문에 지구촌 곳곳에서 종교전쟁이 끊임없이 발발하는 것인지도 모르겠다. 그럼에도 이곳에서는 바로 이웃한 지역끼리 이렇게 극과 극을 달릴 정도로 종교가 다르다는 점이, 그러면서도 사이좋게 공존한다는 점이 아이러니하게 느껴졌다. 회족과 티베트족이 어깨를 맞대고 있는 지역에서 각자 별도의 강력한 종교를 지향하고 있다는 점이 신기하기만 했다.

몬람 축제의 시작은 랍복랑사의 탱화 말리기 – 샤허, 린샤

다음날 아침, 우리는 새벽밥을 먹고 허쭤를 출발해 다시 샤허로 향했다. 오늘은 1년 중 가장 중요한 명절로, 정월 대보름을 맞아 행해지는 축제인 몬람(Monlam) 축제의 첫날이기 때문이다. 어찌나 일찍 출발했는지, 샤허에 도착한 시각은 새벽 6시경으로 아직 해가 뜨려면 한두 시간은 더 걸릴 것 같았다. 사방은 아직 캄캄한 데다 차디찬 영하의 바람이 어깨를 움츠리게 만들었다.

이윽고 동녘하늘이 서서히 밝아오기 시작하면서, 대금와전의 황금빛 지붕을 필두로 랍복랑사의 얼굴들이 하나둘씩 고개를 들었다. 대경당 안에는 이미 많은 승려들이 모여 불경을 외면서 아침을 맞이하고 있었다. 사미승들은 바쁘게 뜨거운 차를 나르고 있었다.

축제 준비로 한창 부산할 것으로 예상했지만, 의외로 사찰의 이른 아침은 조용하다 못해 적막하기까지 했다. 우리가 날짜를 잘못 안 것이 아닌가 하는 의심마저 들었다.

그러나 그런 기우도 잠시, 사원 주위의 마니차가 있는 긴 회랑으로부터 이미 수많은 순례자들이 모여들고 있었다. 그중 몇몇은 얼음처럼 차가운 땅바닥에 서슴없이 몸을 던졌다. 팔다리와 손바닥은 물론, 가슴과 배, 그리고 이마를 땅바닥에 맞대는 것이다. 얼마나 오래 오체투지를 해왔는지, 걸인처럼 해어질 대로 해어진 옷과 장갑, 그리고 감지 않은 푸석푸석한 머리와 먼지로 일그러진 얼굴이었다. 그런 그를 지탱해주고 있을 한 가닥의 불심을 생각하자 가슴이 찡해왔다. 샤허의 아침은 순례자들이 마니차를 돌리는 것으로 시작되고 있었다.

몬람 축제는 '정초맞이 대(大)기도회'라고 해석할 수 있는데, '쉐둔지에(雪顿节, 설둔절)'라 불리기도 한다. 쉐둔지에의 '쉐'는 티베어로 '요구르트', '둔'은 '연회' 또는 '먹는다'는 의미로, 직역하면 '티베트 전통 요구르트를 마시며 공연을 즐기는 축제' 정도의 뜻이 되겠다.

아침이 밝아오자 드디어 본전 한편에서 수십 명의 승려들이 거대한 탱화 두루마리를 어깨에 걸머메고 사원 건너편의 언덕으로 운반하기 시작했다. 수많은 순례자들이 그 탱화를 따랐는데, 어찌나 빨리 이동하는지 그들을 따라가는 것도 만만치 않은 일이었다. 촬영 나온 CCTV 카메라맨은 탱화의 운반 루트가 갑자기 변경되는 바람에 당황하여 어쩔 줄 모르고 발을 동동 구르기도 했다.

탱화의 언덕은 삽시간에 관광객과 순례자들로 인산인해를 이루었고, 탱화를 펼치는 모습을 최대한 가까이에서 보려는 사람들과 이들을 통제하는 승려들이 서로 안간힘을 쓰는 광경이 눈에 들어왔다. 거대한 탱화는 둘둘 말린 채로 언덕 위까지 올라간 후 간단한 의식을 마치고 마침내 언덕 아래로 좌르륵 펼쳐졌고, 그와 동시에 축제는 장엄한 막을 올린다.

펼쳐진 탱화는 마찬가지로 거대한 크기의 얇은 황색 천으로 완벽하게 덮여져 있었다. 양쪽에 늘어선 젊은 승려들이 중앙부에서부터 천천히 벗겨내자 탱화의 주인공인 문수보살의 모습이 드러났다. 문수보살이 모습을 드러냄과 동시에 운집한 신도들은 모두 땅바닥에 넙죽 엎드려 예를 올렸다.

이들의 깊은 신앙심은 탱화에 한걸음이라도 더 가까이 다가서려는 절규에서 극명하게 나타났다. 가까이 오지 못하게 통제하는 승려들이 회초리까지 휘두르면서 막았지만 이들은 전혀 아랑곳하지 않았다.

랍복랑사는 해마다 관음보살과 문수보살의 탱화를 교대로 말리는데, 작년 축제 때는 관음보살의 탱화를 펼쳤다고 한다. 사실 '탱화를 말린다'는 표현에 걸맞지 않을 정도로 펼친 지 불과 몇 시간 만에 다시 처음처럼 두루마리로 말려 사원으로 돌아갔다. '말린다'는 표현은 건조시킨다는 의미보다는 1년에 한 번씩 이렇게 펼침으로써 새로운 한 해를 시작하면서 신도들에게 다시 한 번 불심을 되새겨주는 의미가 크다고 할 수 있다.

사원 주위에서는 장이 서고, 많은 순례자들이 마음껏 축제를 즐기고 있었다. 연중 최대 명절이라 이들은 모두 성장을 했다. 머리에는 털모자를 쓰고 목에는 알이 굵은 붉은 빛의 산(山) 산호 목걸이를 걸고, 화려한 문양의 옷 위에는 표범 가죽 같은 것을 걸치고 가죽장화도 신었다. 티베트족 사람들은 너 나 할 것 없이 뺨이 발그레하고 거칠게 터 있었다. 아마도 추운 고원지대에서 추위와 강렬한 햇볕을 반복적으로 접하다 보니 그렇게 된 것 같았다.

사원의 경내에는 두세 개의 작은 유료 화장실 이외에는 별도의 화장실이 없었

다. 그래서 그런지 승려든 방문객이든, 남녀 할 것 없이 아무데서나 대소변을 배설하는 모습을 자주 볼 수 있었다. 사람들이 지나다니는 길이나 가까운 들판, 마을의 골목 사이에서도 거리낌 없이 볼일을 보는 사람들도 신기했지만, 옆에서 그러거나 말거나 눈길 한 번 주지 않고 아무렇지도 않게 지나치는 사람들 역시 신기했다.

주어진 시간이 단 하루였기 때문에 우리는 종일 바쁘게 돌아다니며 사진을 찍었다. 하루 일정을 마치고 피곤한 몸을 이끌고 다시 허쭤의 호텔로 돌아오는 길에, 호텔과 멀지 않은 곳에 합작사가 있다는 사실을 알게 되었다. 마침 부근을 지나던 승려에게 물어보니 내일 합작사에서도 랍복랑사와 똑같은 가면극 공연이 있다는 것이다. 우리 일행은 그 정보가 무척 반가웠다. 랍복랑사는 관광객도 너무 많고 북적거려서 어떻게 촬영을 해야 하나 고민하던 중이었는데, 이렇게 잘 알려지지 않은 사찰에서도 같은 행사가 열린다니! 생각지도 못한 절호의 찬스다.

이튿날 아침, 우리는 합작사 앞마당에 일찌감치 자리를 잡았다. 텅 비었던 본전 앞의 공터는 시간이 흐르자 어느덧 전형적인 전통복장을 갖춰 입은 티베트족 순례자들로 빼곡해졌다. 역시 이곳을 택한 것은 백번 옳은 선택이었다. 외국인이라고는 우리밖에 없었기 때문이다.

몬람 축제의 둘째 날 행사로 전형적인 티베트 불교 스타일의 가면극을 공연하는 날이다. '참'이라고 불리는 이 행사는 무려 1,000년 동안 비밀리에 계승된 가면극 형태의 예불을 말한다. 의식에 참여하는 승려들은 각각 선령(善靈)과 악령(惡靈)을 상징하는 탈을 쓰고 역할극을 벌인다. 이 의식은 오직 수십 년 이상 수행한 승려들만이 참여할 수 있으며 부처의 가르침을 방해하는 악귀를 물리치고 평화와 영생을 추구한다. 사람들은 이 의식을 봄으로써 행복감과 불심을 더욱 강하게 느낀다고 한다. 이 가면극은 원래 티베트 불교가 전래되기 이전의 민속신

앙인 본(Bon)교에 기인한다.

라마승이 쓰는 탈은 보통 사람 얼굴의 3배 가까이 되는 크기이며, 불가의 악령과 선령을 표현하기 때문에 무섭거나 과장된 생김새를 하고 있다. 라마승들이 제전음악에 맞춰 춤을 추는 것은 관음보살에게 공양과 공덕을 드리고 땅과 하늘에 풍요를 기원하는 마음이 담겨 있다고 한다. 공연은 대개 4~5시간 지속된다고 하는데, 중후하고 느린 동작이 대부분이라 우리에겐 다소 지루한 느낌도 없지 않았다. 하지만 구경하러 온 티베트족 순례자들은 공연 내내 아무도 자리를 뜰 생각을 하지 않았다.

오전 내내 사진촬영에 분주했던 일행은 오후가 되어 이틀간 묵었던 허쭤를 뒤로하고 다시 길을 재촉했다. 저녁까지는 린샤로 되돌아가야 하기 때문이다. 오늘은 린샤에서 자고 내일은 병령사(炳靈寺)가 있는 류자샤(劉家峽, 유가협)까지 가야 한다.

대보름 축제에서는 누구나 친구가 된다 – 류자샤, 징타이

류자샤는 란저우 서쪽 약 60km 지점에 위치하고 있다. 이곳에 조성된 거대한 댐은 황허 유역 종합 개발계획의 일환으로, 1958년 9월부터 건설이 추진되어 3년 만에 완성되었다. 높이 148m, 길이 840m, 저수량 57억m³의 다목적댐으로, 160만kw의 발전량과 450만ha의 농토 관개가 가능하다고 한다. 공업도시 란저우를 비롯한 간쑤성 전체의 전력 수요를 충족시키고도 남아서 북부 평원과 내몽고(內蒙古) 자치구 등지의 농토를 관개하는 데까지 이바지하고 있다. 중국의 자체 기술로 완성한 최초의 댐이라는 것에 중국인들은 커다란 자부심을 가지고 있었다.

오늘의 목적지인 병령사에 가기 위해 류자샤 댐의 선착장에서 작은 모터보트를 타고 황허 상류를 거슬러 올라가기 시작했다. 겨울의 황허는 그 이름이 무색하리만큼 맑고 푸르렀다. 이곳에서의 거리는 약 55km. 날씨는 맑았지만 짙은 안개로 뱃길이 잘 보이지 않는데도 선장은 양쪽으로 펼쳐진 깎아지른 절벽 사이를 능숙하게 빠져나가면서 조심스럽게 배를 몰았다.

1시간 반가량 강을 거슬러 올라가자 병령사의 선착장이 나타났다. 이곳에서 바라보는 황허는 광둥성(廣東省, 광동성)의 꾸이린(桂林, 계림)과 비슷하면서도 또 다른 신비한 풍광을 연출하고 있었다. 마침 관광객이 거의 없는 계절이라 조용한 분위기에서 풍광을 감상할 수 있다는 사실이 고마웠다. 풍광을 감상하면서 대불(大佛)로 이르는 골목으로 걸어 들어가자 깎아지른 듯한 절벽에 조각된 석굴들이 하나둘씩 눈에 띄기 시작했다.

병령(炳靈)이란 티베트어로 천불(千佛), 또는 만불(萬佛)을 뜻한다. 병령사 석굴은 맥적산 석굴, 돈황의 막고굴과 같이 5세기경부터 명나라 시대까지 끊임없이 조

성된 석굴들 중 하나다. 이러한 석굴 조성 사업은 특히 당대의 실크로드 시대에 그 절정을 이루었다. 현존하는 크고 작은 석굴과 감실(龕室)은 모두 195개이며 800여 채의 석상과 82개의 소상(塑像)이 있다고 한다. 석굴은 소적석산을 중심으로 7km 이내에 분포하고 있다. 굴감(窟龕)들은 남북으로 길게 뻗은 암벽 위에 조성되어 있는데 그 길이가 총 2km에 이른다고 한다. 위아래로 4층이 되며 층의 높낮이 차이가 심해 높은 곳은 지상에서 20~60m에 이르고, 낮은 곳은 걸어서 갈 수도 있다. 제171감의 석조대불(石彫大佛)은 당나라 때 작품으로 높이 27m에 이르는 하반신은 진흙으로 되어 있는데 사진 등으로 익히 알려진 바로 그 병령사의 대불이다.

마침 우리가 간 날은 음력 정월 대보름이라 류자샤로 돌아온 일행은 강가에서 펼쳐진 대보름 축제를 구경할 수 있었다. 마을의 골목마다 끊임없이 터지는 폭죽 소리와 화약 연기가 온 동네를 감싸고 축제장은 동네 사람들과 관광객으로 인산인해를 이루고 있었다.

축제장 바로 옆에는 소위 '먹자골목'이 있었는데, 우리 일행은 늦은 밤까지 돌아다니느라 출출하기도 해서 술이라도 한잔할 겸 그중에 괜찮아 보이는 식당으로 들어갔다.

그런데 이상하게도 손님이 하나도 없었다. 중국어를 몰라서 정확하게 물어보진 못했지만 종업원들도 꽤나 의아해하는 눈치였다. 이런 대목에 손님이 없다니…. 우리 일행은 4명이었는데 종업원은 7명이나 되었다. 우리가 외국인이라는 것을 알고는 무척 실망하는 눈치였다. 비싼 요리를 시키지 않을 거라는 걸 아는지….

종업원은 떨떠름한 표정으로 메뉴판을 가져왔다. 하지만 온통 중국식 한자로만 도배가 되어 있는 메뉴판이라 전혀 도움이 안 되었다. 하는 수 없이 바디랭귀지를 섞어가면서 와인 2병을 안주 없이 주문했다. 종업원은 체념한 듯 무표정한 얼굴로 와인 2병을 테이블에 놓고는 두 손을 모으고 테이블 옆에 서서 가만히 우리를 바라보고 있었다. 이름을 묻자 가볍게 웃으며 "링후아."라고 대답했다. 안주도 없이 와인을 마시는 모습을 처음 봤는지 7명의 종업원 모두가 우리를 빤히 바라보고 있었다.

"링후아, 같이 마셔요. 여러분 모두 이쪽으로 오세요. 어차피 손님도 없는데, 우리끼리라도 즐겁게 한잔합시다. 1년에 한 번밖에 없는 대보름날이잖아요."

물론 한국말로 했다. 일행들도 손짓을 하면서 모두를 불렀다. 잠시 주춤하던 종업원들이 의자를 더 놓으며 우리와 함께 앉았다. 내친 김에 주방장도 불렀다. 주방장은 몸집이 크고 눈썹이 짙은 한족이었는데, 이런 시골에 있기엔 아까운 인물이라는 생각이 들었다.

우리는 와인 2병을 추가로 주문했다. 주방장이 종업원들과 몇 마디 주고받더니 주방에서 대보름에 먹는 경단을 비롯해 몇 가지 요리를 해서 내왔다. 돈은 안

받을 테니 걱정 말라는 제스처까지 하면서 말이다. 그리곤 와인을 3병을 더 가져왔다. 물론 그것 역시 돈은 안 받았다.

썰렁하던 가게는 완전히 잔치 분위기가 되었다. 비록 우리는 중국어를 할 줄 몰랐고 그들도 한국말을 할 줄 몰랐지만, 말이 통하지 않는 것쯤은 크게 문제가 되지 않았다. 그저 표정과 눈빛, 그리고 약간의 영감이면 충분했다. 우리는 어깨동무를 하면서 한없이 웃고 또 웃었다. 파티가 끝나고 우리가 일어서자 여종업원 한 명이 섭섭하다며 눈물까지 글썽였다. 뜻밖의 공간에서 전혀 기대도 하지 않았던 우정이었지만, 우리 역시 못내 섭섭한 마음을 감추지 못하고 자리를 떠날 수밖에 없었다. 둥근 달이 말없이 황허를 비추고 있었다.

다음날 아침, 우리는 이번 여정의 마지막 일정인 황하석림(黃河石林)으로 향했다. 황하석림은 황허 상류 바로 옆에 있는 쿤밍(昆明, 곤명)의 석림처럼 기암괴석이 있는 절경을 말하는데, 란저우에서 자동차로 5시간은 족히 걸리는 먼 곳에 위치하고 있었다. 행정구역상 징타이(景泰, 경태) 현 노룡만(老龍灣)에 위치한 곳으로, 거기에 가려면 중간에 삭막하기 이를 데 없는 사막지역을 통과해야 한다.

지루한 사막을 지나자 이윽고 깎아지른 벼랑길이 이어졌다. 잠시 후 벼랑 끝을 아슬아슬하게 내려가는 버스에서 창밖을 내다보자 황하석림의 비경이 펼쳐지기 시작했다. 다만 안개 때문에 시야가 좋지 않아서 그 비경을 충분히 감상할 수 없다는 것이 안타까웠다.

저 아래 마을에서 하룻밤을 보낼 예정인데, 이 소박한 마을에는 호텔은 없고 민박집만 몇 군데 있을 뿐이었다. 그중 황허 강변에 위치한 한 민박집에 여장을 풀고 점심식사를 했다. 식사를 마친 일행은 황하석림을 본격적으로 구경하기 위해 다시 길을 나섰다. 이곳은 풍광이 워낙 특이하고 수려해서 여러 편의 영화, 특히 무협영화를 촬영한 장소로도 유명했다. 성룡과 우리나라 배우 김희선 씨가

나온 '신화'라는 영화도 일부는 이곳에서 촬영했다.

황하석림을 한 바퀴 둘러본 후 다시 민박으로 돌아온 일행은 마을을 자유롭게 답사하기 시작했다. 이 마을에는 200여 가구가 살고 있는데, 대부분 사과와 대추 농사를 지으며 살아가고 있었다. 이 마을의 사과는 중국의 어느 곳에서 생산되는 사과보다도 달고 맛있다고 한다. 인심이 워낙 후한 동네라서 그런지, 동네를 구경하다 주민과 눈이 마주치면 이들은 방긋 웃으면서 낯선 이를 자기 집으로 초대한다.

나도 어느 친절한 동네 사람의 초대로 그의 집에 들어가 볼 수 있었다. 그는 차와 사과를 대접하며 이것저것 친절하게 말을 건넸다. 중국어를 전혀 알아들을 수 없으니 서로 제대로 된 의사소통은 이루어지지 않았지만 미소와 눈빛만은 너무나도 따뜻했다. 게다가 작별인사를 하고 집을 나서는데, 커다란 봉투에 사과를 가득 담아주는 것이 아닌가. 나중에 민박에 돌아와 보니 일행 중 대다수가 나처럼 사과를 한 봉지씩 얻어가지고 돌아와 있었다. 우리는 친절한 주민들에 관해 이야기하며 감사해했다. 가끔씩 몇몇 사람이 개인적으로 친절을 베푸는 것은 많이 보아왔어도 이렇게 동네 주민 전체가 이방인에게 호의를 베푸는 것은 처음 경험했기에 더욱 특별했다.

밤이 되자 기온은 뚝 떨어졌다. 민박집의 난방이라고 해야 고작 갈탄 난로뿐이니 추위를 참으며 밤을 지내야 했다. 내일은 눈이 제법 내릴 것이라는 일기예보가 들려와 우리를 더욱 불안하게 했다. 눈이 쌓이면 오늘 내려왔던 절벽 길을 버스가 올라갈 수 있을지 걱정되었기 때문이었다.

하지만 다행히 생각처럼 눈이 많이 내리지 않아 다음날 우리는 란저우까지 무사히 되돌아올 수 있었다. 오히려 마지막 날 아침 비행기를 타기 위해 호텔을 나설 때 폭설이 내리는 바람에 공항까지 가는 데 애를 먹었다.

단지 보기 좋다는 이유만으로 그들의 삶이 앞으로도 계속 지금과 같기를 바라는 것은 우리의 지나친 욕심일 테지만, 그래도 최대한 오랫동안 그 분위기가 유지되었으면 좋겠다는 마음은 간절하다. 특히 이번에 여행한 간쑤성 지역은 불교도들의 신실한 마음과 기운이 물씬 느껴지는 매우 독특하고 아름다운 곳이었다.

[여행 일정 요약]

7박 8일(2월 17일~2월 24일) 1일 09시 40분 인천 공항 출발(베이징 경유) ◎ 17시 란저우 도착 2일 란저우 ◎ 린샤 ◎ 샤허로 이동 3일 샤허의 몬람 축제 참관 4일 합작사의 가면극 관람 후 린샤로 이동 5일 린샤 ◎ 류자샤로 이동 후 병령사 답사 6일 류자샤 ◎ 징타이로 이동, 황하석림 답사 7일 징타이 ◎ 란저우 귀환 8일 13시 20분 란저우 출발(베이징 경유) ◎ 21시 25분 인천 공항 도착

5박 6일 1일 09시 40분 인천 공항 출발(베이징 경유) ◎ 17시 란저우 도착 2일 란저우 ◎ 린샤 ◎ 샤허로 이동 3일 샤허의 몬람 축제 참관 4일 샤허의 몬람 축제 참관 5일 샤허 ◎ 란저우로 귀환 6일 13시 20분 란저우 출발(베이징 경유) ◎ 21시 25분 인천 공항 도착

국명 중화 인민 공화국
지역 신장 웨이우얼 자치구(新疆維吾爾自治區)
신장의 인구 2,050만 명(2006년)
신장의 면적 166만㎢(한반도의 약 7.5배)
주도 우루무치(Urumqi)
주요 언어 중국어, 위구르어
종족 위구르족(60%), 한족(24%), 카자흐족, 타지크족, 우즈벡족, 몽골족 등 13개 소수민족
종교 이슬람교(75%), 라마교, 그리스정교 등

신장을 보기 전에는 중국이 크다고 말하지 말라

ㅡ신장 웨이우얼ㅡ

6

'신장(新疆, 신강)을 보기 전에는 중국이 크다고 말하지 말라'는 말이 있다. 실제로 신장 지역을 여행하다 보면 여러 시간을 달려도 언덕 하나 보이지 않는 지역이 태반이다. 한반도의 약 7.5배 면적이자 중국 총 면적의 6분의 1을 차지할 정도로 방대한 땅을 가지고 있는 이 지역은 위구르족의 고향이다. '위구르(Uyghur, 웨이우얼)'의 뜻은 위구르어로 '단결'과 '연합'을 의미한다.

고대 실크로드의 중간 기착지로 남쪽은 티베트 자치구, 칭하이성(청해성), 간쑤성(감숙성)과 접해 있으며 동쪽은 몽골, 북쪽과 서쪽은 러시아, 카자흐스탄, 키르기스스탄, 타지키스탄, 아프가니스탄, 파키스탄, 인도 등 많은 국가들과도 국경을 접하고 있다. 한마디로 복잡한 지정학적 위치에 있는 까닭에 예전부터 여러 민족이 왕래하면서 파란만장한 역사를 만들고 있는 곳이다.

동서로 뻗어 있는 톈산 산맥(天山 山脈, 천산 산맥)이 북쪽의 건조한 스텝 기후(steppe, 스텝은 중앙아시아의 광대한 초원을 뜻하는 말로 초원기후라고도 한다) 지역인 준가얼 분지와 남쪽의 타클라마칸 사막지역인 타림 분지를 분리해준다. 동쪽에는 신장에서 해발고도가 가장 낮은 투루판 분지가 형성되어 있다. 기원전 60년에는 한(漢) 왕조가 이곳에 신강 도호부를 설치했고, 위, 진, 남북조 시기에는 서역에 지방관을 파견하여 직접 통치하기도 했다. 청나라 때는 이곳에 신장성을 설립하고 우루무치를 그 행정의 중심 통치지역으로 삼아 신장성 전체를 통일하여 관할했다.

이번 여행의 목적은 신장성에서 이미 많이 알려진 실크로드 관련 유적지는 되도록 피하고, 비교적 덜 알려진 곳, 즉 러시아와 국경을 접하고 있는 알타이 지역의 자연 풍광과 사람들의 생활상을 보자는 것이었다. 그리고 투루판 분지 주변의 위구르족 사람들의 농촌 생활 모습과 샨샨의 사막 풍경도 보고 싶었다.

실제로 끝없이 펼쳐진 초록의 평원에서는 몽골인과 카자흐인, 그리고 타지크인들이 천막을 치고 한없이 자유로운 모습으로 목축을 하고 있었고, 노르웨이나 스위스에 버금가는 카나스 주변의 풍광 또한 한없는 부러움으로 펼쳐졌다. 또한 투루판에서는 위구르족의 소박하고 넉넉한 인심에 취했고, 발자국 하나 없는 샨샨의 사막에서는 티 없이 맑은 자연의 경이로움이 느껴졌다.

하지만 이번 여행은 여러모로 고생을 많이 한 편이었다. 바쁜 일정으로 장시간 이동하느라 피로감도 많았고, 갑자기 비행기 시간이 당겨져 당황하기도 했으며, 비 때문에 길이 막혀 일정을 변경하기도 했다. 여행을 하다 보면 언제나 예상치 못한 변수들이 등장한다. 더욱이 오지를 여행하다 보면 그런 비상상황을 더 많이 만난다. 인생도 마찬가지가 아닐까? 언제나 계획한 대로 살고 싶어도 문득 돌아보면 엉뚱한 곳에 와 있는 자신을 발견하곤 하니까 말이다. 그래서 여행을 인생에 비유하는가 보다.

사람마다 살아가는 방법도, 사랑하는 방법도 다르듯 여행하는 방법도 다를 것이다. 유명한 유물과 유적을 찾아 떠나는 여행이 있다면, 척박한 오지에서도 따뜻한 마음을 품고 살아가는 사람들을 만나 '그래도 인생은 살 만한 것이다'라는 것을 배우는 여행도 있다.

카자흐스탄
카나스
뿌얼진
알타이
카라마이
몽골
오채성
키르기즈스탄
우루무치
투루판
샨샨
신장 웨이우얼 자치구
간쑤성
칭하이성
티벳
시짱 자치구

천산북로 실크로드, 험한 여정의 시작 – 커라마이, 뿌얼진

인천 공항에서 오후 8시 20분 출발 예정의 비행기는 1시간 가까이 지연되어 밤 9시가 넘어서야 출발했다. 5시간 정도의 비행 끝에 현지시간으로 새벽 1시경에 우루무치 국제공항에 도착했다. 수속을 마치고 호텔로 가는 길에는 희미한 가로등 불빛만이 낯선 외지인을 맞아주었다. 호텔에 도착한 것이 새벽 2시 20분이었으니, 비행기 시간이 결코 좋은 시간대는 아니었지만 선택의 여지가 없었다.

중국의 서북부에 위치한 신장은 한자로는 '新疆(신강)'이라고 쓴다. 재미있는 것은 '疆'을 풀이한 절묘한 설명이었다. 먼저 활 궁(弓) 안의 흙 토(土)는 활로 얻은 땅을 의미하고, 2개의 밭전(田)은 중가르 분지와 타림 분지를 의미하며, 그 사이에 있는 3개의 한 일(一) 자는 위로부터 알타이 산맥, 텐산 산맥, 쿤룬 산맥을 의미한다는 것이다. 꿰어 맞추기도 참 잘 꿰어 맞추었다는 생각이 들었다.

신장은 남한 면적의 16배 정도로 넓은 땅인데, 이번 일정은 신장 중에서 북강(커라마이 쪽)과 동강(투루판, 샤샤 쪽) 지역만 여행하게 된다. 전체적으로 강수량은 1년에 1,300mm 정도인데 증발량은 3,000mm 정도로 매우 건조한 지역이다. 또한 46개의 소수민족이 살고 있는데 대부분은 위구르족이지만 중국의 한족 이주정책으로 이주해온 한족, 이슬람과 한족과의 혼혈족이며 문자가 없는 회족, 원래는 백인이지만 오랜 유목생활로 검게 그을린 타지크족, 과거 거란족의 후손인 타타르족, 카자흐족 등이 살고 있다.

이들 소수민족의 종교는 대부분 이슬람교이고 고유의 언어를 가진 데다 외모도 달라 도저히 중국인이라는 느낌은 들지 않는다. 외형만으로도 이렇게나 다른 민족들을, 하나의 나라로 합쳐서 다스리고 있는 중국의 힘이 대단하다는 생각도 들었지만, 반대로 비슷한 사람들끼리 서로 침략하거나 누가 누구에게 지배되지 않고 자신들이 태어난 자연 속에서 자치권을 누리며 살아갈 수 없게 만든 중국을 결코 곱게 바라볼 수 없겠다는 생각도 들었다.

새벽에 도착한 우리는 짧은 단잠을 자고 일어났다. 이튿날 아침, 우루무치 시내를 벗어나 텐산 산맥을 왼쪽으로 끼고 커라마이(克拉瑪依, 극랍마의)로 향했다. '우루무치'는 몽골어로 '아름다운 목장'이라는 뜻이라고 한다. 국도 왼쪽으로는 텐산 산맥의 잿빛 지맥이 계속 이어지고, 오른쪽으로는 황량한 고비 사막 위로 얼핏 세어도 50~60량은 될 것 같은 길고 긴 화물열차가 마치 지네처럼 레일을 따라 끝이 보이지 않는 지평선 속으로 빨려 들어가고 있었다.

엄청 넓은 땅덩어리를 증명이라도 하려는 듯 벌써 몇 시간째 토마토밭, 해바라기밭, 옥수수밭이 번갈아 가며 이어지고 있었다. 토마토 수확철인지 뙤약볕 아래에서 토마토를 따고 있는 농부들의 모습이 간간이 보였다. 푸른 하늘에 성의 없이 뜯어 놓은 솜을 얇게 펼쳐놓은 듯 구름들이 끝도 없이 이어진다.

때로는 버스를 타고 이동하는 시간이 길어질수록 여행을 떠나 이 자리에 있는 현실이 감사하게 느껴진다. '새로운 나를 발견한다'는 거창한 이유가 아니더라도 지루하고, 때로는 격렬한 일상에서 벗어나 그저 다른 풍경과 다른 모습의 사람들을 만나며, 다른 음식을 먹을 수 있다는 것, 그리고 거기다 좋은 사진까지 찍을 수 있다면 일상을 떠난 며칠의 시간이 얼마나 꿀맛 같은지…. 그런 생각에 더 많이 즐기고 가야겠다는 다짐을 해본다.

잠시 휴식을 취하기 위해 휴게소에서 내리니 뜨거운 햇살 탓에 손이 저절로 이마로 간다. 하지만 너무 건조해 땀조차 나지 않는 날씨다. 주위를 둘러보니 지나치게 소박한 무덤이 보였다. 메마른 땅, 허허벌판의 공터에, 또 메마른 누런

흙을 쌓아 올린 무덤이, 설마 저게 무덤일까 싶었는데 간간이 묘비가 있는 것으로 보아 공동묘지였다. 영혼이 있든 없든 어차피 흙으로 돌아갈 육신에 대리석 관이나 납골 항아리가 무슨 의미가 있겠는가. 자유로울 수 있는 육신을, 남겨진 사람이 가둬놓은 것이 차라리 불쌍하게 여겨질 만큼 소박한 무덤들이었다.

어느덧 서쪽으로 향하던 도로는 다시 북쪽으로 이어졌다. 이젠 톈산 산맥의 지맥도 멀리 사라지고 갑자기 양쪽으로 펼쳐진 황량한 평원 위로 메뚜기 떼가 보이기 시작했다. 여기서 말한 메뚜기 떼란 석유를 퍼 올리는 펌프를 말하는데, 끝없는 평원에 메뚜기처럼 생긴 수백 대의 펌프가 쉬지 않고 원유를 퍼 올리고 있었다. 이런 기계를 단 한 대도 가질 수 없는 우리나라의 현실을 생각하면 이들이 조금 부러운 것도 사실이었다.

점심을 먹은 후, 우리가 탄 버스는 커라마이의 마귀성에 도착했다. 마귀성(魔鬼城) 지역은 과거 바다였던 지반이 융기한 후 장구한 세월 동안 비바람에 의한 풍화작용으로 침식되어 형성된 독특한 지형이다. 여러 가지 특이한 형태의 거대한 바위들이 늘어선 모습은 마치 터키의 카파도키아(Cappadocia)를 연상케 했다.

바람이 많이 부는 밤이면 이 거대한 바위들 사이로 바람이 지나가면서 괴이한 소리가 나는데, 그 소리가 마치 마귀들의 소리와 같다고 해서 붙여진 이름이다. 마귀성은 1년 내내 바람이 많이 불고 황사가 자주 발생하는 지역이다.

서역에는 지금 우리가 와 있는 커라마이와 둔황(敦煌, 돈황), 두 곳에 이런 마귀성이 있다. 파란 하늘을 배경으로 형형색색의 바위들이 서 있는 모습이 장관이다. 이 지역은 이미 관광지가 되어버려서 깨끗한 출입구에 만만치 않은 입장료를 받고 있었는데, 제법 넓은 지역이어서 버스를 타고 입장해 적당한 지역에 정차하면서 사진을 촬영할 수 있도록 해놓았다. 작고 소담스런 구름들이 자칫 공

허할 뻔한 하늘에 수를 놓아 삭막한 바위들과 조화를 이루며 아름다운 경치를 연출하고 있었다. 여행을 하면서 자연에 대한 고마움을 느낄 때가 많은데, 특히 날씨는 그중에서도 으뜸을 차지할 것이다. 아무리 좋은 경치도 날씨가 나쁘면 그렇게 아름답게 느껴지지 않는 경우가 있기 때문이다. 오늘도 고마운 날씨의 협조를 받았다.

아직 갈 길이 먼 우리는 커라마이 시를 빠져 나와 뿌얼진(布津, 포진)으로 향했다. 뿌얼진은 카나스(喀納斯, 객납사) 호수로 가는 길목에 있는 도시인데, 해바라기와 밀, 그리고 멜론 등의 주산지로 농업이 발달한 도시다. 도시 자체는 그리 크지 않지만 서역 북쪽 끝자락에 위치한 도시로 러시아와 카자흐스탄 등으로 이어지는 중국 최서북단의 요충지다. 그 뿌얼진이 바로 우리가 오늘 숙박할 곳이었다.

사실 오늘의 일정은 좀 무리가 있기는 했다. 우루무치에서 뿌얼진까지는 거리가 무려 700km나 된다. 그래서 원래는 도중에 들렀던 커라마이를 중간 기착지로 삼고 거기서 하루 머무른 뒤 이동하려고 했었다. 그런데 더 많은 곳을 보겠다는 욕심 때문에 약간 무리를 하게 된 것이다. 커라마이는 관광객을 수용할 만한 숙박시설이 없는 데다, 도중에 이렇다 할 큰 마을조차 없으므로 고생을 감수하더라도 오늘 중으로 어떻게든 뿌얼진까지 가야 했다. 드넓은 초록의 초원에는 곳곳에 몽골인과 타지크인들이 '게르'라는 천막을 치고 양떼를 치는 모습이 눈에 들어왔다.

어느덧 시간은 밤 10시가 다 되었지만, 우리가 탄 차는 캄캄한 지평선을 향해 홀로 외길을 달리고 또 달릴 뿐, 마을이나 도시의 불빛은 그 어디에도 보이지 않았다. 중국은 땅이 넓음에도 불구하고 하나의 시간대를 사용하다 보니 이곳 신장 지역에서는 여름철에는 밤 9~10시가 되어야 어두워지기 시작한다. 멀리 하늘과 닿아 있는 지평선 끝자락에 붉은 노을이 한 가닥의 가는 실처럼 하늘과 땅의 경계선을 긋고 있었다.

해가 지평선으로 지는 것이 신기하기만 했다. 한국에서 본 해는 빌딩 사이로 지거나 산 위로 지곤 했는데, 이곳에서는 지평선으로 진다. 오후 늦게 동쪽하늘에 떠 있던 초승달도 벌써 서서히 지기 시작했다. 버스 기사는 묵묵히 앞만 응시하며 피곤한 얼굴로 운전대를 잡고 있었다. 속도계는 애초부터 고장 나 있어서 제대로 측정할 수는 없지만 대략 시속 70~80km 정도를 유지하고 있는 것 같았다. 졸음이 오는지 어둠 속에서 조심스럽게 담배를 꺼내 물기에 뒤에서 불을 붙여주었더니 고맙다며 웃는다. 나이는 50대 초반의 인상이 좋은 사람이어서 왠지 정감이 갔다. 이름은 양 씨라고 한다. 중국에서는 운전수를 부를 때 성 뒤에 '따꺼(大兄, 대형)' 또는 '쓰부(師父, 사부)'라고 부르기 때문에 여행하는 내내 '양 쓰부'라고 부르기로 했다.

어쩌다 한 번씩 마주치는 반대편 차량의 전조등과, 사라져가는 노을의 희미한 섬광 이외에 사방의 모든 것은 문자 그대로 칠흑 같았다. 결국 밤 11시가 다 되어 우리는 뿌얼진의 신호 호텔에 도착했다. 하루 동안 무려 16시간을 달려온 것이었다. 다들 지쳤는지 저녁밥도 먹는 둥 마는 둥 하고 잠자리에 들었다. 내일 아침에도 일찍 출발해야 하는데, 우리도 우리지만 무척이나 피곤해 보였던 기사의 상태가 걱정이었다.

아침이 되자, 신기하게도 어제의 피로감은 씻은 듯 사라졌다. 하늘을 보니 짙은 구름이 조금 보여 눈에 거슬렸지만 공기는 차고 상쾌했다. 8월이면 아직 여름인데, 이곳은 마치 가을처럼 선선했다. 호텔은 제법 깨끗한 편이었는데, 관광객들이 모두 중국인이라서 그런지 아침식사라곤 삶은 달걀과 멀건 흰죽, 그리고 장아찌 같은 반찬과 녹차가 고작이었다. 그래도 우루무치에서는 갖가지 채소와 고기, 과일에 커피도 있었는데….

앞으로 며칠은 커피 한잔 제대로 못 마시고 부실한 아침식사를 해야 한다고 생각하니 걱정이 앞섰다. 하지만 좋게 해석하자면 이런 아침메뉴야말로 요즘 유행하는 웰빙 식단이 아닐까? 살 찔 염려도 없고 속이 불편할 정도로 많이 먹을 것도 없으니 건강에도 나쁘지 않을 것이다. 모든 것은 생각하기 나름이니, 이 기회에 체중도 좀 줄여볼까 하는 마음도 들었다.

새벽밥을 먹고 나그네처럼 다시 길을 나섰다. 아직 해는 본격적으로 올라오지 않았고 동녘이 밝아지기 시작할 즈음이었는데, 시계는 6시를 가리키고 있었다. 오늘도 만만치 않은 거리를 이동해야 하기 때문에 시간 배분을 잘해야 했다. 북쪽으로 이동하던 우리는 길옆에 드넓은 해바라기밭을 발견하고는 잠시 차를 세웠다.

전 세계를 여행하면서 해바라기밭을 많이 보았는데 그중 으뜸은 체코의 프라하에서 바르샤바로 가는 길에 본 해바라기밭이었다. 끝없이 펼쳐지는 해바라기밭은 마치 노란 꽃의 바다 속으로 빨려 들어갈 것 같은 착각이 들 정도였다. 하지만 이곳의 해바라기는 유럽의 그것보다 크기도 작고 키도 낮았다. 그래서 오히려 더 동양적이고 소박한 멋이 있었다.

마침 떠오르는 아침 햇살을 받아 꽃들은 일제히 노란 빛을 뿜어내기 시작했고, 꽃들을 촬영하느라 일행은 모두 정신없어 보였다. 그런 그들을 다시 모아서 출발하려다 보니 예정보다 시간이 많이 지체되었다. 다시 차는 구불구불한 길을 달려 산과 계곡을 오르내리며 점점 깊은, 아니 높은 지역으로 이동하고 있었다. 그러나 안타깝게도 구름이 점점 많아지면서 시야를 어둡게 만들었다. 드넓은 밀밭을 지나나 싶더니 길 양쪽으로 푸른 초원과 침엽수로 뒤덮인 산들이 나타나고 초지에는 드문드문 카자흐족들의 유목민 텐트('파오' 또는 '게르'라고도 한다)와 함

께 일단의 양떼가 풀을 뜯고 있었다.

구름이 점점 짙어지나 싶더니, 갑자기 비가 쏟아지기 시작했다. 마침 점심때도 되었고 다행히도 허름하지만 음식점이 여러 군데 모여 있는 곳이 나타나서, 이곳에서 점심을 해결하기로 했다. 차에서 내려 보니 우리를 제외한 많은 중국인 관광객들이 이곳에서 점심을 먹고 있었다. 세차게 내리는 비는 알타이 산맥을 적시고 있었다. 아! 이곳이 바로 어릴 적 지리시간에 배웠던 우랄-알타이, 그 '알타이' 산맥이었다.

허름하고 작은 음식점치고는 빠른 시간 내에 요리들을 내놓았다. 음식은 전반적으로 꽤 먹을 만했는데 그중에서도 손으로 뽑은 면에 얼큰한 국물을 붓고 갖가지 채소와 고기를 고명으로 얹어 요리한 수타면이 일품이었다. 비바람이 점점 거세지고 기온이 떨어져 모두 덧옷을 꺼내 입고는 독한 중국술을 한 잔씩 마시면서 식사를 하니 따뜻한 온기가 목구멍을 타고 넘어가며 기분이 좋아졌다.

중국은 술 종류도 많지만 술값이 싼 것이 마음에 든다. 멋진 도자기병에 근사한 박스로 포장되어 있는 것이 우리 돈으로 1병에 5,000원 정도인데 맛도 좋았다. 더욱이 알타이 산맥에서 내려오는 맑은 물로 빚은 술이라서 그런지 입에 착착 감기며 목 넘김이 그만이었다.

그런데 문제는 또 화장실이었다. 식당이 10여 개나 붙어 있는 곳인데도 제대로 된 화장실 하나가 없다. 중국인들이야 화장실이 없는 것에 익숙해져 있는지 모르지만 우리는 그게 아니다. 남자들은 어떻게든 대충 해결할 수 있지만 특히 여자들은 황당하기 짝이 없다. 아니나 다를까, 주인에게 물어보니 난감해 하면서 어깨를 으쓱했다. 알아서 해결하지 뭘 그런 걸 물어보느냐는 제스처였다. 하지만 비라도 오지 않으면 으슥한 숲 속에 들어가 어떻게 해보겠는데 이 세찬 비바람 속에서 어떻게 해결해야 하나? 어떻게 해야 할지 난감했다.

결국 여자들을 한꺼번에 같이 내보내서 한 사람이 우산을 받치고 앉아서 해결하는 동안 나머지 일행들이 사방에서 우산으로 가려주는 웃지 못할 해프닝이 연출되고 말았다. 마지막으로 나도 소변을 보려고 우산을 쓰고 밖으로 나와 식당 뒤로 돌아갔더니 빗물에 옷이 흠뻑 젖은 중국인 사내 하나가 빗속에서 우산도 없이 추위에 달달 떨면서 자신의 물건을 손으로 잡고 일을 보는데, 어찌나 심하게 떠는지 오줌이 동서남북으로 춤을 추며 분수 쇼를 펼치는 것 같았다. 하도 안쓰러워서 우산을 받쳐 주었더니 힐끗 쳐다보면서 "쎄쎄!(고맙습니다)" 하면서 웃는 것이다. 나도 씽긋 웃으며 "부크치!(별말씀)"라고 했다. 남자끼리의 동병상련을 실감하는 순간이었다.

우윳빛 호수와 몽환적인 새벽안개에 취하다 – 카나스, 아얼타이

지대가 높아서인지 카나스로 가는 산길은 구름 때문에 앞이 잘 보이지 않았다. 하지만 다행히 비는 점차 잦아들고 있었다. '카나스'라는 말은 몽골어로 '아름답고 신비롭다'는 뜻으로, 카나스 계곡은 빙하가 흘러가면서 만들어진 계곡이다. 그리고 그 계곡으로 물이 흐르는데, 그것이 바로 카나스 강이다.

강을 따라 올라가다 보면, 용이 누워 있는 모습을 하고 있는 가운데 섬인 '와룡만', 달이 밝은 곳이라는 뜻의 '월량만', 신선이 사는 곳이라고 하는 '신선만'이 차례로 나타난다.

그렇게 강을 계속 거슬러 올라가면 카나스 호가 나온다. 이 카나스 호는 신장 웨이우얼의 최북단 호수로 러시아와 국경을 맞대고 있다. 카나스 강과 호수 주변의 경치는 마치 스위스와 비슷해서 이곳은 '중국의 스위스'로 불린다. 사막과 산맥을 주로 보고 사는 이 지역 주민들에게 있어서 카나스는 이상향이나 다름없는 곳이었다.

우리는 오락가락하는 빗속에서 와룡만과 월량만, 신선만을 본 다음 마침내 오늘 저녁에 묵을 홍복 리조트 호텔에 도착했다. '아직까지는 이곳이 카나스 최고의 리조트'라는 말에 잔뜩 기대를 했지만, 말이 리조트이지 아름다운 경치에 비해 턱없이 조악한 수준의 숙소였다. 그래도 어렵사리 도착해서 짐을 풀어 놓을 숙소라도 있다는 것이 다들 못내 반가웠다. 물론 일행 중에는 숙소가 마음에 들지 않아 입이 좀 나온 사람들도 없지는 않았지만, 그들도 언젠간 이번 여행에서 가장 기억에 남는 장소 중 하나로 이곳을 떠올리게 될 것이었다.

카나스 주변의 숙박시설은 아직 열악한 상황이다. 외국인에게 개방되기는 했지만 여전히 대부분의 관광객은 중국인이고 아직 개발이 덜 된 탓에 제대로 된 숙박시설은 꿈도 꾸지 못할 형편이다. 실제로 여름이 되면 이곳은 방을 잡지 못해 난리다. 이곳에서 유일한 현대식 숙소인 이 리조트를 예약하지 못하면 3km 떨어진 마을에 있는 방갈로 풍의 여관에서 자야 한다.

그런데 그 방갈로 풍의 여관은 오늘처럼 비가 오는 날이면 전혀 포장되어 있지 않은 길과 마당이 그야말로 우리나라 서해안의 갯벌처럼 변하고 만다. 그런 곳에서 하루를 잔다는 것은 생각만으로도 악몽이다. 물론 그곳엔 샤워시설도 없다. 그래도 리조트라는 이름의 우리 숙소는 허름하나마 샤워시설이라도 갖추고 있고, 더운물도 잘 나오며 전기도 들어온다는 사실이 우리를 위로해주었다. 사람은 아무리 열악한 조건 하에 있어도, '그래도 최악은 면했다'는 사실만으로 행복감을 느끼게 되는 모양이다.

저녁이 되어 기온이 더 떨어지자 리조트에 묵는 사람들은 방에 비치된, 중국 인민군의 두꺼운 외투를 입고 나와 밖을 서성거렸다. 어떻게 군용 외투를 민간 호텔에 비치할 수 있는지도 의아했지만, 저렇게 입고 다녀도 아무런 제제가 없는 것인지 더 궁금했다. 역시 중국이기 때문에 가능한 일인 것 같았다.

새벽에 일어나 하늘을 보니 이따금씩 별이 보인다. '아, 적어도 오늘은 비가 오지는 않겠구나!' 하는 안도감이 들었다. 모두 좋은 장면을 카메라에 담기 위해 이 먼 길을 왔는데, 비 때문에 촬영을 못한다면 얼마나 안타까운 일인가? 새벽에 카나스 지역을 빠져 나오는 사람들은 우리밖에 없었다.

어제 빗속에서 잠시 보았던 와룡만과 신선만은 안개가 낀 아침이 훨씬 운치가 있었다. 운해가 천천히 위로 상승하면서 우윳빛 호수와 어우러져 몽환적인 풍경이 연출되었다. 날도 차차 밝아 오고 카자흐인 파오의 굴뚝에서는 아침을 여는 연기가 조금씩 피어오르고 있었다. 저쪽에는 목동도 없이 한 무리의 양떼가 호숫가에서 한가로이 풀을 뜯고 있었다.

어제 올 때는 빗속이어서 잘 보이지 않았던 아름다운 풍경들이 오늘은 운해 속에서 새색시마냥 수줍은 모습을 조금씩 드러내고 있었다. 그 모습이 어찌나 환상적이던지 우리는 연신 환호성을 지르며 카메라의 셔터를 눌렀다.

다음날 우리는 뿌얼진으로 돌아왔다. 뿌얼진에 도착한 우리는 곧바로 호텔에서 점심을 먹었다. 어제 머물렀던 카나스와는 기후가 너무 다르다. 따갑게 작열하는 햇빛과 열기는 점심시간을 자연스럽게 '시에스타(siesta, 낮잠시간)'로 이끌었다. 물론 점심 무렵에는 사람들이 밖에 돌아다니지 않는다고 한다. 낮잠을 자고 일어나 해가 조금 기울어진 오후에는 주위를 산책하거나 각자 휴식을 취했다.

저녁식사를 마치고 나는 일행 10명과 야시장으로 나갔다. 역시 야시장은 언제

나 활기차다. 털을 벗겨낸 양 한 마리가 통째로 매달려 있고, 그것을 반으로 잘라내려는 정육점 아저씨는 묘한 표정으로 도끼를 들고 있었다. 그 옆에는 구슬땀을 흘려가며 화덕 옆에서 빵을 구워내는 남자들이 보였고, 과일가게와 옷가게도 보였다.

아직도 남아 있는 저녁 햇살 속에 선선한 바람과 함께 어디선가 꼬치구이 냄새가 날아왔고, 그 냄새를 맡으니 야시장이 시작되었다는 것을 알 수 있었다. 끝도 없이 펼쳐진 야시장은 각종 꼬치구이에서 나는 연기로 자욱하다. 화로 위에서 얼마나 오래 있었는지 새까맣게 그을린 주전자에서는 연신 흰 수증기가 뿜어져 나오고, 카나스 호수에서 잡아왔다는 생선을 꼬챙이에 꿰어 굽는 냄새와 양고기 꼬치구이 냄새, 거기다가 한밤중까지도 빵을 구워대는 화덕의 열기까지 더해져 야시장은 더욱 후끈 달아올랐다. 유럽이나 미국, 일본 등에서는 보기 어려운 풍경이다. 나와 함께 간 일행들은 길가의 가게 하나를 차지하고 앉아서 꼬치와 맥주를 먹고 마시며 이야기꽃을 피우기 시작했다.

그런데 갑자기 작은 사건이 하나 발생했다. 일행 중 L씨가 생선구이 3개를 시켰다는데, 생선은 예닐곱 마리가 이미 접시에 담겨 나와 있었다. 서로 의사소통이 제대로 안 되니 1인당 1마리의 생선을 주문했다고 생각해 대충 넘어가려고 했는데 그게 그리 단순한 계산이 아니었다. L씨는 1마리당 120위안짜리로 시켰다는데 주인이 가져온 계산서는 무려 2,650위안이었던 것이다. 아무리 계산을 다시 해봐도 도무지 들어맞지 않는 계산법에 황당했지만, 더 어이없는 것은 이것을 한화로 계산해보면 무려 35만 원에 이른다니 이건 그냥 넘어갈 수 있는 일이 아니었던 것이다.

아무리 10명이 먹었기로서니 포장마차에서 맥주 몇 병과 꼬치 몇 개를 먹고 35만 원을 낸다는 것은 한국에서도 불가능한 일이었다. 게다가 여기는 중국 변방의 뿌얼진이 아닌가. 결국 현지 가이드를 불러서 통역과 교섭을 시작했지만 가이드와 가게 주인과의 대화도 원만히 끝나지 않아 결국 가이드는 공안(경찰)을 부르기에 이르렀다.

이쯤 되면 주인도 적절한 선에서 타협을 해주면 좋으련만 관광객이라고 그냥 밀어붙이기로 했는지 버티고 있다. 잠시 후 공안 2명이 오고 그 사이에 구경꾼은 잔뜩 모여들어 상황은 점점 재미있게 흘러가고 있었다. 알아들을 수는 없지만 공안과 주인이 한참을 떠들더니 결국 1,200위안(17만 원 정도)로 타협을 보았다.

재미있는 것은 주인의 얼굴이었다. 분명 요구하던 액수에서 반이나 줄었건만 주인은 즐겁게 웃고 있는 것이다. 결국 손해를 본 것은 아무것도 없다는 표정이다. 하지만 어쩌겠는가? 타국이고 말이 안 통하고 경찰서까지 가게 되어 일정에 차질이 생기면 곤란해지는 것은 우리 쪽인 것을. 술값을 지불한 후 이 자리에 함께했던 사람들은 '2,650'이라는 조직을 결성하게 되었다. 이후부터는 카나스에

서 잡힌 물고기라면 이가 갈린다고 입을 모았다.

한차례 해프닝이 끝나고 시계를 보니 이미 밤 12시가 넘었다. 한산해진 거리를 돌아오는데 호텔 가까이에 와서야 일행 2명이 없다는 것을 알았다. 먼저 갔는지 뒤에 따라오고 있는 것인지 알 수 없지만 누구도 다시 그들을 찾아 야시장으로 돌아가자는 말은 하지 않았다. 오히려 나머지 1,450위안을 더 내라고 잡혀 있는 것이 아니냐며, 그렇게 되면 생색도 못 내는 술값을 내고 온 것이라며 놀릴 준비까지 하고 있었다. 다행히도 다음 날 아침 무사히 2명의 얼굴을 식당에서 볼 수 있었다.

야시장에서 돌아오는 내내, 평생 기억에 남을 17만 원어치의 술값을 낸 일행에게 절대로 비싼 술값이 아니라는 위로의 말을 만장일치로 해댔다. 내일은 5시 기상인데 도대체 잠잘 시간도 부족한 이 여행이 불만스럽지 않은 것은 이런 에피소드들 때문일 것이다.

다음날은 아얼타이(阿尔泰, 아이태)로 이동하여 그곳에서 비행기를 타고 우루무치로 가는 여정이었다. 그런데 출발시간이 갑자기 예정보다 3시간이나 앞당겨지는 바람에 허둥지둥 서두르게 되었다. 분명히 항공권에는 오후 4시라고 적혀 있는데, 그게 1시로 바뀌었다는 것이다. 보통 상식으로는 있을 수 없는 일이었지만 그렇다고 불평만 하고 있을 수는 없었다.

뿌얼진에서 아얼타이까지는 3시간이 걸리기 때문에 정신없이 일행을 다그쳐서 출발을 서둘렀다. 한참을 달리는데, 그저께 오는 길에 보았던 해바라기밭의 반대쪽에 또 다른 해바라기밭이 밝은 햇빛을 받으며 샛노랗게 빛나고 있었다. 우리는 그 노란 빛깔에 반하여 바쁜 와중에도 잠시 내려 다시 한 번 사진을 찍었다. 이렇게 조금씩 지체하다 보니 비행기 시간이 얼마 남지 않았다.

아직 아얼타이까지는 1시간 30분 거리. 비행기 출발시각은 지금부터 2시간 후였다. 머뭇거릴 여유가 없었다. 아쉬움을 뒤로한 채 급히 출발했다. 시간이 없다는 것을 잘 아는 기사 양 쓰부는 옆도 안 돌아보고 차를 몰았다. 어찌나 급하게 차를 모는지 뒤에 앉아 있는 나도 겁이 나서 망가진 속도계를 나도 모르게 자꾸만 곁눈질해댔다.

급기야 시속 40km로 제한된 도로를 질주하던 우리 차는 숨어 있던 경찰의 스피드 건에 찍히고 말았다. 기사가 급히 내려서 경찰에게 달려가 사정을 설명해도 소용이 없다. 벌금은 자그마치 우리 돈 40만 원. 40km 제한 구역에서 100km로 달렸기 때문에 무거운 벌금을 피할 수 없다는 것이다. 아무리 그래도 그렇지, 이건 너무 어처구니없는 액수가 아닌가.

시간은 자꾸 가는데, 기사는 경찰관과 서류를 작성하고 있다. 내 가슴은 다 타들어가 거의 석탄이 될 지경이었다. 그러나 한참 후 돌아온 기사는 뜻밖에도 웃는 얼굴이었다. 왜 그러느냐고 이유를 물어보자 너무 터무니없는 액수라 면허증을 그냥 맡기고 나중에 찾으러 오겠다고 했다는 것이었다. 면허증 없이 어떻게 운전을 하려고 하느냐고 묻자 면허증은 2개를 만들어서 가지고 다니기 때문에 하나쯤 없어도 괜찮다고 말하며 씽긋 웃었다.

그동안 수많은 나라, 수많은 곳을 여행하면서도 이렇게 양심적이고 솔직한 운전기사는 여태 본 적이 없다. 세계 어느 나라에서건 관광객을 상대하는 운전기사는 어느 정도 타성에 젖어 있게 마련이고, 이런 일을 당했을 경우 대부분의 기사들은 우선 손님들 앞에서 비굴하거나 서글픈 모습을 보여 최대한의 동정을 사고 돈을 뜯어내려 하는 것이 보통인데 우리의 운전기사인 양 쓰부는 전혀 그런 모습이 없었다. 지금도 여행을 하면서 운진기사로 인해 기끔 좋지 않은 경험을 할 때마다 그가 떠오른다.

고마운 기사 덕분에 무사히 공항에 도착해서 화장실 갈 새도 없이 탑승수속을 밟고 우루무치 행 비행기에 몸을 실었다. 단체여행객을 이끌고 비행기 출발시각 15분 전에 공항에 도착해서 무사히 탑승해보기는 나도 생전 처음이었다.

우루무치에는 처음 도착하던 날처럼 비가 내리고 있었다. 폭우 때문에 우루무치 근교의 호수 관광지인 천산천지로 가는 길이 끊기고 케이블카가 고장나서 많은 관광객들이 아우성을 치고 있다는 소식이 텔레비전 뉴스로 전해졌다. 우리는 유명 관광지에는 별로 관심이 없으므로 상관없었지만 내일은 오채성으로 가야 하는데 그쪽 도로사정은 어떨지 걱정이 되었다.

무지갯빛 오채성에는 붉은 달이 뜬다 - 화소산, 오채성, 투루판

우루무치의 신세기 호텔에서 하룻밤을 보내고 이튿날이 밝았다. 무척이나 맑고 쾌적한 아침이었다. 아침 9시에 버스를 출발시키며 현지 가이드가 내게 말을 건넸다.

"아주 나쁜 소식과 덜 나쁜 소식이 있는데 어떤 것부터 말씀 드릴까요?"

오늘은 오채성에 가는 날이고 그곳에는 숙소가 없어서 텐트를 치고 자야 하는데…. 아무래도 날씨 문제로 뭔가 잘못되었구나 하는 생각이 뇌리를 스쳤다.

"날씨 문제죠?" 하고 짐작한 바를 물었더니 고개를 끄덕인다. 오늘 우리가 가는 오채성 쪽 길이 엊그제 내린 폭우로 인해 물에 잠겨서 차량이 통과할 수 없다는 것이다. 그것이 더 나쁜 소식이고, 그나마 덜 나쁜 소식은 오채성에서 2시간 거리에 '화소산'이라는 붉은 산이 있는데, 꿩 대신 닭이라고 대안으로 그 화소산에 가보는 것이 어떻겠느냐는 것이었다.

일단 우리는 오전에 우루무치의 농산물 도매시장을 구경한 다음, 점심을 먹으면서 최종적으로 결정을 했다. 달리 방법이 없으니 꿩 대신 닭이라도 잡아야지 어쩌겠는가?

오채성은 선사시대부터 쌓인 석탄층이 굳어진 퇴적층으로 오랜 시간 동안의 풍화작용으로 돌산 모양의 퇴적층 색깔이 다양하게 변한 지역이다. 붉은색, 황색, 녹색, 흑색, 청회색, 회녹색, 회백색 등의 선명한 색을 띠는 암석층을 볼 수 있는 지역이다. 화소산도 규모는 오채성보다 작지만 무지갯빛의 암반과 산세가 아름다워서 중국의 사진가들이 많이 찾는 곳이라고 한다.

결국 우리는 오채성 대신 화소산을 향해 출발했다. 일행들의 얼굴에는 다소 실망하는 빛이 보였다. 우리를 태운 버스는 37인승 중형버스로 처음에는 크고 넓어서 편안하게 느껴졌는데 크다는 것이 이렇게 불편할 것이라고는 미처 예상을 못했다. 어제 우리를 알타이 공항에 내려준 양 쓰부는 오늘은 우루무치까지 빈 차로 기나긴 도로를 돌아가는 중이겠구나 하는 생각이 머리를 스쳤다. 오늘부터 우리를 도와주는 기사는 성이 곽 씨라고 한다. 양 쓰부보다는 훨씬 젊은 신세대였다.

가는 길의 대부분이 비포장인 데다 좁은 길이었는데, 차가 크다 보니 바로 갈 수 있는 좁은 길을 두고 옆길로 돌아가느라 시간이 많이 걸렸다. 목적지인 화소산까지 가는 데만 예정보다 3시간이 더 걸려서 서녁 8시에 겨우 도착할 수 있었다. 게다가 어렵사리 도착한 화소산은 이미 곳곳이 파헤쳐져 있어, 멋있었을 것 같은 원래의 풍경이 도로공사로 이미 많이 훼손된 상태였다. 물론 누구의 잘못도 아니었지만 이걸 보려고 이 고생을 하면서 여기까지 왔나 하는 생각이 들자 화가 나기 시작했다. 그리고 이런 황량하기만 한 곳에서 텐트를 치고 하룻밤을 보내는 것이 무의미하다는 생각이 들었다.

버스기사와 현지 가이드를 불러 다소 무리가 되더라도 오채성까지 가야겠다고 고집을 부렸다. 시간이 늦더라도 오채성에서 자야지 여기서는 도저히 안 되겠다고 하자 기사도 공감했는지 흔쾌히 동의해주었다.

결국 우리는 밤 9시에 다시 화소산을 출발해서 유전지대를 지나 오채성으로 향했다. 이미 날은 어두워졌고, 곳곳에 패인 웅덩이에는 아직도 물이 많이 고여 있어 우리를 불안하게 했다. 사막에 놓여 있던 자동차의 바퀴 자국들도 그동안 내린 많은 비로 씻겨나가 어디가 어딘지 구별할 수 없었다. 캄캄한 사막을 어림짐작으로 운전하는 기사의 감각에만 의지한 채, 일행은 숨죽이며 전조등이 가리키는 쪽을 노려보고 있었다.

가끔씩 길옆으로 이상한 바위들이 장승처럼 우뚝 서 있어 우리를 놀라게 했고, 전조등의 불빛에 반사되어 번뜩이는 들짐승의 눈동자들이 스산하게 움직였다. 그저께 카나스로 가면서 보았던, 그때보단 약간 더 통통해진 초승달이 지평선으로 기울어 가고 있었다. 그 달빛은 신기하게도 붉은색이었다. 그렇게 지는 달을 보면서 다들 한마디씩 했다.

"아, 달 좀 봐. 달이 붉은색이야."

정말 달은 붉은색이었다.

2시간을 사막에서 헤맨 뒤, 마침내 우리는 오채성에 도착했다. 이미 달도 져버린 캄캄한 밤이었다. 그나마 별이 빛나고 있긴 했지만 시간은 벌써 11시가 넘었다. 이제부터 텐트를 치고 음식도 장만해야 한다. 자동차 전조등에 의지해 모두들 팔을 걷어붙이고 텐트를 치기 시작했다. 그래도 역시 십시일반인지 여럿이 힘을 합치니 어둠 속에서도 순식간에 텐트촌이 완성됐다.

춥고 바람 부는 밤, '영웅본색'이라는 거창한 이름의 52도짜리 독한 중국술과 양고기 찜으로 저녁을 대신했다. 술기운에 기분이 조금은 고조된 채 텐트 안에서 각자 가져간 침낭 속에 몸을 구겨 넣고 어설픈 잠을 청했다. 나는 거의 뜬 눈으로 밤을 지새웠는데, 새벽에 어느 텐트에선가 탱크 지나가는 소리가 들렸다. 아침이 되자 그 텐트 옆 사람들은 시끄러워서 한숨도 못 잤다고 투덜댔다. 나는 속으로 웃었다. 그 사람의 코 고는 실력이 어느 정도인지 익히 잘 알고 있었기 때문이다.

새벽에 누군가가 "기상!"을 외쳤다. 해가 뜨고 있으니 일어나라는 것이었다. 날이 밝자 어제 볼 수 없었던 주위의 바위산들이 모습을 드러냈다. 이곳 역시 정

말 특이한 지형으로 영화 '스타워즈'의 촬영 세트를 보는 듯했다. 크고 작은 사암 바위가 언덕처럼 여러 층으로 각기 다른 색상을 띠고 있어 '오채성'이라는 이름이 붙은 모양이었다. 이곳에는 관리인이 2명 있었는데, 아침마다 쓰레기를 주워 소각하고 있었다. 아, 그러고 보니 어젯밤에 너무 늦어서 못 냈는데, 오늘은 어제 못 낸 입장료를 내야 했다.

관리인들은 우리에게 일출을 촬영하기에 좋은 장소를 가르쳐주었다. 우리는 모두 그곳으로 올라가 일출을 기다렸다. 날씨는 아주 좋았지만, 하필이면 해가 뜨는 방향에 구름이 끼어 있어서 일출사진을 촬영하는 일은 아쉽게도 실패로 끝나고 말았다.

아침은 미리 챙겨간 컵라면으로 때우고, 여기저기에서 바삐 사진을 찍은 후 다시 길을 재촉했다. 오늘은 우루무치를 지나 옛 실크로드의 중심도시 중 하나였던 투루판(吐魯番, 토로번)까지 이동해야 하기 때문이다. 어제처럼 고생할 생각을 하니 갑자기 두통이 몰려오는 듯했다. 어제의 힘든 경험 탓인지 운전기사 역시 모험을 하기로 결심했다. 어제 왔던 길 대신 다른 지름길로 가겠다는 것이다. 곳곳에 도로공사를 하고 있어서 가능할지는 모르겠지만 아무튼 시도를 해봐야겠다고 해서 더 말릴 수는 없었다. 사실은 말리고 싶지 않았다. 내게도 어제와 같은 고생은 한 번으로 충분하니까 말이다.

중간에 갖은 고생을 다 하긴 했지만 결국 포장된 길에 접어들었고, 안도의 한숨 속에서 버스는 투루판으로 향했다. 뽑은 지 2개월밖에 안 된, 흠집 하나 없던 새 버스는 단 이틀 동안의 비포장도로 운행으로 군데군데 많은 상처가 났고 졸지에 중고차로 전락했다. 차에 흠집이 처음 생겼을 때 기사의 얼굴은 많이 일그러졌었지만, 흠집이 자꾸만 더해 가자 차라리 포기했는지 이제는 오히려 활짝 웃기까지 하는 게 마냥 고맙다. 아무튼 이번 여행에서는 기사들을 잘 만나 다행이라는 생각이 들었다. 지름길은 겨우 1시간을 단축시킬 뿐이었지만 마치 지옥을 탈출한 것 같다고 할까? 날아갈 듯한 기분이 되었다. 물론 운전기사의 기분은 더 말해 무엇하랴.

텐산 산맥의 최고봉인 보그다 봉이 하얀 만년설을 뽐내며 우리를 따라오고 있었다. 이윽고 투루판에 도착한 우리는 그냥 호텔에서 쉬기로 했다. 그동안 고생하며 이동하느라 지친 심신을 잠시 달래기 위해서였다. 다들 많이 피곤해서인지 저녁식사 후에 투루판의 야시장을 구경하자는 내 제안을 거절하고 모두 들어가 일찍 잠을 청했다.

나는 혼자서 투루판의 야시장을 구경하기로 했다. 투루판의 야시장에는 주로 먹거리를 판다. 우루무치와 달리 이곳 투루판은 주민의 대다수가 위구르족이라 생김새가 보통의 한족과는 사뭇 다르다. 얼굴선이 굵고 눈썹이 짙으며 어딘지 중

앙아시아인들과 많이 닮아 있다. 이들은 이슬람교를 믿으며, 양고기를 많이 먹고 중국어가 아닌 독자적인 언어를 많이 사용하고 있다.

야시장에서 파는 것은 주로 양고기 꼬치와 양머리를 구운 것으로 대개 이슬람권의 음식들과 비슷한데, 특별히 듬뿍 넣어주는 강한 향신료 냄새 때문에 처음에는 먹기가 약간 거북했지만 먹을수록 고소하고 맛있었다. 꼬치 3개에 시원한 맥주 2병을 마시고 나서 지불한 돈은 우리 돈으로 겨우 1,500원 정도다. 너무 싸서 눈물이 나올 지경이었다. 새삼 뿌얼진의 야시장에서 바가지 썼던 일이 떠올라서 머리를 흔들었다.

다음날, 투루판의 아침은 구름 한 점 없는 맑은 하늘과 함께 시작되었다. 투루판은 위구르어로 '움푹 파인 땅', 혹은 '분지'라는 뜻으로 해수면보다 280m나 낮아서 '지구의 가마솥'이라는 별명을 가지고 있다. 이곳이 처음 세상에 알려진 것

은 15세기 초 명나라 영락제의 명을 받은 진성(陳誠)이 이 땅을 방문하여 토이번(土爾番)이라 기록하면서부터다.

여름은 40℃가 넘는 그야말로 가마솥 찜통더위인 데다 겨울엔 영하 20℃까지 내려가는 혹한의 사막기후를 가진 곳이 바로 이곳이다. 지구의 가마솥이라는 투루판의 명성에 걸맞게 시원하던 아침 공기는 해가 뜨면서 온도가 급상승하는 것이 느껴졌다.

투루판의 포도 수확은 8월 초부터 9월 중순까지 하는데, 마침 수확철이라 마을의 골목마다 포도 출하를 준비하느라 여념이 없었다. 품종을 분류하고 중량을 재고 포장을 하느라 바쁜 와중에도, 일행이 다가가자 너 나 할 것 없이 포도를 한 송이씩 건네주었다. 이곳의 포도는 주로 청포도인데 한 송이를 받아들고 게 눈 감추듯 훑어 내리니 꿀맛이 따로 없었다. 신기하게도 이곳의 포도는 신맛이 전혀 없었다.

한 송이를 다 먹고 나니 옆집에서 또 한 송이를 권한다. 아무리 사양해도 막무가내였다. 하는 수 없이 또 받아들고 얼른 먹어치웠다. 사진을 찍어야 하니까 포도송이를 들고 있으면 너무 불편하기 때문이다. 그런데 그 옆집에서 또 한 송이를 주는 것이다. 이제는 싹싹 빌면서 사양했으나 역시 소용이 없었다. 또 한 송이를 먹어치웠다. 이제는 배가 불러서 더 줘도 못 먹을 판이었다. 옆 사람이 또 한 송이를 주기에 이번에는 배를 내보이며 너무 먹어서 못 먹겠다는 시늉을 하자 그제야 웃으며 손을 거두었다. 인심 하나는 끝내주는 사람들이었다.

사람들은 대개 수확철이 되면 인심이 더 후해지게 마련이다. 세상 어디를 여행해봐도 추수기에 여행을 가면 사람들의 표정이 밝고 따뜻했다. 반대로 가뭄이나 홍수로 농작물이 타 들어가거나 썩어 들어가면 인심 또한 흉흉해진다. 수 년 전 모로코에 갔을 때, 사람들의 인심이 하도 야박해서 이유를 물어보니 7년 동안 가뭄이 계속되어 살기가 너무 힘들기 때문이라는 것이었다.

포도를 얻어먹은 대신 우리는 가져간 사탕을 꺼내 동네 아이들에게 나누어주었다. 그런데 참 신기한 것이, 내가 한 아이에게 사탕을 한 줌 주었더니 그 아이는 자기보다 어린 동생들부터 먼저 다 나누어주고 정작 자신은 한 개도 먹지 않는 것이었다. 그래서 그 아이에게 다시 사탕을 주었더니 극구 사양한다. 억지로 손에 쥐어주자 마지못해 받아들고는 수줍게 고맙다고 인사를 했다. 내가 사탕을 준 그 아이만 그런 줄 알았는데, 다른 일행들도 나와 같은 경험을 하고는 너무 신기해했다. 가족 간의 화목을 중시하고 위계질서가 뚜렷한 것이 위구르족의 특징이라는 이야기를 나중에 듣고 비로소 고개를 끄떡이게 되었다.

웅장하고 신비로운 자태를 뽐내는 바르한 – 샨샨, 쿠무타거 사막

투루판을 뒤로하고 쿠무타거(庫木塔格, 고목탑격) 사막의 서쪽 지점인 샨샨(扇仙, 선선)으로 향했다. 샨샨은 투루판에서 동남쪽으로 불과 1시간 거리에 있는 작은 도시로, 이곳의 쿠무타거 사막은 여기서 시작하여 둔황까지 이어진다. 둔황은 너무 알려진 곳이어서 관광객들이 많지만, 이곳 샨샨은 관광객이 적어서 사막을 체험하기에 안성맞춤인 동시에 사진을 촬영하기에도 적합한 곳이었다. 우리는 더위를 피해 호텔에서 잠시 쉰 다음, 해질 무렵 사구에 올라갔다.

2년 전까지만 해도 사막의 입구에는 층층이 쌓인 사구와 낙타 몇 마리뿐이었는데, 이제는 관광객들이 제법 많이 찾아오는 곳이 되었는지 영화 '매드맥스3'에 나올 법한 모양의 사막차까지 사람들을 기다리고 있었다.

대개 사구는 바람에 의하여 형성되며 바람을 받는 쪽이 완경사, 반대편 바람의 그늘 쪽이 급경사를 이룬다. 이는 끊임없이 일정한 방향에서 바람이 불어오기 때문에 생기는 것인데, 바람의 그늘 쪽에서 바람이 소용돌이치며 내리 불면 급경사의 말발굽 모양을 이루고, 양쪽 가장자리의 모래가 이동해서 반달 모양의 평면형을 이룬다. 완경사와 급경사의 가느다란 경계면이 길게 반원 모양으로 사구를 형성하는 것이다.

이러한 형태의 사막을 바르한(Barhan)이라고 하는데, 사막차는 이러한 바르한의 급경사면을 타고 이동하는 것이다. 사막차 바퀴의 흔적이 많이 나 있는 것으로 봤을 때 나름대로의 이동경로가 있었다. 태어나서 처음 타보는 사막차는 그 어떤 놀이기구보다도 생동감이 있었다. 경사가 70도 정도는 될 것 같은 몇 개의 사구를 누런 모래 바람을 일으키며 올라가는데, 중간에 몇 번씩이나 엔진이 멈

춰버렸다. 엔진이 멈출 때마다 우리는 커다란 바퀴를 밀며 올라가야 하는 것은 아닌가 싶어 긴장을 늦출 수가 없었다. 게다가 다들 비싼 카메라 장비를 매고 있었으니, 그 상태로 모래 구덩이에 빠질까 봐 아찔하기도 했다.

꽤 높은 사구에 올라가서야 사막차에서 내려, 후들거리는 다리로 중심을 잡고 주변을 둘러보았다. 그 순간 아무 생각도 들지 않았다. 반달 모양의 커다란 바르한이 여기저기 사람 손을 타지 않은 자연의 모습 그대로 웅장하고도 신비로운 자태로 도도하게 펼쳐져 있었던 것이다. 감히 다가가 발자국 하나 남길 수도 없을 것 같은 단호함이 느껴졌고, 다채로운 색깔의 사구들 역시 그냥 앉아서 바라만 보아야 할 것 같아 잠시 멍하게 서 있었다.

작은 바람에도 화려하게 반짝이는 모래 물결은 그 어떤 천재 조각가도 만들어낼 수 없는 환상적인 모양으로 일정한 비율을 맞춰 펼쳐져 있었다. 석양의 이입에 따라 모래의 색깔도 다양하게 변해 이것을 카메라로 제대로 포착해낼 수 있

을지 의문이었다. 그리고 단지 바람만으로 이루어놓은 아름다운 자연의 조형물을 서툰 내 사진 실력으로 밋밋하게 찍어버리면 어쩌나 싶어 걱정스럽기도 했다.

1시간 정도 사막에서의 일몰 촬영을 겨우 끝내고 호텔로 돌아가 신발에 잔뜩 들어간 모래를 털어내니 벌써 10시다. 대충 저녁을 먹고 호텔 앞의 야시장으로 가서 맥주를 한잔씩 마시며 사막의 갈증을 가셔냈다.

다음날, 이번 여행의 마지막 날이 밝았다. 일정은 투루판을 거쳐 우루무치에서 저녁을 먹고 공항으로 가서 밤 비행기를 타는 것이다. 아침부터 우리는 천불동(千佛洞)을 찍으러 갔다. 천불동은 화염산 계곡을 끼고 건너편에 암벽을 파고 그 안에 여러 불상과 탑 등을 조각한 것이다. 근처의 토욕구(吐谷溝)라는 곳에도 갔다. 그곳은 신장성에서 가장 오래된 위구르족 마을인 마자촌이 있었다. 투루판에서 동쪽으로 30km 정도 떨어진, 화염산 자락 한쪽 끝에 자리 잡은 작은 마

을인데, 신장 웨이우얼 지역에서 가장 먼저 이슬람교를 받아들인 곳이라고 한다.

그 옆의 화염산은 한자로 '火焰山'인데, 붉은 사암으로 이루어져 햇살을 받으면 마치 불타는 듯한 모양이라고 해서 붙여진 이름이다. 이 산이 유명해진 것은 서유기에서 손오공이 삼장법사와 경전을 구하러 인도로 가는 도중 화염산이 너무 뜨거워 파초선으로 불을 끄고 지나갔다는 이야기 때문이다.

과연 화염산에는 식물이라고는 들풀 정도가 전부이고, 제대로 된 나무 한 그루 찾아볼 수가 없었다. 그리고 오랜 풍화와 침식으로 깎인 산자락들이 주름치마처럼 펼쳐져 있었다. 이렇게 뜨겁고 건조한 화염산의 한 곳에 독실한 이슬람교도 주민들이 마을의 가장 높은 곳에 모스크와 무덤을 만들어두고 사암을 깎고 구멍을 내어 만든 집에서 살고 있었다. 너무 건조해서 적당히 힘을 주는 것만으로도 바스라질 것 같은 곳에서 대대로 살아가고 있는 이들에게 종교의 힘이란 얼마나 절대적인가를 보여주는 풍경이었다.

차라리 중앙아시아의 어느 나라에 와 있는 것 같은 착각이 드는 신장은 중국 내 다른 곳에서는 결코 맛볼 수 없는 이질적인 자연과 문화, 그리고 고색창연한 역사가 녹아 있는 특별한 곳이다. 황량하기 이를 데 없는 거대한 사막이 있는가 하면 만년설이 얹혀 있는 웅장한 설산이 있으며, 광활한 초원도 있다. 중국의 4대 미인에 비유되는 아름다운 호수들도 있다. 수없이 많은 전쟁영웅들과 순례자들과 상인들과 여행자들이 동서양을 오가기 위해 이곳을 거쳐 가며 그 흔적들을 남겼고, 인생의 덧없음을 역사 속에 남겼다. 다양한 지리적 조건만큼이나 파란만장한 역사를 품고 있는 신장은 그래서 언제든 다시 찾고 음미하고 싶은 그런 곳이다.

[여행 일정 요약]

10박 11일(8월 1일~8월 11일) 1일 21시 인천 공항 출발 2일 01시 우루무치 도착 ◎ 커라마이 ◎ 뿌얼진으로 이동 3일 뿌얼진 ◎ 카나스로 이동 4일 카나스 호수 주변 답사 5일 카나스 ◎ 뿌얼진으로 이동 6일 뿌얼진 ◎ 우루무치로 이동 7일 우루무치 ◎ 오채성으로 이동 8일 오채성 ◎ 투루판으로 이동 9일 투루판 ◎ 샨샨으로 이동 10일 샨샨 ◎ 우루무치로 이동 11일 01시 우루무치 공항 출발 ◎ 06시 40분 인천 공항 도착

8박 9일 1일 21시 인천 공항 출발 2일 01시 우루무치 도착 ◎ 커라마이 ◎ 뿌얼진으로 이동 3일 뿌얼진 ◎ 카나스로 이동 4일 카나스 호수 주변 답사 5일 카나스 ◎ 뿌얼진으로 이동 6일 뿌얼진 ◎ 우루무치로 이동 7일 우루무치 ◎ 샨샨으로 이동 8일 샨샨 ◎ 투루판 답사 후 우루무치로 이동 9일 01시 우루무치 공항 출발 ◎ 06시 40분 인천 공항 도착

국명 인도네시아 공화국
도명 술라웨시(Sulawesi)
타나토라자의 인구 45만 명(2007년)
타나토라자의 면적 약 8,500㎢
주도 란테파오(Rantepao)
주요 언어 토라자어, 인도네시아어
종족 토라자족(85%), 자바족(12%), 기타
종교 기독교(83%), 이슬람교(15%), 힌두교(1%), 기타 민속신앙

세상에서
가장
진기한
장례풍습을
만나다
—타나토라자—
7

술라웨시(Sulawesi)는 보르네오 섬 동쪽에 위치한 인도네시아에서 4번째로 큰 섬으로 적도 바로 아래에 위치하고 있다. 이 술라웨시의 남부 고지대에 위치한 '타나토라자(Tana Toraja)'는 '토라자족의 고향'이라는 뜻으로, 인구는 45만 명 정도다. 이곳은 인도네시아에서 기독교인 비율이 가장 높은 지역이기도 한데, 인도네시아 인구의 약 90%가 이슬람 교도임을 감안하면 이 지역 전체 인구의 83%가 기독교도라는 점은 상당히 놀라운 일이다.

그러나 토라자 사람들은 이런 서양 종교를 믿으면서도, 장례식만큼은 철저하게 전통방식을 고집한다. 물소를 제물로 바침으로써 고인의 영혼이 살아 있을 때보다 풍요로운 새 삶을 누리게 된다고 믿는 토라자인의 장례 풍습은 죽음을 슬픔으로 받아들이는 것이 아니라 새로운 출발로 받아들이고 축복한다.

기독교를 믿으면서도, 장례식은 애니미즘적인 전통방식으로 성대하게 치름으로써 내세에 행복한 영생을 기원한다는 나름의 내세관을 가지고 있다는 점이 아이러니하다. 하지만 내세를 믿는다는 바로 그 점이 기독교의 내세관과 유사해서 쉽게 기독교에 귀의했는지도 모르겠다.

아무튼, 토라자의 장례문화는 너무나 독특해서 그 자체만으로도 훌륭한 구경거리이지만, 죽음에 대한 또 다른 사고의 틀을 갖도록 만드는 독특한 풍습이었다. '인생의 궁극적인 목표가 장례식'이라는 이들의 특이한 사고구조가 전재산을 털어서라도, 그게 여의치 않으면 수년 동안 객지에 나가 떠돌며 돈을 모아서라도, 가족의 장례를 최대한 성대하게 치르지 않으면 안 된다는 일종의 강박관념까지 만들게 되었다는 사실은 놀라움을 넘어서 이제는 걱정이 앞서게 되는 점이라 할 수 있다. 많은 사람들이 이로 인해 빚에 시달리고 있다는 점은 토라자족의 비극적인 현실이 되어가고 있는데도 마치 경쟁이라도 하듯이 장례식을 거창하게 거행하려는 것은 무엇 때문일까? 현세의 고달픈 생을 내세에서라도 보상받으려는 생각에서일까?

납득이 갈 만한 답은 아니었지만, 이들의 대답은 한결같았다. 죽은 사람이 저승에서 또는 내세에서 편안히 영생할 수 있도록 자식으로서(혹은 가족으로서) 최선을 다해 희생하는 것이 마땅하다는 논리였다.

현대인의 생활과는 너무 다르고 너무 비현실적인 이러한 장례풍습은 아마도 언젠가는 사라질 것이다. 그러나 무 자르듯 바꾸지 않은 한, 아마도 한참 동안은 이어질 것이라는 생각이 든다.

이번 여행의 주안점은 지구상에서 가장 신기한 장례풍습과 주거형태를 지닌 부족의 하나인 토라자 사람들의 삶을 직접 보고 경험하기 위함이었다. 장례식을 보려고 일부러 7월로 일정을 맞춘 점은 정말 잘한 일이었다. 토라자로의 여행은 무척이나 진기한 경험이었다.

절벽 묘지를 지키는 목각인형 타우타우 – 마카사르, 레모

인도네시아의 수도 자카르타(Jakarta)를 떠난 지 2시간 남짓, 비행기는 술라웨시의 주도 마카사르(Macassar)에 도착했다. 수년 전만 해도 우중판당(Ujung Pandang)으로 불렸는데, 이제는 옛 이름을 되찾아 다시 마카사르라고 불리게 된 곳이다. 이곳을 통과해서 토라자를 찾는 것은 이번이 세 번째다.

마카사르에서 토라자까지의 거리는 약 350km로 도로사정은 대체적으로 좋은 편이지만 좁고 구불구불한 산길이 대부분이라 대략 7~8시간이 소요된다. 파레파레(Pare Pare)까지는 해안도로를 따라 가지만 그 후에는 산길로 접어드는데, 일단 산길로 들어선 다음부터는 중간에 쉴 곳이 마땅치 않아서 장시간 이동하다 보면 멀미가 나기도 한다. 길은 예전이나 다를 바 없었다.

오늘 자카르타에서 마카사르로 오는 비행기 안에서 작은 소동이 있었다. 우리가 여행 중에 먹을 비상식량을 전적으로 책임지고 있는 Y씨가 한국을 떠나기 전 총무를 자처하고 손수 김치를 담가 한 번 먹을 분량만큼씩 비닐봉투에 나누어 넣은 다음, 냄새가 날까봐 다시 비닐 랩으로 여러 겹 싸서 모두 10개를 트렁크에 넣어왔다. 그런데 더운 날씨 덕분에 어제부터 김치가 급속히 익으면서 10개 모두 이미 부풀어버렸고, 그중 2개는 바람을 가득 채운 배구공처럼 빵빵하게 부풀어 올랐다는 것이다.

아무래도 이건 못 가지고 가겠다 싶어서 비행기를 타기 전에 쓰레기통에 버리자고 했으나, 깜빡 잊고 휴대용 가방에 넣고 기내에 오르게 된 것이었다. 문제는 비행기가 출발한 지 1시간쯤 지났을 때부터였다. 기내에 김치 냄새가 심하게 나기 시작하는 게 아닌가! 비행기는 작고 승객은 대부분 유럽인들이었는데, 킁킁거리던 서양인들은 코를 틀어막으면서 불평을 하더니 급기야 신음소리까지 내기 시작했다. 보통 일이 아니었다.

승무원들은 마치 CSI 수사관 같은 표정으로 짐칸들을 일일이 열어보더니 결국 냄새의 근원지를 찾아내고는 용의자를 색출했다는 눈빛으로 우리를 하나하나 노려보기 시작했다. 당연히 우리는 모두 몸 둘 바를 몰라 쩔쩔매고 있는데, Y씨가 결심한 듯 벌떡 일어서더니 짐칸을 열고 김치가 들어 있는 가방을 꺼내어 화장실로 가져가는 것이었다.

"어떻게 하려고요?" 하고 근심 어린 표정으로 묻는 내게 "걱정 마세요. 이걸로 살짝 구멍을 내서 가스를 빼내면 될 거예요." 하며 씨익 웃는다. 그의 손에는 작은 옷핀이 하나 들려 있었다. 걱정이 되긴 했지만 뭔가 조치를 취하긴 해야 할 것 같아 잘되기만을 비는 수밖에. 화장실을 들어간 그가 탁 하고 문을 닫았다. 그와 동시에 승객들과 승무원들은 몹시 원망스러운 표정으로, 그리고 우리는 근심스러운 눈으로 그가 들어 간 화장실 쪽을 바라보고 있었다.

잠시 후 조그맣게 "펑~" 하는 소리가 들리는 듯하더니 다시 조용해졌다. 아무래도 심상치 않아서 문을 두드렸다. "접니다. 괜찮으세요?" 안에서 약하게 소리가 들렸다. "괜찮아요. 근데 좀 도와주실래요?"

문이 열렸다. 화장실 안을 들여다본 나는 아연실색하지 않을 수 없었다. 김치 국물이 온 사방으로 튀어서 거울과 천장, 벽이 온통 붉은색으로 칠갑이 되어 있었다. 화장실은 흡사 호러 영화에 나오는 범죄 현장처럼 되어버렸고, Y씨의 옷 역시 온통 김치 국물로 얼룩져 영락없는 현행범의 몰골이었다. 아까 들렸던 '펑' 소리는 다름 아닌 김치 봉투가 터지는 소리였던 것이다. 원래는 작은 구멍을 내서 가스를 뽑아내려고 핀을 꽂았는데, 이미 풍선처럼 부풀대로 부풀어 있던 김치주머니가 그만 폭발을 하고 만 것이다.

결국 둘이서 김치는 휴지통에 버리고 벽과 거울, 그리고 바닥과 천장을 휴지로 샅샅이 닦아 냈지만 진동하는 김치 냄새는 지울 수가 없었다. 승무원에게 고개 숙여 사과를 하고는 마이크를 잡고 기내방송으로 승객들에게도 다시 한 번 사과했다.

"레이디스 앤 젠틀멘, 위아 쏘리 포 기빙 유 어쩌구저쩌구…"

요즘 같으면 아마 그렇게 쉽사리 마무리되기는 힘들었을 것이었다.

우여곡절 끝에 토라자의 호텔에 도착한 것은 저녁 7시가 다 되어서였다.

토라자의 새벽은 짙은 안개로 시작되었다. 아스라이 보이는 토라자 전통가옥의 지붕들은 천상에 떠 있는 배들처럼 안개 속에서 신비스런 모습을 서서히 드러내고 있었다. 일찌감치 목청을 돋우었던 수탉들도 하루를 여는 데 한몫했다는 듯 당당한 모습으로 식구들을 불러 아침 모이 산책을 나서고 있었다. 이 지역은 평균 해발고도가 800m 정도로 아침저녁으로 무척이나 선선하고 쾌적한 기후를 보이고 있으며, 새벽에는 늘 이렇게 짙은 안개가 깔림으로써 더욱 신비스러운 분위기가 연출된다.

오늘부터 장례식이 시작되는 마을에는 오후에 방문하기로 미리 말해두었으므로, 오전에는 먼저 토라자의 묘지 형태부터 하나씩 관찰해보기로 했다. 우리가 처음 찾은 곳은 전형적인 절벽 묘지의 형태를 갖추고 있는 '레모(Remo)'라는 마을이었다. 이곳에서는 깎아지른 석회석 절벽 중간 부분에 굴을 판 다음 안에 관을 안치한다. 그리고 그 앞쪽에 발코니를 만들어 생전의 고인의 모습과 똑같은 모양의 목각인형을 세워놓는다. 오랜 세월 동안 같은 방법으로 나란히 무덤이 만들어져서 마치 공동주택처럼 보였다. 절벽 묘지는 전면이 동쪽을 향하고 있었다.

발코니에 놓인 목각인형은 '타우타우(tau-tau)'라고 하며 생전의 고인의 모습과 최대한 비슷하도록 조각되는데, 이곳에서는 '노렝'이라는 노인이 타우타우 전문 조각가로 60년간 이 일을 해오고 있었다. 이 노인은 인도네시아의 인간문화재로 등록된, 제법 잘 알려진 유명인사였다. 자신의 일에 무척이나 긍지를 가지고 있었는데, 자신의 머리카락을 사용해서 목각인형들의 머리카락을 만드는 재미있는 노인이다. 노렝 할아버지는 자신의 기사가 났던 낡은 잡지들을 우리에게 보여주면서 자랑이 대단했다. 방문 기념으로 목각인형을 하나 주겠다고 했지만 받지는 않았다. 작업장 자체가 무덤처럼 어둡고 음산해서 목각인형을 갖고 싶은 마음이 전혀 들지 않았기 때문이었다.

토라자 전통 장례식의 손님맞이 – 랑다, 론다, 카라식

오늘부터 장례식 행사가 거행되는 랑다(Langda)라는 마을의 장례식장에 들어서자, 상주를 비롯한 고인의 가족과 가까운 친지들이 조문객들을 맞이하고 있는 것이 눈에 띄었다. 토라자의 장례식은 집안의 형편에 따라 대개 4일에서 7일 동안 거행되는데, 첫째 날과 둘째 날이 가장 중요한 날이라고 한다. 첫째 날은 '마빠상글로'라고 하는데, 이른바 '손님을 영접하는 날'이고 둘째 날은 '루따운 꾸무'로 '제물을 바치는 날'이라는 뜻이다. 제물을 바친다는 것은, 쉽게 말해 물소를 잡는다는 말이다.

첫째 날은 조문객을 영접하는 날로, 장례식장을 찾아오는 손님들은 모두 검정색 옷을 입고 여자인 경우에는 머리에 넓은 삿갓을 쓴다. 장례식장은 마을 단위로 하나씩 있으며 마을의 형편에 따라 그 규모가 정해진다. 모든 장례식은 이 장례식장에서 거행되며, 자신의 집에서 행해지는 경우는 전혀 없다.

장례식장에 도착한 조문객들은 그룹 단위로 일렬로 줄을 서서 먼저 하객을 영접하는 방으로 안내된다. 우리 일행도 제법 큰 돼지 한 마리와 술 한 통, 그리고 담배와 차를 상가에 부조하고 상주들로부터 극진한 영접을 받았다. 특히 우리가 외국인이라는 이유로 내일 물소를 잡는 광경을 가장 가까이에서 구경할 수 있도록 특실을 배정해주었다.

남자와 여자는 각기 다른 방으로 안내되며, 남자에게는 담배를 권하고 여자에게는 비틀넛(씹는 열매로 약간의 환각작용이 있다)을 권한 다음 차와 다과를 내온다. 담배와 비틀넛을 권하는 상주들에게 조의를 표하고는 다른 조문객을 위해 영접실에서 비켜주는 것으로 인사를 마친다.

조문객들은 대부분 돼지와 술, 담배를 가져오지만 고인의 자녀나 가까운 가족들은 물소 한두 마리 정도는 가져와야 한다. 특히 고인의 자녀들은 '의무적'이라고 해도 좋을 만큼 반드시 물소를 한 마리 이상 마련해서 가지고 와야 한다.

토라자인들의 장례식에서 물소는 무엇보다 중요하다. 장례를 마친 고인의 영혼이 저 세상으로 갈 때, 물소는 고인이 타고 갈 교통수단이 될 뿐만 아니라, 내세에서 고인의 안락한 생활을 보장해줄 중요한 재산이기 때문이다. 물소를 많이 잡으면 잡을수록 내세에서 풍요로운 생을 보장받을 수 있다고 믿는 토라자인에게 자녀들이 고인에게 물소를 바치는 것은 효도 이상의 의미를 지니게 되는 것이다.

또한 이날은 장례식에 초대를 받은 하객들이 생전에 고인이나 그 가족에게 진 빚을 모두 청산하는 중요한 날이기도 하다. 토라자인들은 가족과 가문의 결속을 최우선으로 여기기 때문에 장례식에 참석한다는 것은 매우 중요한 의미를 가진다.

'토라자'의 뜻은 '산에서 사는 사람'이라는 뜻이라고 한다. 토라자 전통사회는 공동체의 색채가 짙어 계급이 확실하다. 그러다 보니 연장자의 영향력이 크다. 아직 토라자에는 3개의 카스트가 존재하는데 귀족과 평민, 그리고 노예가 그것이다. 물론 현재는 귀족계급이라고 모두 잘사는 것이 아니며 노예계급이라고 다 못사는 것도 아니다. 이러한 뿌리 깊은 계급제도는 이미 사라져가고 있으며, 지금은 예전처럼 계급이 일상생활에 반영되는 일은 드물다고 한다.

장례식장에서 고인의 가족과 친척은 물론이고 이웃들까지 마치 자기 일처럼 발 벗고 나서서 상주를 돕는 것을 보니 공동체의 색채가 짙게 느껴졌다. 옆에서 보기만 해도 다들 정성을 다해 물심양면으로 돕고 있었다. 우리네 품앗이와 부분적으로 닮은 구석이 있는 것 같다.

우리가 찾은 장례식은 90세가 된 노파의 장례식으로 1년 전에 작고하였다고

한다. 토라자에서는 사람이 죽으면 대개 2~3년씩 시신을 집에 안치해두는데, 장례식에 쓸 비용을 모으기 위한 것이 가장 큰 이유이고, 고인이 가족들과 좀 더 많은 시간을 보내도록 하는 것이 두 번째 이유라고 한다. 죽은 지 1년 만에 장례를 치르게 된 이 노파의 집은 경제적인 면에서 보면 상당히 부유한 집안이라는 것을 알 수 있다. 형편이 좋지 않은 집은 5~6년 후에 장례를 치루는 경우도 많다고 한다.

토라자의 장례식은 대부분 7~8월에 거행된다. 이때가 1년 중 가장 시원한 데다, 건기라서 비가 오지 않으며, 추수가 막 끝나는 때이므로 비교적 덜 바쁜 시기이기 때문이다. 이 시기가 되면 토라자의 크고 작은 마을과 도로에서는 장례식에 가려는 사람들을 흔히 볼 수 있다. 다들 검은색의 조문객 복장을 한 사람들로 같은 시기에 여러 마을에서 동시다발적으로 장례식을 거행하다 보니 이렇게 조문객들이 많은 것이다. 신기한 일이 아닐 수 없다.

영접의 절차를 마친 일행은 제물을 바치는 날인 내일 다시 오기로 하고 일단 장례식장을 빠져 나왔다. 우리가 나올 무렵 식장은 이미 발 디딜 틈이 없을 정도로 많은 조문객이 모여들고 있었고, 이들이 타고 오는 트럭에는 예외 없이 돼지와 술통이 들어 있었다. 조문객의 수는 대략 잡아도 1,000명은 넘는 것 같았다. 평범한 할머니의 장례식 치고는 너무 거창한 것 아닌가 하는 생각이 들었다.

늦은 오후, 우리는 다른 형태의 묘지들을 보기 위해 론다(Londa)라는 지역으로 이동했다. 이곳의 묘지는 빼곡한 숲 속에 있는 석회석 절벽 밑에 있었다. 이곳은 아침에 보았던 레모와는 또 다른 형태의 묘지로서 레모에서처럼 굴을 인공적으로 뚫어 그 안에 관을 1개씩 안치하는 것이 아니라, 커다란 자연 동굴 속에 여러 개의 관을 함께 안치하는 공동묘지였다. 레모가 단독주택이라면, 론다는 공동주택인 셈이다. 조그만 아이들이 입구에서 랜턴을 들고 관광객들을 기다리고 있었다.

굴속에는 여러 개의 나무 관이 안치되어 있는데, 새 것과 오래된 것이 거의 나란히 놓여 있기도 하고, 어떤 것은 거의 삭아서 유골과 낡은 옷이 썩은 나무 틈 사이로 보이기도 했다. 아주 오래된 것은 유골만 남아 유골을 바위틈에 꽂아 놓아두기도 했다. 랜턴이나 횃불이 필요할 정도로 동굴 안은 깜깜했고, 신기하게도 무더우면서 동시에 으스스하기도 했다.

이 동굴 안에는 해골 2개가 나란히 안치된 것이 있는데, 좀 특별한 사연이 있는 것이라고 한다. 옛날에 신분이 다른 두 남녀가 서로 사랑에 빠졌는데 양가의 반대로 결혼을 할 수 없게 되자 결국 두 사람은 목을 매어 동반자살을 하게 되었고, 후에 이들의 영혼이 저승에서나마 결합할 수 있도록 함께 매장했다는 이야기다. 토라자 판 '로미오와 줄리엣'이라고 가이드가 웃으며 설명했다.

동굴 밖 입구에는 개나 돼지, 혹은 물소 모양의 나무 관들이 절벽 위에 매달려 있는 것이 보이고 그 옆에는 크고 작은 여러 개의 타우타우(목각인형)가 발코니에 서서 방문객들을 향해 포즈를 취하고 있었다. 타우타우는 하나같이 손바닥을 편 채 양손을 앞으로 내밀고 있는데 왼손은 풍요를 기원하고, 오른손은 '내가 너희를 저승에서 보호하겠다'는 의미를 지닌 것이라고 한다.

밖으로 나오자 가이드가 손가락으로 산 위를 가리키며 보라고 소리쳤다. 어디선가 장례식이 끝난 뒤 관을 가져와 아득히 높은 절벽의 작은 동굴에 넣는 중이었다. 워낙 높은 절벽이라 어떻게 저곳까지 관을 운반할 수 있는지 궁금했다. 그것은 거의 서커스처럼 보였다. 두 사람이 관을 넣는 작업을 하고 있었는데, 대나무를 이어서 만든 사다리 모양의 비계(높은 곳에서 공사를 할 수 있도록 임시로 설치한 가설물)가 땅바닥에서 그곳까지 이어져 있었다. 족히 70~80m는 돼 보이는 높이까지 말이다. 저렇게 높은 곳까지 밧줄로 관을 올려서 굴속에 넣어야 하는 이유는 과연 무엇일까 하는 것도 궁금했다.

토라자인들은 원래 입관할 때 고인이 사용하던 물건들 중 값나가는 것들도 부장품으로 같이 관 속에 넣어두었다고 한다. 그런데 언젠가 이웃의 다른 부족 사람들이 도굴을 하는 바람에 값비싼 부장품들을 도난당하게 되었고, 그다음부터는 제법 부유한 가족이 장례식을 하고 나면 여간해서는 사람의 손이 닿기 어려운 높은 절벽에 굴을 파서 관을 안치하는 관습이 생겼다고 한다.

호텔 근처의 카라식(Karassik)이라는 마을에서는 씸부앙(선사시대의 거석으로 영어로는 메가리스[Megalith]라고 한다)이라 불리는 여러 개의 거석(巨石)들이 놓여 있는 것을 볼 수 있었다. 이러한 형태는 목각인형인 타우타우 이전의 세대에 있었던 관습으로서, 고인들 중에서 업적을 남겼거나 후손들에게 추앙받던 사람들을 기념하기 위해 먼 곳에서부터 노예를 동원해 가져다 세워놓은 것이라고 한다.

종일 으스스한 무덤들만 구경하려니 힘도 들고 머리도 아프다. 일행 중 P씨는 아까 론다의 동굴에서 유골과 관들을 보고 나서는 입맛이 떨어져 도저히 식사를 못 하겠다면서 일찍 잠자리에 들었다.

호텔식당의 옆자리에 앳된 서양인 남녀 한 쌍이 식사를 하다가 우리에게 어디서 왔느냐고 물어왔다. 나는 "우리는 한국에서 왔습니다. 당신들은?" 하고 되물었다. 그들은 프랑스에서 온 신혼부부였다. 참 신기한 일이다. 이런 곳으로 신혼여행을 오는 사람도 있다니….

제물을 바치는 날의 풍경 – 랑다

이튿날이 밝았다. 오늘은 장례식의 둘째 날, 즉 '제물을 바치는 날'이다. 물소 잡는 날 아침을 맞아 일행은 서둘러 다시 랑다 마을의 장례식장으로 향했다. 토라자 장례식의 하이라이트라고 할 수 있는 참혹한(?) 제물 의식을 직접 눈으로 확인할 수 있는 기회를 놓칠 수 없기 때문이다. 식장에 가니 마을 촌장의 길고 지루한 연설이 이어지고, 마을 원로들과 가족의 연장자들이 둘러앉아 누구의 소부터 잡을 것인가를 놓고 의견을 나누고 있었다.

토라자에는 세 가지 종류의 물소가 있는데, 검은 물소와 얼룩 물소, 그리고 흰 물소가 그것이다. 검은색 물소는 동남아 다른 지역에서도 쉽게 눈에 띄는 종류이고 나머지 두 종류는 토라자 이외의 지역에서는 보기 어려운 것이다. 검은 물소는 우리 돈으로 200만 원 정도이고, 얼룩 물소는 400만 원을 호가할 정도라니, 물소의 가격은 의외로 비싼 편이다. 더욱이 이곳에서는 논밭에서 일할 때 물소를 별로 부리지 않아, '노예로 태어나느니 물소로 태어나는 게 낫다'는 말이 있을 정도다.

그런데 흰 물소는 장례식에 사용되지 않는다. 거기에는 흰 물소에 대한 전설이 있기 때문이다. 전설에 의하면 옛날 토라자의 어느 왕이 우기에 강을 건너게 되었다. 마침 폭우로 강물이 갑자기 불어났는데 강을 건너기 위해 물소들을 대령했지만 물소들은 모두 거센 물살에 왕을 태우고 건너려 하지 않았다. 이때 어디선가 갑자기 흰 물소가 나타나 왕을 태우고 거뜬히 강을 건넜다. 이에 감탄한 왕은 그때부터 백성들에게 "흰 물소는 나의 형제이니 앞으로는 장례식에서 절대 흰 물소를 제물로 쓰지 말라."고 명을 내리고 그때부터 흰 물소는 영물이라 하여 장례식 제물로 사용하지 않는다고 한다. 흰 물소는 토라자 마을에서 상징적으로 키우고 있고 극소수만 남아 있어서 매우 드물게 눈에 띈다고 하는데, 정말 전체가 흰 물소는 여행 중에 한 번도 보지 못했다.

이날 아침 물소는 모두 20마리 정도가 모여져 있었는데, 누가 가져온 소부터 제물로 바칠 것인가 하는 순서 또한 매우 중요하고 민감한 문제라고 한다. 일반적으로 맏아들이 가져온 소부터 잡는 것이 관례이지만, 실제로는 자녀 중에 누가 고인에게 가장 많이 효도를 했는가와 가정에 많은 기여를 했는가에 따라 그 순서가 달라질 수 있기 때문이다.

경우에 따라서는 물소를 잡는 순서를 논의하느라 한나절을 소비하기도 한다고 한다. 모두에게 불만이 없는 상태에서 의식이 치러져야만 고인이 축복을 받을 수 있다고 믿기 때문에 아무리 논의가 길어지더라도 아무도 불평하지 않는다. 하객들도 인내심을 갖고 그저 기다리고 또 기다린다. 이윽고 결정이 끝나고 그 결정에 대하여 이의가 없음을 조문객들 앞에서 확인하는 절차까지 끝나자, 물소들을 모두 집결시켜 사람들에게 선보인 후 정해진 순서에 따라 한 마리씩 제물로 바쳐지는 의식이 시작되었다.

제물의식은 전문 칼잡이에 의해 진행되는데, 먼저 단단히 박은 말뚝에 소의 한쪽 뒷다리를 밧줄로 묶고 나서 소의 고삐를 가까이 잡더니 머리를 부드럽게 쓰다듬으며 진정시킨다. 적당히 때가 무르익자 뒤쪽 허리춤에서 커다란 칼을 꺼내어 소의 목 아랫부분을 '휘익' 하고 스치는 듯하더니, 소는 붉은 피를 분수처럼 뿜으며 외마디 비명도 못 지르고 몇 걸음 발버둥하다 앞으로 푹 고꾸라졌다.

그 광경은 차마 눈뜨고 보기 어려운 참혹한 광경이었다. 말뚝에 다리가 묶여 있으니 몸부림을 쳐도 멀리 갈 수가 없다. 목에서는 선혈이 계속 뿜어져 나오고

천성이 순한 소는 소리 한번 지르지 못한 채 버둥거리다 쓰러졌다.

첫 번째 소가 피를 흘리며 쓰러져 있는 가운데, 다음 소가 끌려 나왔다. 두 번째 소의 눈은 공포에 질려 모든 것을 포기한 듯 이미 초점을 잃은 것 같았다. 이번에도 뒷다리 하나를 말뚝에 묶었다. 아까처럼 칼잡이는 다시금 소의 머리를 쓰다듬기 시작하더니 칼을 뽑아 들었다.

그 순간 갑자기 우리 일행의 뒤쪽에서 "윽!" 하는 외마디 비명 같은 게 들렸다. 뒤를 돌아보니 금발의 프랑스 여자 하나가 옆으로 쓰러져 있고, 그녀의 일행들이 소리를 지르며 그녀를 부축하고 있었다. 칼잡이도 칼을 든 채 잠시 멈추고, 장례식장의 모든 사람들이 일제히 그들을 바라보았다. 프랑스 여자는 소를 죽이는 모습을 보고 충격을 받아 기절을 한 것이었다. 동행한 프랑스인들은 혼비백산해서 그녀를 들쳐 업고 자동차로 달려갔다.

잠시 지체되긴 했지만, 의식은 계속되었다. 한 마리가 쓰러지면 그다음 소가 나왔고, 그 소가 쓰러지면 또 그다음 소가 나왔다. 이 의식은 10마리가 희생된 후에야 일단 막을 내렸다. 마당에 쓰러진 소를 모두 해체한 다음 나머지 10마리의 소를 다시 잡을 예정이었다.

해체된 소의 고기는 음식으로 만들어져서 조문객들의 밥상 위에 올라간다. 외지인들은 이 광경을 끔찍하게 여기지만 마을 사람들은 남녀노소 할 것 없이 소가 쓰러질 때마다 환호했다. 차라리 장례식장이라기보다 도살장이라는 표현이 더 옳을지 모르겠다. 장례식장은 소가 뿜어낸 선혈이 낭자했고 피비린내가 진동을 했다.

물소의 목을 따는 백정들은 기술이 좋은 전문가여야만 한다. 단칼에 소가 거꾸러지도록 해야만 그 실력을 인정받을 수 있고, 잡은 소의 맛있는 부위를 선물

로 얻게 된다. 한번 그 실력을 인정받은 백정은 다른 장례식장에도 정중히 초대된다. 반대로 한 번에 소를 쓰러뜨리지 못하면 시쳇말로 '쪽팔리게' 되어 사람들로부터 오랫동안 빈축을 사는 수모를 겪게 된다.

과거에는 비싼 얼룩 물소들을 제물로 많이 사용하였으나 요즘은 이들의 값이 워낙 비싼데다, 숫자도 많지 않아 일반적인 검은 물소로 대신하는 경우가 대부분이라고 한다. 물론 지금도 아주 부잣집의 장례식에는 드물게 얼룩 물소를 잡기도 한다. 우리가 본 장례식에서는 얼룩 물소가 2마리나 섞여 있었다.

토라자인들은 두 번째 날을 정점으로 고인의 영혼이 저 세상으로 떠난다고 믿는다. 따라서 둘째 날이 매우 중요한 날이다. 이들은 장례식을 치르기 전까지는 시신을 입관된 상태로 집 안에 두는데, 이렇게 안치되어 있는 동안은 주검이 아닌 환자로 여겨진다. 죽은 사람이 아니라 환자로 여김으로써 집 안에 있는 동안에는 매일 아침 물과 음식이 놓여진다.

이들의 집은 전면이 북쪽을 향하도록 지어져 있고, 입관이 되면 머리가 북쪽을 향하도록 놓아둔다. 과거에는 이렇게 오랜 기간 시신을 집 안에 안치하는 것이 그리 쉬운 일이 아니었을 것이다. 토라자는 특히 대나무가 잘 자라고 어느 곳에서나 대나무를 쉽게 볼 수 있는데, 이들은 이 대나무를 이용하여 시신으로부터 물기를 빼내고 시신을 보존했다. 그러나 지금은 포르말린과 같은 방부제를 이용하여 시신을 보존한다.

이 노파의 시신은 장례식 마지막 날 정해진 동굴에 안장될 예정이다.

부와 명예를 상징하는 통코난의 장식조각 - 께떼께수

토라자인들의 가옥은 세계적으로도 매우 특이한 형태를 띠고 있다. '통코난(Tongkonan)'이라 불리는 이 전통가옥은 지붕이 마치 배 같다. 높은 각주 위에 집을 짓고 그 위에 배를 얹어 놓은 것과 같은 이러한 형태의 가옥들은 토라자 이외의 지역에서는 볼 수 없다. 가옥의 형태뿐만 아니라 그에 따른 문양과 색상들도 매우 특이하다. 4가지 색상의 원과 선, 그리고 기하학적인 문양들은 제각기 다른 의미를 지니고 있는데, 흰색은 뼈를 상징하며 인생을 의미하고, 검은색은 어두움, 곧 죽음을 나타낸다. 붉은색은 피를 나타내는 것으로 혈통과 계급을 상징하며, 황색은 태양과 벼를 상징함으로써 권력과 부를 의미한다.

통코난의 전면을 장식하는 조각들도 제각기 나타내고자 하는 의미가 있는데, 제일 위에 있는 수탉은 인간의 규범과 법률, 그리고 그 밑의 태양은 신의 섭리와 예법을 나타낸다. 검(劍)은 신분이 귀족이었음을 뜻하고, 용머리는 '카틱'이라 불리며 신을 상징한다. 물소의 머리는 혈통과 리더십을 상징하는데, 이렇게 장식되어 있는 물소는 모두 얼룩 물소라고 한다.

이 통코난은 토라자인들의 조상이 아주 초기에 배를 타고 사단(Sadan) 강을 거슬러 이곳으로 와 정착했다는 설화에서 그 유래를 찾을 수 있다. 지붕의 모양이 배의 모양과 흡사한 것은 바로 조상들이 배를 타고 이곳으로 왔다는 것을 나타내는데, 오늘날에도 전통가옥의 기본으로 삼고 있다. 과거에는 지붕의 재료로 나무껍질과 야자수 잎을 사용했지만 오늘날에는 편리성과 경제성을 이유로 양철 지붕을 올린다는 것이 못내 아쉬웠다.

제물을 바치는 의식을 마친 후 오후에 방문한 께떼께수(Kete Kesu)라는 마을은 매우 깨끗하게 잘 정돈된 전통마을이었다. 특히 마을 가운데 있는 통코난의 전면에는 물소 뿔이 많이 쌓여 있었다. 장례식이 끝나면 이렇게 물소의 뿔을 집 앞의 기둥에 차곡차곡 쌓아놓는데, 이것은 자기 집안의 부와 명예를 나타내는 것으로서 뿔의 숫자가 많을수록 그만큼 소를 많이 잡았다는 뜻이니, 뿔의 숫자는 곧바로 그 집안의 힘과 비례한다는 것을 보여주는 셈이다.

마을의 뒤쪽에는 지금까지 보아왔던 레모나 론다와는 또 다른 형태의 묘지가 눈에 띄었다. 이른바 매달린 묘지라는 의미를 가진 곳으로 이곳에는 많은 관들이 절벽에 수평으로 박아 넣은 나무 빔(beam) 위에 얹혀져 있었고, 대부분은 오랜 풍파에 삭아 부서지고 떨어져서 유골들이 서로 섞여 있었다. 이곳에도 배 모양의 관과 물소 모양, 돼지 모양의 관들이 있었는데, 그 형태는 사후에 고인이 저 세상으로 타고 갈 교통편을 나타내는 것으로 신분과도 밀접한 관계가 있다.

즉, 배 모양의 관은 신분이 가장 높은 귀족 집안을 나타내는 것이고 평민이 물소, 그리고 마지막이 돼지 모양의 관으로 노예 신분을 나타내는 것이다. 과거에는 신분에 따라 철저하게 장례식이 구별되어 진행되었다는 것을 보여준다.

토라자 사람들은 옛날에는 농작물만 재배했으나, 토라자에서 유명한 것은 농작물이 아니라 커피다. 네덜란드 식민 시대를 거치면서 토라자 지방은 아라비카 커피 재배의 최적지로 부상했고, 커피 원두의 품질관리를 엄격히 하는 커피 회사가 들어오면서 토라자 커피는 명품커피가 되었다. 아라비카종 중에서도 최고라고 꼽히는 커피가 바로 토라자에서 재배되는 아라비카 커피다. 이 '토라자 아라비카 커피(Toraja Arabica Coffee)'의 앞머리 글자를 따서 '토아르코'라는 단어가 만들어졌는데, 이는 토라자 지방에서 생산되는 커피 중에서도 최고로 품질이 좋은 커피를 일컫는 말이다. 토라자의 커피는 아주 독특한 맛과 향을 가지고 있

어서 전 세계적으로 인정받는 최상급 커피라고 한다.

토라자를 떠나는 날 아침, 작은 길옆에 사람들이 웅성거리고 있어서 궁금한 마음에 차를 세웠다. 언덕 중간쯤 커다란 아름드리나무에 사람들이 도끼와 끌로 커다란 홈을 파고 있었고, 그 옆에는 젊은 여자가 울고 있었다. 알고 보니 그 젊은 여자는 아기 엄마였는데 안타깝게도 아이를 낳다가 그만 잘못 되어서 사산이 된 것이었다. 아기의 시신은 장난감처럼 작은 관 속에 안치되어 절벽에 굴을 파는 대신 나무에 홈을 파서 관을 안장시킨다고 한다. 참으로 희한한 장례 풍습을 마지막 날까지 구경하게 되었다.

불과 몇 년 전까지만 해도 비포장인 데다 좁디좁았던 도로가 지금은 신작로로 변해버리고, 풀잎을 이고 있던 전통가옥의 지붕이 양철로 바뀌면서 흉물스럽게 변해가고 있는 것이 안타깝다. 변해가는 옛 전통을 한낱 여행자인 우리가 막을 수 없는 일이겠지만 아쉬운 마음은 어쩔 수 없었다. 언젠가는 이러한 무형의 문화유산들이 모두 사라져버리겠지만 그래도 아직까지는 이토록 생생한 다큐멘터리의 세계가 엄연히 존재한다는 사실에 그저 감사할 뿐이다.

일정 마지막 날 전통마을 뜰에서 펼쳐진 소규모의 토라자 전통무용은 또 하나의 즐거움이었다. 화려한 의상과 장신구들도 의외였지만 커다란 대나무로 만든 악기들과 조화를 이루며 경쾌하게 이어져나가는 춤과 가락은 인도네시아 다른 지역의 그것에 비해 독창적이며 전통적이어서 무척이나 흥미로웠다.

[여행 일정 요약]

7박 8일(7월 25일 ~ 8월 1일) 1일 **15시 30분 인천 공항 출발 ➡ 20시 30분 자카르타 도착** 2일 **07시 자카르타 출발(국내선 항공편) ➡ 09시 30분 마카사르 도착, 토라자로 이동** 3일 **토라자 주변의 주요 장묘와 전통마을 답사** 4일 **전통 장례식 참관** 5일 **전통 장례식 참관과 전통마을 답사** 6일 **토라자 마을 ➡ 마카사르로 이동** 7일 **마카사르 ➡ 자카르타로 이동 ➡ 21시 55분 자카르타 출발** 8일 **06시 50분 인천 공항 도착**

• 타나토라자 여행 일정은 1주일 정도가 가장 적당하다. 더 짧은 일정으로는 무리가 있고, 그렇다고 더 길어질 필요도 없어서 본문에 수록된 여행 일정만 정리했다.

국명 마다가스카르 공화국
인구 1,860만 명(2005년)
면적 58만 7,041㎢(한반도의 2.76배, 세계에서 4번째로 큰 섬)
수도 안타나나리보(Antana Narivo)
주요 언어 말라가시어, 프랑스어, 영어
종족 메리나족, 베츠미사라카족, 베치레오족을 비롯 18개
종교 기독교(41%), 토착 신앙(52%), 이슬람교(7%)

소박한 정이 넘치는 바오밥 나무의 고향

—마다가스카르—

8

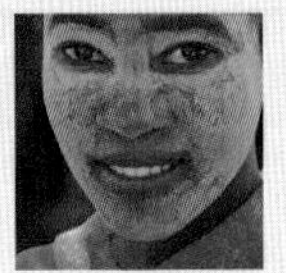

마다가스카르는 약 18개의 종족으로 구성되어 있는데, 그중 수적으로 세력이 가장 크며 수도 안타나나리보(Antana Narivo)를 중심으로 선선한 고원지대에 살고 있는 부족은 메리나족(Merina)이다. 이들은 키와 몸집이 작고 입술이 얇으며 피부는 갈색으로 오목조목하게 생긴 것이 특징이다. 영락없이 인도네시아인들과 흡사하다.

고고학자들은 AD 200~500년 경 보르네오나 술라웨시로부터 온 일단의 사람들이 카누를 타고 길을 잃고 표류하다 해류에 이끌려 이곳 마다가스카르에 도달한 것으로 추정한다. 이들이 바로 이곳의 초기 정착민이 되었고, 이후 아랍과 아프리카 동남부에서 건너온 이민자들로 민족이 구성되었다.

마다가스카르의 공용어는 토속어인 '말라가시(Malagasy)'와 불어인데, 말라가시라는 말의 어원도 인도네시아의 언어인 말레이(Malay)어에서 유래한 것으로 보인다. 메리나족은 하루 세 끼 밥을 지어먹는 데다 벼농사를 짓는 방법이나 가옥의 형태를 보면 이들의 조상이 아프리카라기보다는 인도네시아인이라는 사실이 확실해 보인다.

'마다가스카르'라는 지명은 14세기 이탈리아의 탐험가 마르코 폴로의 기록에 처음으로 등장하는데, 알려지지 않은 아프리카의 부유한 나라라고 기록되어 있다고 한다.

마다가스카르에서는 여우원숭이와 카멜레온을 비롯해, 빙카 나무, 바오밥 나무 등 이곳에서만 서식하는 특이한 종의 동식물을 많이 볼 수 있다. 수만 년 동안 아프리카 본토에서 떨어져 있었으므로 특수성이 유지되었고, 지구상의 다른 어떤 곳에서도 볼 수 없는 특이한 종들이 이곳에서만 성장했다.

마다가스카르는 세계에서 4번째로 큰 섬이긴 하지만, 도로사정 등 인프라가 좋지 않아서 짧은 일정으로 나라 전체를 여행한다는 것이 아직은 불가능하다. 하지만 다행스럽게도 마다가스카르를 대표하는 몇몇 지역들은 항공편이나 차량으로 어렵지 않게 도달할 수 있다. 이번 여행의 코스는 수도 안타나나리보를 기점으로 시작하여 동쪽의 안다시베(Andasibe)와 남쪽의 안치라베(Antsirabe), 그리고 서쪽 해안지대의 모론다바(Morondava)로 결정했다. 안다시베에서는 여우원숭이를 쉽게 만날 수 있고 안치라베에서는 너무나도 독특한 마다가스카르의 전통적인 시신 매장풍습을 구경할 수 있으며 모론다바에서는 유명한 바오밥 나무 군락지와 바닷가에서의 소박한 생활상을 볼 수 있기 때문이다.

짧은 시간, 빠듯한 일정에 여러 곳을 돌아보느라 참 바쁘고 힘든 여정이었지만 마다가스카르는 한마디로 우리에게 퍽 친근한 여행지였다. 이집트나 이탈리아처럼 대단한 유적이 있는 것도 아니고 스위스처럼 환상적인 경치가 있는 것도 아니지만, 이곳에는 다른 곳에서는 맛보기 어려운 사람들의 따뜻한 정이 넘쳤다. '정(情)' 하면 빠질 수 없는 사람들이 우리 한국 사람들이 아닌가.

그리고 이곳에서는 사람 사는 냄새가 난다. 함께 여행을 했던 우리 일행들의 생각도 대체로 나와 비슷한 것 같았다. 기회가 되면 다시 한 번 찾아와서 사람들과 함께 지내면서 조금 더 시간을 가지고 같이 부대끼고 정을 나누고 싶을 정도로 우리의 과거 시골 모습과 비슷했다. 넉넉한 정이 묻어나는 곳, 마다가스카르는 그런 곳이었다.

어린왕자의 섬을 누비는 여우원숭이 - 안타나나리보, 안다시베

방콕을 출발한 마다가스타르 항공 여객기는 초만원이었다. 야간 비행기라 사람이 좀 적을 거라고 예상했었는데, 다리 좀 뻗고 편안히 잠을 청할 수 있으려나 했던 기대는 물거품이 되고 말았다. 좁고 불편했지만 앞으로 8시간 반 동안은 어쩔 수 없는 일이었다.

기내에는 마침 우리 일행 이외에 한국인이 한 사람 더 있었다. 마다가스카르에서 중고자동차 딜러 일을 한다고 소개한 그는 한국인 단체 관광객은 처음 본다고 말했다. 그곳에서 산 지 10년이 다 되었는데, 마다가스카르 사람들은 정말 착하고 순박하고 정직해서 더불어 살아가기가 참 좋다고 한다.

수도인 안타나나리보에 도착한 건 현지시각으로 새벽 5시 반. 우리나라보다 6시간이 늦은 지역이라는 것을 생각해서 계산해보니 인천 공항에서 꼬박 14시간 정도 날아온 셈이었다.

소박한 공항청사를 나오자 키가 큰 현지 안내인 한스가 일행을 맞는다. 비가 왔었는지 길이 약간 젖어 있었고 하늘도 짙은 구름으로 덮여 있었다. 마다가스카르의 섬 전체 면적은 남한의 약 6배 정도이고, 인구는 1,860만 정도이며 그린란드, 뉴기니아, 그리고 보르네오의 뒤를 이어 세계에서 네 번째로 큰 섬이다. 수도 안타나나리보는 줄여서 대개 '타나'라 부르는데 해발 1,400m의 고원에 위치하고 있다. 이곳의 8월은 겨울에 속하기 때문에 우리가 갔을 때는 무척 시원했다.

시내로 들어서기 전에 도심을 우회하는 강둑에 잠시 차를 세웠다. 마다가스카르의 전체 인구가 1,860만 명 정도이고, 수도 안타나나리보의 인구가 전체의 10% 정도라고 하는데, 강가에 웬 벽돌공장이 그리 많은지 모를 일이었다.

벽돌공장도 그렇지만 강가의 빨래터는 그야말로 장관이었다. 마치 온 도시가 '오늘은 빨래하는 날'이라도 되는 듯 빨래를 하러 나온 시민으로 초만원이었다. 빨래를 하고는 그 옆 공터나 돌 위에 아무렇게나 펴서 말리고 있었다. 저렇게 많은 사람들이 한꺼번에 빨래를 하고 나서 한 곳에 펴서 말리는데, 어떻게 각자 자기 것을 제대로 찾아서 걷어 가는지 궁금할 정도였다. 강물은 그런대로 깨끗해 보였지만 달리 하수처리 시설이 되어 있을 것 같지는 않았다.

여인들은 빨랫감을 한 보따리씩 머리에 이고 빨래터에 속속 도착하고 있었다. 카메라를 들이대자 모두 박장대소하며 즐거워한다. 이들의 표정은 뭐랄까, 에티오피아 사람들이나 마사이족처럼 어딘지 우울한 느낌의 아프리카인들의 모습과는 확실히 다르다. 수줍음을 감추지 못하면서도 호기심이 왕성한 아시아인들의 순박하고 친근감 어린 표정들이었다.

사실 마다가스카르는 위치만 아프리카에 있을 뿐이지 그것을 빼면 우리가 생각하는 아프리카와는 확실히 거리가 멀다. 이들에게 "마다가스카르는 아프리카인가요?"라고 물으면 "아니오."라고 대답한다. 물론 그렇다고 아시아라는 뜻은 아니다. 마다가스카르는 그저 마다가스카르일 뿐인 것이다.

꽃시장과 언덕 위에 있는 왕비의 궁전을 간단히 돌아본 다음 우리 일행은 안다시베로 향했다. 3시간 남짓 걸려서 도착한 안다시베는 영어로 '빅캠프(Big Camp)'라는 의미다. 안다시베에서 그리 멀지 않은 곳에 마다가스카르 최대의 흑연광산이 있어 이를 보호하기 위해 프랑스 군대의 캠프가 주둔했던 것에서 그런 이름이 유래되었다고 한다.

수도 타나는 고원지대이고 안다시베는 이보다 훨씬 낮은 지역이라서 안다시베에서 안타나나리보까지 가려면 산맥을 하나 넘어야 도달할 수 있는데, 재미있는 것은 산맥 이름이 '메리나 장벽(Wall of Merina)'이다. 메리나족을 위한 방어벽이라는 것일까?

마다가스카르에는 국립공원이 여러 지역에 분포되어 있다. 안다시베는 수도에서 가장 가까운 국립공원이 위치한 까닭에 많은 관광객들이 쉽게 방문할 수 있는 곳이다. 우리가 묵을 숙소는 새 둥지처럼 예쁘게 지어진 호텔로 고요한 숲속 정취를 느끼기에는 그만인 시설이었다. 이런 깊은 산속에 이렇게 멋진 숙소가 있다는 것은 뜻밖이었다. 흑연광산으로 떼돈을 번 부자가 지은 호텔이라는데, 그 주인은 호텔 부근의 널찍한 터에 그림 같은 집에서 살고 있었다. 승마를 좋아하는지 말도 몇 마리 보였다.

호텔에 여장을 풀고 식사를 마친 일행은 유명한 긴 꼬리 여우원숭이를 구경하러 갔다. 호텔에서 멀지 않은 곳에 '바코나'라 불리는 사설 보호구역이 있었다. 거기서 볼 수 있는 여우원숭이는 돌출된 주둥이와 긴 꼬리가 여우를 닮아서 붙여진 이름으로 몸집이 작고 꼬리 길이가 몸길이만큼 된다. 이곳 마다가스카르와 바로 옆의 코모로 제도에서 서식하는 여우원숭이는 현재 15종 정도가 있고 그중 몇 종류는 이미 멸종 위기에 놓여 있다고 한다.

가이드가 바나나 몇 송이를 가지고 숲속으로 들어가서 휘파람을 불자 원숭이 몇 마리가 다가왔다. 원숭이 치고는 정말 특이하면서도 친근하게 생겼다. 이곳에 서식하는 녀석들은 어느 정도 사람들의 접근에 익숙해져서 그런지 사람을 두려워하는 기색이 전혀 없었다. 오히려 사람들의 방문을 즐거워하는 눈치다. 몇 놈은 벌써 사람들의 머리나 어깨 위로 올라가 재롱을 부리기도 했다.

다음날 아침, 일행은 안다시베의 아나라마조아트라(Analamazoatra) 국립공원에 들어가 그곳에서만 서식하는 특이한 여우원숭이를 관찰했다. 전날 갔던 사설 보호구역과는 달리 이곳의 동물들은 완전히 야생상태에서 살아가므로 원숭이를 유인할 수는 없었다. 단지 출몰이 잦은 지역을 조용히 걸으며 관찰하는 수밖에 없는데, 그것도 원숭이들은 다들 높은 나무 위에 매달려 있어서 자세히 관찰하기가 쉽지 않았다. 이곳에서만 볼 수 있는 여우원숭이는 '인드리'라 불리는 종인데, 사람들의 접근을 무척 경계하여 야생에서만 살아갈 수 있다는, 멸종 직전에 놓인 종이라고 한다.

이 원숭이의 특징은 특이한 울음소리인데 톤이 상당히 높으면서도 큰 소리가 나는 것이 어쩐지 서글프게 들렸다. 조용한 새벽에는 이 소리가 2km 떨어진 곳에서도 똑똑히 들린다고 한다. 사람들이 이 국립공원에 방문하는 단 한 가지 이유는 바로 이 인드리 원숭이를 관찰하기 위해서인데, 짧게는 1시간 길게는 반나

절 정도 걸어야 간신히 볼 수 있다고 한다. 우리는 운 좋게도 30분도 채 되지 않아 2마리를 볼 수 있었고 안내인이 미리 녹음한 원숭이 울음소리를 조용히 들려주자 거기에 반응하듯 큰 소리로 우는 녀석들의 소리도 들을 수 있었다. 여러 시간을 걸어 다녀도 보지 못한 채 발길을 돌리는 경우가 허다하다고 한다.

발길을 돌려 다시 안다시베로 향했다. 안다시베는 생각보다 작은 마을이었다. 입구에는 작은 기차역이 있었는데, 프랑스 기차역 분위기가 나는 이 역은 이제는 더 이상 승객들이 이용하지 않는다. 오직 화물만을 취급하는데, 주로 흑연을 수송하기 위한 용도로만 이용된다. 프랑스 식민지 시절에 마다가스카르 전역에 철도가 개설되었고 당시에는 많은 사람들이 기차를 이용했으나 독립 후 대부분의 철길이 제대로 보수되지 않아 탈선이 잦고 교량의 붕괴가 반복되었다고 한다. 그래서 지금은 극히 일부구간을 제외하고 마다가스카르 내의 철도들은 대부분 승객을 수송하지 않는다.

안다시베 시는 규모로 보면 우리나라의 면 정도의 작은 마을에 지나지 않았다. 마침 일요일이라 거리는 한산하고 주민들 대부분이 성장을 하고 교회에 가고 있었다. 이 작은 마을에 예배당이 3개나 있어서 놀랐다. 단위 면적당 교회의 숫자가 가장 많은 나라가 우리나라라던데, 여기도 교회가 3개나 되다니…. 알고 보니 하나는 장로교회, 또 하나는 천주교, 그리고 마지막 하나는 뜻밖에도 영국성공회 예배당이었다.

19세기 후반 프랑스가 마다가스카르를 식민지로 만들면서 기독교를 전파하기 전에 이들에게는 민간신앙이 있었다. 이들이 믿고 있던 신은 '사나하리'라고 하는 창조주였다. 원시신앙은 대부분 다신교인데 이들이 믿는 신은 유일신이라는 점이 좀 특이하다. 재미있는 사실은 이들이 유일신을 신봉했기 때문에 프랑스인으로부터 기독교가 전파되었을 때 별로 거부감 없이 받아들였다는 점이다.

마다가스카르의 종교 분포 비율은 자료마다 달라서 정확히 알 수는 없으나 가이드의 설명에 의하면 70~80%가 가톨릭을 포함한 기독교를 믿고 있으며, 북부 일부 지역과 서부 일부 지역에서 믿고 있는 이슬람교가 약 10%, 그리고 전래된 민간신앙이 나머지를 차지하고 있다고 한다.

1975년부터 약 15년간 공산정권이 들어섰을 때는 우리보다 중국과 북한이 마다가스카르와 가까웠고, 그 당시에는 중국과 북한 정부에서 꽤 여러 곳에 성당이나 교회를 지어주었다고 한다. 종교를 부정하고 탄압하는 중국이나 북한 같은 공산정권이 이들의 환심을 사기 위해 종교 시설을 건립해준다는 것 자체가 아이러니였다. 자기 나라에서는 안 되지만 필요하다면 다른 나라에서는 괜찮다는 공산주의 님비(NIMBY) 사상이랄까? 실제로 안다시베로 가는 길에 있었던 도시 무라망고(Muramango)의 거대한 성당도 중국 정부에서 지어준 것이라고 한다.

가족에 대한 지극한 사랑, 파마디아나 풍습 – 안치라베

오늘은 안치라베로 가는 날이다. 당장이라도 비가 올 것처럼 짙은 먹구름이 하늘을 덮고 있었지만 비는 오지 않았다. 계절적으로 지금은 건기에 속한다. 7~8월 마다가스카르의 고원지대 기후는 구름이 많은 것이 특징이라고 한다. 계절적으로 가장 선선하고 건조한 때라서 다양한 행사도 이즈음에 많이 펼쳐진다. 그중에서도 오늘 보게 될 파마디아나(Famadiana)는 마다가스카르에서만 볼 수 있는 특이한 행사라고 할 수 있다.

파마디아나는 우리말로 직역하자면 '시신 재매장'이라고 해야 할 것 같다. '이장(移葬)'이라는 표현과는 완전히 다르다. 고원지대에 사는 대표적인 종족인 메리나족과 동부의 베칠레오족은 대개 시신을 땅 속에 매장하지 않고 지상에 가족묘를 만들어서 그 안에 안치한다. 가족묘란 우리의 선산(先山) 개념과 비슷한데, 말하자면 '가문의 묘'라 할 수 있다.

파마디아나는 이미 죽어서 이 가족묘에 안치된 시신을 일정기간이 지난 후 다시 꺼내어 새 비단으로 싼 후 묘 안에 다시 안치시키는 행사인 것이다. 이 행사의 주목적은 죽은 가족에 대한 존경심과 예의를 표함으로써 가족 간의 유대와 결속력을 강화하기 위함이라고 한다. 파마디아나는 가족과 친척들의 의견을 모아 3년, 혹은 5년이나 7년 주기로 행해지는데 주기를 짝수로는 정하지 않는다. 부부는 두 구의 시신을 한꺼번에 싸서 안치시킨다.

암부마루스(Ambumarus)에서는 이 지역 시장(市長)이 우리를 안내하기 위해 약속장소에 나와 기다리고 있었다. 그를 따라 '마로무까바바롤리'라는 마을에 들

어서자 수백 명의 사람들이 운집해 있는 집이 눈에 들어왔다. 오늘 파마디아나를 주관하는 집 주인은 '라큐촌라부니'라는 사람이었는데, 우리를 정중히 집 안으로 초대했다. 우리는 약간의 돈을 담아 성의를 표하고 이곳에 모인 사람들의 모습들을 구경하며 촬영하기 시작했다. 우리를 안내하던 시장도 외국인이 단체로 이 행사에 참가한 것이 즐거운지 연신 웃음을 띠고 있었다.

시신을 재매장하는 행사인데도 분위기는 완전히 잔치 분위기였다. 우리가 도착하자 한 무리의 색소폰 연주자들이 우리를 향해 걸어오면서 환영인사로 음악을 연주해주었고, 그 앞으로 사람들이 흥겹게 춤을 추면서 다가오고 있었다. 집 주인과 그 가족들은 끊임없이 손님들에게 음식을 대접하느라 바빴고, 악단의 연주도 계속 이어졌다. 아이들과 어른들이 같이 섞여서 계속 춤을 추고 있었다. 함께 추는 군무라서 그런지 아프리카 원주민 분위기가 나는 춤이었다. 한 집안의 행사인데도 사람들이 워낙 많이 모이는 까닭에 잡상인들도 같이 어울렸다.

오후가 되자 사람들의 움직임이 조금씩 달라지기 시작했다. 마침 남자 몇 명이 멍석 같은 것을 말아서 어깨에 메고 지나가는 것이 보였다. 그게 무엇이냐고 물어보니 여인의 시신이라고 한다. 누구의 시신이냐고 물어보자 이 집안 며느리 중 한 명의 시신인데, 3년 전에 죽어서 친정집 묘에 가매장한 것을 오늘을 기해 남편과 같이 매장해주기 위해서 가져오는 중이라는 것이었다.

평생을 시집에서 지내도 여자가 자신이 죽은 후 친정식구들과 같이 있고 싶다는 유언을 하면 그 유언에 따라 친정식구의 묘에 얼마간 안치된 후 시집식구의 묘에 다시 묻히게 되는 것이다. 동서양을 막론하고 시집살이는 힘든 것인가 보다. 그런 점에서 이런 시신 재매장 의식은 사후이기는 하지만 참 인간적이고 정감어린 배려라는 생각이 들었다.

시신을 메고 가는 이들을 따라가자 과연 그 앞에는 한 무리의 또 다른 사람들이 이 시신을 기다리고 있었다. 이들이 바로 시집식구들인 것이었다. 이들은 기다렸다는 듯 웃고 노래하며 시신을 인계받고는 어깨에 메고 파마디아나가 거행되는 묘로 향했다. 이들의 가족묘는 마을로부터 약 2km 떨어진 언덕 위에 위치하고 있었다. 나지막한 언덕이지만 저 너머의 마을들이 사방으로 한 눈에 들어오는 좋은 곳이라는 생각이 들었다. 사방에서 여러 무리의 사람들이 행렬을 이루며 묘지로 다가오고 있었다. 모두가 이 행사에 참여하는 일가친척인 셈이다.

각 무리들은 한 구 또는 두 구 이상의 시신을 들고 왔다. 그러고 보니 파마디아나는 단순한 시신 재매장의 의미가 아니라 보다 큰 의미의 행사라는 생각이 들었다. 행사일은 일반적으로 점쟁이에 의해 택일된다. 일단 택일이 되면 그 가문의 가족과 친척들이 모두 모여서 행사계획을 세운다. 행사는 반드시 만장일치로 결정된다고 한다. 한 사람이라도 반대할 경우 행사는 무산된다.

일단 행사가 결정되면 무덤의 입구에 파마디아나 행사일을 표기하고 각 가족들은 이날을 위해 준비를 한다. 즉, 이미 이 묘 안에 안치된 시신들은 각각의 직계가족들에 의해 꺼내어지고 깨끗한 비단으로 다시 포장된 뒤 다시 안치된다. 이 가족묘는 7년에 한 번만 열리기 때문에, 그동안 죽은 가족이 있을 경우에는 다른 곳에 임시로 매장해두었다가, 이날을 기해 이곳으로 옮겨져 안치되는 것이다. 결국 파마디아나는 시신을 매개로 한 가문의 결속을 다지는 중요한 계기가 되는 셈이다.

더욱 중요한 것은 죽은 가족에 대한 애정과 존경심을 표하는 중요한 행사이므로, 행동 하나하나가 무척 정성스럽다는 점이었다. 어쩌면 나중에 자신이 죽고 난 후에도 누군가 이렇게 해주겠지 하는 마음에서인지도 모르겠다. 무덤이 열리고 시신이 하나씩 밖으로 옮겨지자 가족들은 시신이 땅바닥에 떨어지지 않도록 필사적으로 시신을 안고 있다. 새 비단으로 싸는 작업도 그리 쉬워 보이지는 않았다. 시신을 땅에 떨어뜨린다는 것은 죽은 사람에 대한 극단적인 모욕이라고 한다. 그래서 너도 나도 시신을 무릎에 안고 있다. 자기 딸의 시신인지, 아들의 시신인지 자그마한 시신을 무릎에 안고는 가만히 얼굴을 대보는 여인도 있었다.

시신을 바라보는 가족들의 눈에는 두려움이나 고통이 아니라 사랑이 가득 담겨 있었다. 오늘 이 가족묘에 재매장되는 시신은 모두 50여 구라고 한다. 묘 주위로 온 가족과 친척들이 모이다 보니 발 디딜 틈조차 없이 혼잡스러웠다. 각자 자기 가족 시신을 꺼내고 묘 바로 옆의 한정된 공간에서 작업을 한다는 게 보통 일이 아니었다. 하지만 모두들 혼신을 다해 시신을 감싸고 옆에서 돕는 모습이 숭고해 보이기까지 했다.

이 행사를 지켜보니 죽은 가족에 대한 이들의 지극한 사랑이 느껴졌다. 죽은 후 장례가 끝나기 무섭게 잊혀지는 우리네 풍습과는 달리 인간적인 애정이 느껴지는 특이한 풍습이었다. 한편으로는 이들이 기독교도이면서도 이러한 풍습을 그대로 유지하고 있다는 사실이 신기하게 느껴졌다.

앞에서 이야기한 토라자 마을의 독특한 장례풍습이 오버랩 되는 듯했다. 인도네시아의 술라웨시 섬에 있는 토라자 마을에서도 가족이 죽으면 그 장례식을 7~8월에 행한다. 사람이 죽어서 천국에 가서 행복하게 살려면 물소 몇 마리쯤은 가지고 있어야 한다는 이유로 많은 소들이 장례식 날 고인의 영정 앞에서 함께 하늘나라로 가곤 한다. 그리고 장례식이 끝나면 고인의 가족이 대대로 사용하던 동굴이나 절벽 밑에 관이 안치된다. 파마디아나처럼 시신을 재매장하지는 않지만 때때로 고인의 관 앞에 평소 즐기던 담배와 과자, 그리고 술 등을 놓고 예를 올린다. 이 토라자 마을 사람들 역시 기독교를 믿으면서도 자신들의 독특한 장례풍습은 그대로 이어 받고 있다. 두 지역 간의 설명하기 어려운 묘한 공통점이 느껴진다.

아낌없이 주는 신성한 나무, 바오밥을 만나다 - 모론다바, 베따니아

모론다바로 향하는 비행기는 60인승 프로펠러 항공기였다. 모론다바는 마다가스카르의 서남쪽 해변도시로 해협을 사이에 두고 아프리카 대륙의 모잠비크와 마주보는 서남부의 중심도시다. 예로부터 이곳에는 지리적인 이유로 아프리카 이주민들이 많이 몰려들어 다른 지역보다 피부가 검고 곱슬머리에 두꺼운 입술을 가진 아프리카 혼혈이 많이 살고 있었다. 이들은 사칼라바족이라 불리는데 아프리카의 풍습을 많이 지니고 있다.

관광객들이 모론다바를 찾는 주된 이유는 바오밥 나무를 보기 위해서일 것이다. 바오밥 나무는 전 세계에 8종이 있는데, 그중 7종이 이곳 마다가스카르에 서식한다. 그 7종 중 3종이 서남부에 서식하는데, 우리는 그중 2종을 볼 예정이었다. 생텍쥐페리의 동화 《어린왕자》에 나온 바오밥 나무는 묘한 동경심을 자아냈고, 마다가스카르에 있다는 것을 알고 난 후 몇 년 전부터 꼭 한번 보고 싶었다.

《어린왕자》에 나오는 바오밥 나무는 골치 아픈 존재다. 어린왕자의 별이 너무 작은 탓도 있겠지만 바오밥 나무의 씨앗은 나쁜 씨앗이고 적절히 관리를 하지 않고 그냥 내버려두면 바오밥 나무가 마구 자라나 그 뿌리로 별에 구멍을 뚫어 별이 산산조각 나고 만다. 그래서 정기적으로 신경을 써서, 장미와 구별할 수 있게 되는 즉시 바오밥 나무를 뽑아 버려야 한다는 것이다. 어린왕자가 자기별을 떠나 지구로 왔으니, 어린왕자의 별에는 바오밥 나무가 얼마나 많이 자라고 있을까? 바오밥 나무를 볼 수 있는 곳으로 어린왕자의 별을 하나 더 추가해야 하는 것은 아닌지?

아프리카와 같은 혹독한 환경에서 실제로 바오밥 나무가 뿌리를 뻗는 힘은 대단하다. 해마다 수개월씩 건기가 찾아오는 환경임에도 불구하고 말이다. 바오밥 나무는 일단 몸통이 두꺼운 반면 가지는 왜소하다. 이는 환경에 적응하기 위한 나름대로의 전략이다. 어린왕자의 골치를 썩인 것처럼 바오밥 나무는 땅속으로 쉬지 않고 뿌리를 내려 수십m씩 내려간다고 알려져 있다. 대신 줄기는 굵게 자라면서 속을 비우고, 에너지를 빼앗기는 가지와 잎은 최대한 작게 만든다. 덕분에 척박한 환경에서도 장수할 수 있는 것이다.

바오밥 나무의 수령은 최고 3,000~5,000년 정도라고 하는데, 모론다바에 있는 바오밥들은 대개 500년에서 700년 정도 된 것들이다. 바오밥 나무는 우기에는 잎이 나고 열매도 열리지만 건기에는 잎이 모두 떨어져 가지가 뿌리처럼 보인다. 마치 땅에 거꾸로 처박힌 것처럼 뿌리가 하늘에 있는 모습으로 보이기도 하고, 거대한 악마의 손이 하늘을 향해 뻗은 듯한 그로테스크한 모습이기도 하다.

건기에 와야만 이러한 바오밥 나무의 진수를 볼 수 있다. 바오밥 나무는 신성한 나무 중 하나로 여겨져 구멍을 뚫고 사람이 살거나 시체를 매장하기도 한다.

모론다바에서 1시간가량 떨어진 곳에는 수십 그루의 거대한 바오밥 나무가 군락을 이루고 있었다. 다행히 건기여서 전형적인 바오밥 나무의 분위기를 만끽할 수 있었다. 해가 떨어지는 일몰도 아름다웠지만 일몰 후 바오밥 나무에 달이 걸쳐진 모습은 얼마나 아름다운지…. 주변에는 이렇다 할 마을 하나 없이 그렇게 바오밥 나무들만이 달을 지키고 있었다.

그날 밤 우리가 묵은 숙소는 바오밥 카페(Baobab cafe)라는 이름을 가진 호텔로 모론다바에서는 가장 시설이 좋은 곳이었다. 그러나 규모가 작다 보니 이렇게 성수기일 때는 좋은 방을 차지하려고 투숙객들 사이에 신경전이 오가곤 한다. 프랑스에서 온 단체 여행객들과 우리 일행이 거의 동시에 체크인을 했는데, 우리 팀에게는 구석방을 주려고 작정했는지 도무지 긴 설명이 끝나질 않았다. 대충 분위기를 파악한 나는 얼마간의 돈을 더 쥐어주고 좋은 방을 부탁했고, 약발(?)이 통했는지 우리 일행은 그 호텔에서 가장 전망이 좋은 쪽의 방을 배정받게 되었다.

이튿날 새벽, 일출을 촬영하러 군락지에 다시 모였다. 너무 일찍 왔는지 아직 별들이 하늘에 가득했다. 바오밥 나무의 실루엣 주위로 별들이 반짝이는 모습은 동화 《어린왕자》 그 자체였다. 모두들 별을 보면서 동심의 세계로 돌아간 듯 아련한 기분에 젖어들었다.

이윽고 해가 올라오자 그것은 또 하나의 장관이었다. 새벽이라 우리 외에는 다른 관광객이 없어 이곳의 바오밥 나무는 모두 우리 차지가 된 듯한 즐거움을 만끽하고는 새벽바람을 가르며 호텔로 돌아왔다.

아침을 먹고 부근의 베따니아(Betania)라는 어촌마을을 관광하기로 했다. 아침과 저녁은 이곳도 꽤나 선선한데, 저지대라서 그런지 낮에는 기온이 30℃ 이상 올라갔다. 우리는 조그만 카누를 나누어 타고 어촌에 도달했다. 수로의 좌우는 맹그로브 숲으로 이루어져 있었다. 어촌에 도착하자 어디나 그렇듯 아이들이 다가왔다.

이곳에선 사탕을 '봉봉'이라고 하는데, 어찌나 봉봉을 좋아하는지 아이고 어른이고 봉봉이면 모든 게 해결되었다. 각종 포즈도 사탕이면 만사 오케이였다. 나중에는 사탕이 모자라 부근의 구멍가게에서 다시 한 움큼을 사야만 했는데, 알고 보니 사탕 값이 생각보다 비쌌다. 보통 사탕 하나가 현지 돈으로 100아리아리, 즉 우리 돈으로 50원 꼴이다. 아주 작은 사탕은 1개 30아리아리, 우리 돈으로 15원 꼴. 대부분 수입을 하기 때문에 비싸다고 한다. 그러니 가난한 어촌에서 사탕 하나 사먹는 일도 쉬운 일은 아닐 것이다.

그런데 놀랍게도, 어촌인데도 생선이 흔치 않았다. 점심은 그나마 바다가재로 맛있게 먹었는데, 저녁에는 이마저도 없단다. 그러고 보니 어촌을 구경할 때 여인네들이 바닷속에 들어가 그물로 무언가를 열심히 잡고 있기에 가보았더니 한 번 그물질을 할 때마다 건져 올리는 것은 손가락만 한 작은 생선 서너 마리가 전부였다. 마치 물고기의 씨가 마른 것 같은 느낌을 받았다. 좀 더 큰 고기를 잡으려면 먼 바다로 나가야 한단다. 마다가스카르는 참치가 유명하다는 글을 어디서 읽은 기억이 났지만, 정작 이곳에서는 참치도 구경하기 어려웠다.

오후에는 바오밥 나무 군락지를 둘러보는 일정이 있었는데, 일행 중 몇 명은 호텔에 남아 쉬기로 했다. 여행을 하다 보면 언제나 특이한 재능이나 이벤트로 일행들을 즐겁게 해주는 분이 한 분씩은 있다. 우리 일행 중에도 한 분이 호텔에 남기로 했는데, 이 분이 무슨 수를 써서라도 저녁에 참치 회를 먹여줄 테니 잘 다녀오라고 하셨다. 하지만 나는 그 말을 듣고도 반신반의했다. 어제와 오늘 아침에 호텔 측에 문의를 했지만 요즘은 생선이 귀하고 특히 참치는 먹기 힘들다고 했기 때문이었다.

하지만 우리가 촬영을 마치고 저녁에 돌아왔을 때 만찬 테이블에는 진짜 참치 회가 올라와 있었다. 모두 K씨가 호텔 주인을 설득해서 요트를 타고 나가 오후 내내 작은 녀석들로 몇 마리 낚아온 것이었다. 우리가 가끔 먹는 냉동 참치가 아니라 갓 잡아 올린 싱싱한 참치였다. 이런 맛은 직접 먹어보지 못한 사람에게는 달리 표현할 방법이 없는 그런 맛이다.

한국에서 가져온 초고추장과 고추냉이를 곁들여 일행은 걸신들린 것처럼 맛있게 먹었다. 호텔 종업원들은 우리가 익히지도 않은 날 생선을 매콤한 소스에

찍어 그냥 먹는 것을 보고는 고개를 절레절레 흔들었다. 야만족이 아프리카에만 있는 것이 아니고 아시아에도 있구나 하는 듯한 표정이다. 먼 이국땅에서 힘들게 구한 참치회 한 접시가 우리 모두를 너무나도 즐겁게 해주었다. '두드려라, 열릴 것이오. 구하라, 그러면 얻을 것이다.' 이 말이 정말 실감이 났다. 이렇게 즐겁고 낭만적인 모론다바의 마지막 밤이 환한 달빛 속으로 저물어갔다.

다음날 아침 우리는 해변으로 나가 일출을 카메라에 담았다. 바다의 한쪽에서는 해가 뜨고, 맞은편 하늘에는 둥근 보름달이 수평선 위에서 어선들을 비추는 보기 드문 광경이었다. 날이 점점 밝아지면서 뭍으로 작은 돛단배들이 도착하기 시작했다. 많은 사람들이 시장에 물건을 팔기 위해 보따리를 머리에 이고 손에 이것저것 바리바리 들고 배에서 내리더니 시장을 향해 곧바로 달려간다.

역시 시장은 언제나 흥미진진하고 사람 냄새가 가득한 곳이다. 마치 인종 전

시장처럼 다양한 피부색과 머리스타일의 사람들이 서로 섞여서 물건을 흥정하느라 여념이 없었다. 한쪽에서는 기념품 파는 좌판이 있었는데, 나무로 만든 기린을 팔고 있었다. 순간 '마다가스카르에도 기린이 있었나?' 하는 생각에 고개가 갸우뚱해졌다. 물건을 파는 아이에게 "이곳에도 기린이 있니?" 하고 물었더니 "당연히 없지요."라고 대답하는 것이 아닌가? "근데 왜 기린을 만들어 파니?" 하고 되묻자 이 녀석은 "이건 아프리카에서 수입한 거예요."라고 대답하며 씩 웃었다.

하지만 이 녀석은 개미를 볶아놓은 듯한 곱슬머리에 연탄처럼 새카만 피부를 지닌 아이여서 누가 봐도 아프리카 인종인데…. 이곳은 아프리카이면서 아프리카가 아닌 곳이었다.

툭하면 연착한다는 비행기가 다행스럽게도 제 시간에 맞추어 안타나나리보를 향해 출발했다. 비행기가 이륙하자 정겨웠던 모론다바의 해안선과 거대한 바오밥 나무 군락지가 아쉽게도 자꾸만 멀어져가고 있었다.

마지막 날 아침 7시. 우리를 공항까지 데려다주기로 한 버스가 아직 오지 않았다. 6시에 호텔에 오기로 했는데 연락도 되지 않았다. 최소한 2시간 전까지는 공항에 도착해서 수속을 해야 하는데, 버스가 오지 않는 것이다. 다급해진 나는 가이드 한스에게 택시를 몇 대 잡아 오라고 지시했다. 결국 7대의 택시를 잡아 가방을 나누어 싣기 시작했다.

택시는 프랑스제 시트로엥이었는데, 언제 제작된 것인지 하나같이 작고 낡은 것이었다. 덜덜거리며 달리는 것도 불안했는데, 좌측으로 핸들을 꺾자 조수석 앞문이 벌컥 열리는 바람에 앞좌석에 탄 P씨가 깜짝 놀랐다. 이번에는 우측으로 회전을 하자 운전수 쪽 문이 벌컥 열렸다. 그러나 운전수는 눈 하나 깜짝하지 않고 손으로 몇 번을 쳐서 닫더니 운전을 계속한다.

잠시 후 갑자기 주유소에 급정차를 하더니 계기판 밑에서 1.8L짜리 플라스틱 생수 병을 꺼내서 주유기로 달려가 빨간색 휘발유를 가득 넣고는 다시 계기판 밑에 있는 호스에 끼워 넣었다. 그게 바로 연료통인 셈이었다. 다시 출발할 때 P씨에게 혹시 문이 또 열릴지 모르니 앞에 있는 손잡이를 잡는 게 좋겠다고 권하여 앞 유리 바로 밑에 있는 손잡이를 잡았다. 그런데 차가 급출발 하자 이번에는 계기판 프레임이 통째로 빠져 나왔다. 핸들이 붙어 있는 것이 신기할 정도였다. 여전히 운전수는 미동도 안 하고 다시 프레임을 툭툭 쳐서 집어넣었다. P씨와 나는 박장대소했다. 실로 마다가스카르가 아니면 어디서 이런 경험을 할 수 있으랴 싶었다.

방콕으로 돌아오는 비행기 안에서 우연히 타나에 있는 한 중학교의 여교사와 나란히 앉게 되었다. 그녀는 프랑스인 아버지와 마다가스카르인 어머니 사이에서 태어난, 아름다운 용모를 지니고 있는 미셸이라는 여인이었다. 유창한 영어로 이것저것 마다가스카르와 가족에 대해 이야기하던 그녀는 비행기에서 내리면서 선물이라며 작은 상자를 내밀었다. 상자에는 마다가스카르의 특산물인 바닐라 줄기가 들어 있었다.

[여행 일정 요약]

10박 11일(8월 3일 ~ 8월 13일) 1일 16시 30분 인천 공항 출발 ◎ 21시 45분 방콕 도착 ◎ 연결항공편으로 23시 55분 방콕 출발 2일 05시 30분 안타나나리보 도착 ◎ 안다시베로 이동 3일 안다시베 답사 후 오후 안타나나리보로 이동 4일 안타나나리보 ◎ 안치라베로 이동 5일 파마디아나 행사 참관 후 안타나나리보 귀환 6일 안타나나리보 출발(국내선 항공편) ◎ 모론다바 도착 7일 모론다바 바오밥 나무 군락지 답사 8일 모론다바 어촌 재래시장 등 답사 9일 모론다바 출발(국내선 항공편) ◎ 안타나나리보 도착 10일 09시 안타나나리보 출발 ◎ 22시 10분 방콕 도착 ◎ 연결항공편으로 23시 55분 방콕 출발 11일 07시 10분 인천 공항 도착

9박 10일 1일 16시 30분 인천 공항출발 ◎ 21시 45분 방콕 도착 ◎ 연결항공편으로 23시 55분 방콕 출발 2일 05시 30분 안타나나리보 도착 ◎ 안다시베로 이동 3일 안다시베 답사 후 오후 안타나나리보로 이동 4일 안타나나리보 출발(국내선 항공편) ◎ 모론다바 도착 ◎ 칭기로 이동 5일 칭기 국립공원 답사 후 모론다바로 귀환 6일 모론다바 바오밥 나무 군락지 답사 7일 모론다바 어촌 재래시장 등 답사 8일 모론다바 출발(국내선 항공편) ◎ 안타나나리보 도착 9일 09시 안타나나리보 출발 ◎ 22시 10분 방콕 도착 ◎ 연결항공편으로 23시 55분 방콕 출발 10일 07시 10분 인천 공항 도착

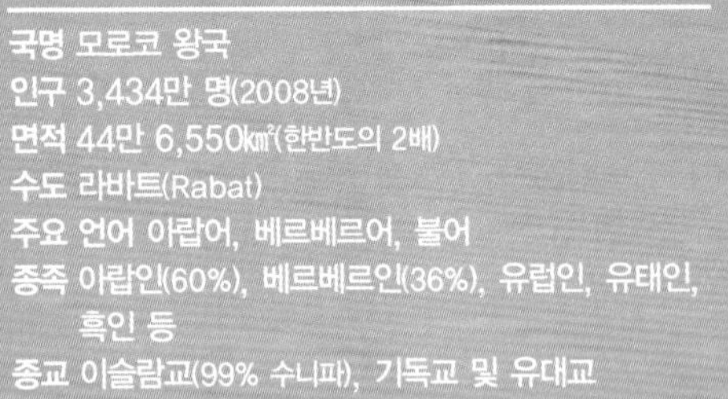

국명 모로코 왕국
인구 3,434만 명(2008년)
면적 44만 6,550㎢(한반도의 2배)
수도 라바트(Rabat)
주요 언어 아랍어, 베르베르어, 불어
종족 아랍인(60%), 베르베르인(36%), 유럽인, 유태인, 흑인 등
종교 이슬람교(99% 수니파), 기독교 및 유대교

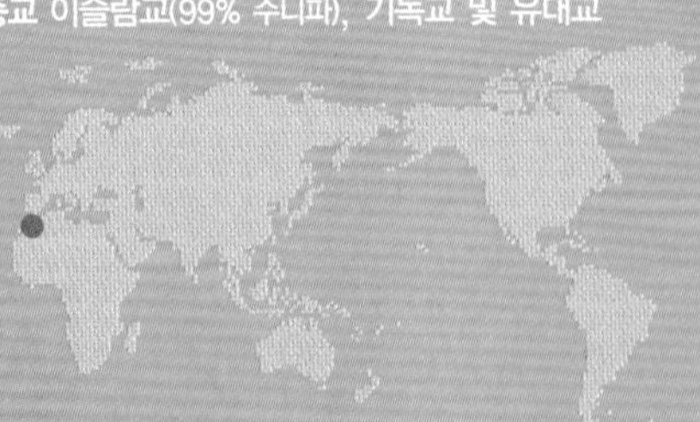

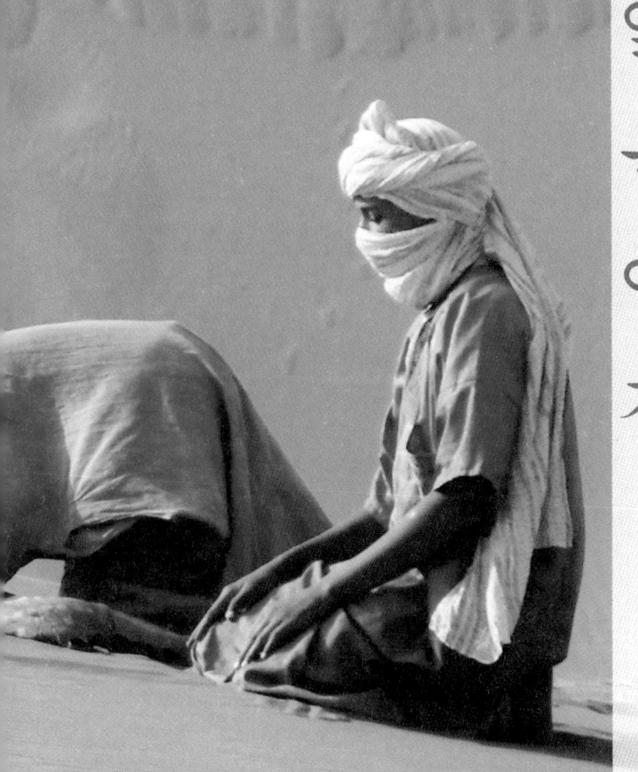

기꺼이 길을 잃고 싶은 북 아프리카의 진주

—모로코—

9

북아프리카의 북서쪽 끝자락, 스페인 최남단 지브롤터의 좁은 해협으로 유럽과 맞닿아 있는 모로코로의 여행은 생각만으로도 어딘지 모르게 흥분이 되었다.

아프리카 대륙에 있으면서도 아프리카의 다른 나라들과는 다른 문화와 전통, 한때는 막강한 힘으로 스페인의 이베리아 반도 대부분을 700년간이나 지배했던 자존심 강한 나라가 아닌가. 아프리카의 도시이면서도 오히려 남부 스페인의 분위기가 물씬 풍기는 이국적인 시가지와 넓은 평원, 그런가 하면 황량한 사하라 사막과 오아시스에서 옛날 모습 그대로 살아가는 베르베르인들의 소박한 모습도 볼 수 있는 곳이다. 고풍스러운 모로코 특유의 성채와 미로 같은 구 시가의 골목들은 모로코라는 나라가 아니면 맛볼 수 없는 신비함을 간직하고 있다.

모로코는 나라 전체가 영화 세트장이라 해도 과언이 아닐 정도로 다양한 풍광을 지니고 있었다. 실제로 '아라비아의 로렌스'에 나오는 황량한 사막, '글래디에이터'에 나오는 흙벽돌의 성채와 아련한 밀밭, '바람의 라이온', '트로이', '블랙호크다운' 등 왕년의 명작들을 비롯해서 최근에는 '페르시아의 왕자'에 등장하는 주요 장면이 모두 모로코에서 촬영되었다. 물론 물가가 싸다는 이점도 있었겠지만 가장 중요한 것은 영화 속의 배경이 될 만한 환상적인 풍광을 고루 지니고 있다는 점이 가장 큰 매력 포인트로 작용했을 것이다

많은 여행자들이 갖는 모로코에 대한 로망은 아프리카와 유럽, 이슬람이 다채롭게 뒤섞인 독특하고 이색적인 문화를 체험하는 것이다. 실제로 모로코는 아프리카라는 지리적 특징과 함께 이슬람이라는 종교색, 활발한 교역으로 인한 유럽 분위기가 총천연색으로 어우러져 있다. 세 가지 색깔이 서로를 침범하지 않고 묘하게 섞여 어울리는 곳이라 할 수 있다.

마크 트웨인은 《순수한 사람들의 외국여행(The Innocents Abroad)》이라는 책에서 모로코 탕헤르에 대해 이렇게 쓴 적이 있다. "우리는 완전히 이국적인 것, 머리부터 발끝까지 이국적인 것, 중심부터 변두리까지 이국적인 것, 안쪽, 바깥쪽, 그리고 나머지 둘레까지 이국적인 것을 원했으며, 이국적인 것을 희미하게 하는 것, 태양 아래의 다른 민족 또는 다른 나라를 생각나게 하는 것은 원하지 않았다. 그리고 보라! 탕헤르에서 우리는 그런 것을 발견했다."

실제로 모로코의 많은 곳을 여행하면서 '이런 곳에서 영화라도 한편 찍으면 좋겠다'고 생각한 곳이 한두 곳이 아니었다. 도시는 도시대로, 농촌은 농촌대로, 사막은 사막대로 나름의 색채가 너무나도 뚜렷하여 때로는 순간이동을, 그리고 때로는 시간이 거꾸로 가는 타임머신을 타고 여행하는 것 같은 착각을 할 때도 많았다.

'북아프리카의 진주'라는 말은 모로코에게 너무나도 소박한 별명이라는 생각이 들었다. 아프리카 대륙에 속해 있으면서도 전혀 아프리카 같지 않은 그야말로 영화 속의 나라였다.

환상이 지나치면 현실은 자기의 의지와 상관없이 배신이 되어버린다지만, 모로코는 충분히 환상을 품어도 좋을 만한 곳이다. 여행자라면 누구나 기꺼이 길을 잃고 싶은 매력적인 나라다.

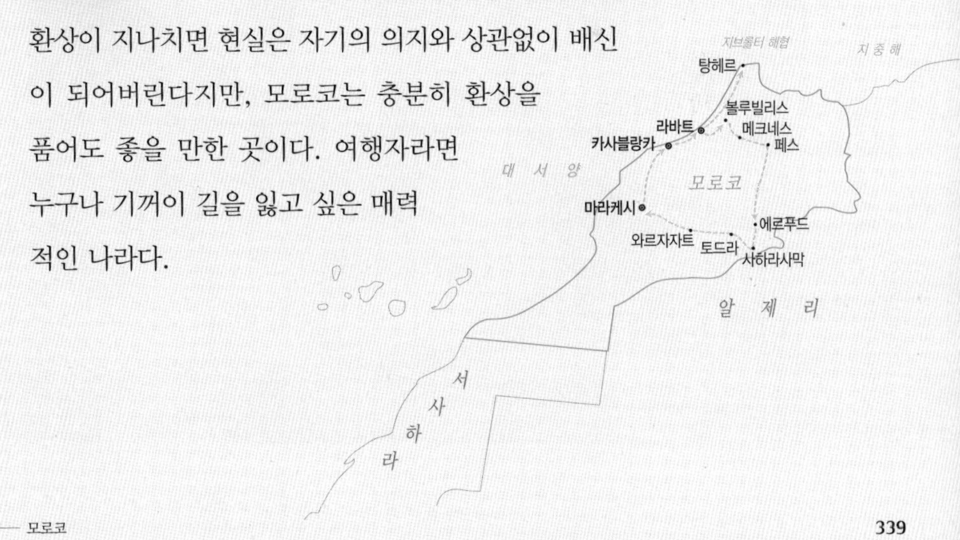

아프리카, 이슬람, 유럽이 합쳐진 컬러풀 익스프레스 – 라바트, 패스

파리의 드골 공항을 출발한 에어프랑스 여객기가 카사블랑카에 도착한 건 자정 무렵. 파리의 공항에서 비행기를 갈아타기 위해 대기하던 시간을 합치면 인천 공항을 출발한 지 약 20시간 만이었다. 우리나라에서 이곳까지 오려면 파리나 프랑크푸르트에서 비행기를 한 번쯤 갈아타야 할 만큼 만만치 않은 거리다.

아침 일찍 카사블랑카(Casablanca)를 출발한 일행은 90km 떨어진 모로코의 수도 라바트(Rabat)로 향했다. 우리의 버스 운전수는 '앙헬'이라는 이름을 가진 40대 초반의 스페인 사람이었다. 물론 버스도 그가 스페인에서 이틀 동안 몰고 와 카사블랑카 공항에서 우리를 기다리고 있었던 것이다.

이번 여행은 카사블랑카를 출발하여 시계 방향으로 크게 한 바퀴 돌아서 다시 카사블랑카에 도착하는 일정이다. 카사블랑카가 모로코의 경제 수도라면 라바트는 행정과 교육의 수도로 카사블랑카 다음 가는 대도시다. 라바트는 카사블랑카의 북동쪽에 위치하고 있으며 북아프리카에서 인구 10만 명 이상이 사는 도시 중에서는 가장 아름다운 도시로 알려져 있다.

라바트에서 우리는 우다야 카스바(카스바는 '성채'라는 뜻)를 돌아보았다. 10세기에 건설된 성채로 대서양과 라바트 시내를 한눈에 조망할 수 있는 곳이다. 가까이에 현 국왕 모하메드 6세의 조부인 모하메드 5세와 부친 핫산 2세가 잠들어 있는 광장이 위치해 있는데 이곳에서 바라다 보이는 대서양 쪽의 경치가 정말 멋있었다. 과연 북아프리카에서 가장 아름다운 도시라는 말이 사실임을 실감했다.

라바트에서 버스를 타고 해안도로를 따라 2시간쯤 달렸다. 먼저 도착한 곳은 '볼루빌리스'라는 지역인데 북아프리카 최대의 로마 유적이 있는 곳으로 넓은 평지에 2,000년 전 로마제국의 흔적들이 여기저기 널려 있었고 그중 상당수는 아직도 잘 보존되어 있었다.

이 지역은 기원전 3세기부터 약 250년간 로마 제국의 지배를 받았다. 당시 이곳에는 원주민인 베르베르인을 비롯해 그리스인, 유태인, 시리아인들이 거주하고 있었으며 라틴어를 구사하는 수준 높은 생활을 하고 있었다. 주위의 평원은 밀 생산지로 유명했고 여기서 생산된 밀은 수확 후 대부분 로마로 보내졌는데, 아직도 그때 이용되었던 목욕탕의 타일과 도서관, 신전과 법원 건물, 그리고 개선문의 유적들이 남아 있다. 유적들은 당시에 이곳이 얼마나 번창한 지역이었는지를 말해주고 있었다. 이곳은 18세기까지는 사람들이 거주하였으나 인근에 메크네스(Meknes)라는 이슬람 도시가 생기면서, 많은 유적들이 도시 건설을 위한 건축자재로 사용되면서 해체되고 파괴되는 안타까운 일이 벌어지게 되었다.

볼루빌리스에서 페스까지는 낮은 언덕들로 이어지는데, 언덕들은 온통 밀밭으로 덮여 있어, 바람이 불 때마다 물결치는 밀이 햇빛에 반짝였다. 물결치는 밀밭은 보는 것만으로도 이상하게 가슴이 설레었다. 영화 '글래디에이터'에 아련히 등장하는 밀밭도 이 부근에서 촬영한 것이라고 한다. 그날 앙헬 대신 우리 차를 운전해준 기사는 '모하메드'라는 이름을 가진 젊은 친구였는데, 사진을 찍고 싶다고 부탁하면 고맙게도 원하는 곳에서 잘 세워주었다.

'모하메드'는 이곳의 왕 이름이기도 한데, 그럼 그 친구도 왕족인가 궁금해서 물어보니 이 친구는 씨익 웃으면서 이렇게 대답했다.

"모로코에서는 남자 이름 중 가장 흔한 것이 모하메드, 알리, 그리고 핫산이고, 여자 이름으로는 파티마, 아이샤, 하디쟈 같은 게 가장 많아요."

그러고 보니 우리가 왕의 이름으로 알고 있는 모하메드는 이름이 아니라 성이었다. 모로코에서는 우리처럼 가족에 따른 성이나 돌림자 같은 것을 이름에 사용하지 않고 그저 부르기 편한 성과 이름들을 지어 사용하므로 흔하디흔한 이름과 성이 많다고 한다.

메크네스에서 늦은 점심을 먹은 다음 우리는 페스로 향했다. 페스의 '메린디'라는 호텔에 도착할 무렵에는 해가 저물어 캄캄해진 다음이었다. 호텔은 언덕 위에 위치하고 있었는데, 멀리 앞쪽으로 '메디나'라 불리는 구 시가가 한눈에 들어오는 전망이 아주 좋은 곳이었다. 특히 맨 위층의 레스토랑에서는 식사를 하는 동안 호텔의 천장을 리모컨으로 열어주는 독특한 서비스가 있었다. 영화관의 스크린이 펼쳐지듯 천장이 스르르 열리면서 별들이 쏟아져 내리기 시작했다. 밤하늘에 반짝이는 그 별들을 벗 삼아 커다란 모로코식 전통 베개에 비스듬히 기대고 멋진 양탄자에 앉아서 마신 와인 맛은 오래 기억에 남을 것 같다.

페스는 9세기 초 모로코 최초의 왕조인 이드리시드 왕조에 의하여 처음 수도가 되었고, 이후 14세기에 이르기까지 계속 번성했다. 많은 모스크가 세워지고 대학이 조성되면서 10만 가구 이상이 거주하는, 당시로서는 거대 도시의 면모를 갖추게 되었다. 1912년부터 프랑스의 지배를 받게 되면서 라바트로 수도가 옮겨지고 말았지만, 진정한 모로코 역사의 시작은 바로 이곳 페스라 할 수 있다.

다음날 아침, 우리는 페스 여행의 하이라이트인 구 시가지, 즉 메디나로 갔다. 모로코에서는 도시의 중심지역을 메디나라고 부른다. 특히 페스의 구 시가, 즉 구 메디나는 유네스코 세계문화유산으로 등록되었을 정도로 유명하다. 언덕 위에 자리 잡고 있는 이 거대한 미로(迷路)의 도시는 수천 년을 이어 내려오는 페

스 시민들의 생활터전이다.

메디나는 약 9,000여 개(다 세어보지 않아서 정확히 알 수는 없지만)의 좁은 골목으로 이루어 있다. 당나귀 한 마리가 겨우 지나다닐 수 있을 정도의 좁은 골목에 채소와 의류, 감자, 밀가루, 가죽 원단 등을 등에 가득 실은 노새와 상인들이 쉴새 없이 드나들고, 그 뒤를 이어 이곳에 사는 주민들과 여행객들이 한데 엉켜서 몰려다닌다. 혼잡함의 극치를 경험해볼 수 있는 미로 같은 곳이다.

평생 가야 햇볕 한 줌 들어올 수 없을 것 같은 이 좁고 복잡한 골목 안에 우리가 상상할 수 있는 모든 시설들이 갖추어져 있다. 공방과 학교, 회교사원, 심지어 대학교까지 있다는 사실에 입이 다물어지지 않는다. 이곳에서 길을 잃으면 외지인은 결코 빠져 나오지 못한다는 말이 있다. 그래도 외국인 관광객들은 골목골목을 누비며 잘도 다닌다. '세계 최대의 미로'라는 별명은 거저 붙은 게 아니었다. 우리 일행도 한순간의 방심으로 길을 잃게 될까봐 가이드와 앞사람 꽁무

니만 바라보면서 부지런히 따라다녔다.

한참을 돌고 돌아서 코를 찌르는 독한 냄새가 나는 곳에 이르니 여기가 그 유명한 페스의 가죽염색 공장이었다. 이곳은 1,000년 이상 이어져오며 전통적인 방법으로 염색을 하는 가죽염색 공장으로, 갓 도착한 가죽 원단을 부드럽게 하기 위해 비둘기 배설물을 혼합해서 손과 발로 무두질을 한 다음 염색을 하는 곳이다.

코난 도일의 《셜록 홈즈》 시리즈를 보면 자주 등장하는 단어가 '모로코 가죽'인데, 그것만 보더라도 한때는 세계 최고의 품질을 인정받았던 바로 그 모로코 가죽의 원단을 생산하는 공장이 바로 이곳 페스에 있었다.

염색은 모두 수작업으로 하기 때문에 나이 어린 아이들이 짙은 악취 속에서 작업하는 모습은 무척 측은해 보였다. 세계를 돌아다니다 보면 낮은 임금에 고된 노동으로 착취당하는 아이들을 볼 때가 많은데, 그때마다 가슴이 미어지는 것

같다. 나는 작은 책이 한두 권 들어갈 만한 가죽가방을 반값으로 흥정해서 하나 샀다.

모로코의 도시는 대부분 성채를 중심으로 자연 지형 그대로 발달한 것이 특징인데, 처음 온 사람들은 일단 시가지에 발을 들여놓으면 어디가 어디인지 하나도 분간할 수 없을 정도로 얽히고설킨 미로 같은 구조에 정신을 잃게 된다. 모로코의 도시가 이처럼 미로를 중심으로 발달한 것은 성채가 함락되더라도 많은 수의 적군이 한꺼번에 밀고 들어올 수 없게 하기 위한 일종의 방어 전략이다. 적군이 침입하면 좁은 골목길을 이용해서 게릴라 전법으로 맞서 싸우겠다는 것이라고 하는데, 그중에서도 페스의 메디나는 중세의 모습을 거의 완벽하게 보존한 곳으로 유명하다. 그래서인지 골목을 다니는 동안 마치 중세로 거슬러 올라간 느낌이 들었다.

페스를 돌아본 나는 이곳에 화재가 난다면 정말 큰일이겠구나 하는 생각이 갑

자기 들었다. 돌아보기 전의 모습은 중세의 옛 모습이었는데, 보고 난 후의 소감은 화재에 무방비로 노출된 언덕 위의 달동네 같은 느낌이었다고나 할까…. 아마도 어렸을 때 내가 살던 달동네에서 났던 큰 불에 대한 기억이 되살아난 모양이다. 꽤 큰 충격을 받았던 걸로 기억한다. 제발 이 천년 고도 페스의 메디나에서는 그런 불행한 일이 발생하지 않기를 기도했다. 페스의 가이드 알리는 아주 작은 화재는 몇 번 있었지만 큰 화재는 다행히 아직까지 단 한 번도 없었다고 한다.

절대고독의 낭만과 공포 – 사하라 사막, 에르푸드

다음날 아침, 천년 고도 페스를 뒤로 하고 일행은 사하라 사막을 향해 출발했다. 모로코를 여행하는 내내 놀란 것은 언제나 푸른 하늘과 폐부 깊숙이 스며드는 맑은 공기를 들 수 있다. 맑은 햇살이 모로코의 기름진 들녘에 비치고 있었고, 널찍한 평원에는 양떼들이 작은 호숫가에서 풀을 뜯고 있었다. 들판은 온통 분홍색, 노랑색의 들꽃으로 양탄자를 깔아놓은 듯 환상적인 풍경을 연출했다. '모로코' 하면 우선 떠오르는 것이 '황량함'이었는데, '내가 잘못 생각하고 있었구나' 하는 생각까지 들었다.

사하라로 가는 도중 산맥을 하나 넘게 되는데, '리프'라고 불리는 산맥으로 모로코에서는 아틀라스 산맥 다음으로 높고 큰 산맥이다. 이 산맥의 높은 곳에는 '이프란'이라는 작은 도시가 자리 잡고 있다. 이곳은 제법 부유한 모로코인들의 휴양지로 주말이나 휴가철에는 방 하나 구하기가 어렵다고 한다. 빼곡한 녹지와 아담한 호수, 그리고 그림 같은 집들이 어우러진 아름다운 곳이었다.

하지만 리프 산맥을 넘자 여태껏 지나왔던 아름답고 풍요로운 풍경과는 달리 갑자기 척박한 풍경들이 펼쳐지기 시작했다. 마치 순간이동으로 다른 나라에 온 것 같은 착각이 들 정도였다. 황량하고 거친 들판에는 크고 작은 돌멩이들이 여기저기 흩어져 있고, 집들은 그 거친 돌을 주워서 쌓아 올린 듯 낮고 투박했으며 어린아이들과 아낙네들의 얼굴은 다소 굳어진 채 검게 그을려 있었다.

가는 동안 지나친 많은 마을들은 무너진 흙담 때문에 마치 유령마을처럼 보였다. 풍경은 점점 삭막해져 갔다. 미국의 그랜드 캐니언(Grand Canyon) 같은 풍경이 펼쳐지면서 그 사이에 온통 종려나무로 뒤덮인 오아시스들을 몇 개 지났다.

한참을 달린 후 이윽고 사하라 사막 초입에 위치한 도시 에르푸드(Erfoud)에 도착했다. 이곳에서 우리는 4륜구동 지프로 갈아타고는 사하라 사막으로 향할 예정이었다.

사하라 사막은 아프리카 대륙의 거의 3분의 1을 차지하는 세계 최대의 사막이다. 북쪽으로는 아틀라스 산맥 및 지중해, 서쪽으로는 대서양, 그리고 동쪽으로는 홍해와 접해 있다. 나일 강에서 대서양에 이르는 동서 길이 약 5,600km, 남북 길이는 약 1,700km에 달한다. 세계에서 가장 광대하고 가장 건조도가 높은 이 사막지역은 동사하라와 서사하라로 구별하여 부르기도 한다. 홍해에 접하는 나일강 동쪽의 누비아 사막과 나일강 서쪽의 리비아 사막을 합쳐 '동사하라'라고 하고, 아하가르 산맥 서쪽을 '서사하라'라고 한다.

먼지 날리는 평원을 1시간가량 질주하여 도착한 곳은 사하라 사막의 어느 모래언덕이었다. 우리는 이곳에서 텐트를 치고 야영을 하기로 했다. 사막 안내인들이 우리를 위해 양 한 마리를 잡아 진흙을 발라 화덕에 구워주었다. 밤하늘엔 마치 손을 뻗으면 한 움큼 잡힐 것처럼 많은 별들이 떠 있었고 이따금씩 별똥별들이 사선을 그으면서 눈앞을 지나쳤다. 내 생애에 이런 순간이 다시 오랴 싶은 밤이었다. 쏟아지는 별빛 속에서 양고기 바비큐에 와인을 곁들인 저녁식사라니…. 황홀하기 그지없는, 낭만과 운치가 가득한 그런 밤이었다.

텐트는 여러 명이 한꺼번에 잘 수 있도록 되어 있었는데, 커다란 카펫 위에 두꺼운 매트리스와 이불이 깔려 있어 생각보다는 안락하고 편안한 잠을 청할 수 있었다.

이튿날 새벽, 우리는 모래언덕에서 일출을 보기 위해 아직 컴컴한 가운데 주섬주섬 옷을 챙겨 입고 손전등을 켠 채 낙타를 타고 언덕 위로 오르기 시작했다.

일행 대부분이 낙타는 처음 타보는 데다, 어둠 속에서 움직여야 한다는 것 때문에 바짝 긴장했다. 고삐를 잡은 손과 어깨에 너무 힘을 준 탓에 나중에는 목과 등허리까지 뻣뻣해졌다고 호소했다. 어둠 속에서 모래 길을 따라 40여 분을 오른 후 낙타에서 내린 일행은 모래언덕의 제일 위쪽으로 다시 걸어 올라갔다.

멀리 서서히 동녘 하늘이 밝아오기 시작하고, 캄캄해서 아무것도 보이지 않았던 거대한 사하라 사막의 모래언덕은 떠오르는 태양 빛을 받으며 어슴푸레 물들기 시작했다. 이윽고 붉은 해가 그 모습을 모두 드러내자 일순간 언덕 위에 있던 사람들의 입에서 탄성이 터지기 시작했다. 곁에 있던 베르베르인 마부들도 이렇게 근사한 일출은 자주 보기 힘들다고 하면서 사진 한 장만 찍어달라고 간청할 정도였다.

나는 사진 몇 컷을 찍고는 일행과 떨어져 혼자서 사막 안으로 걸어 들어갔다. '사하라'라는 이름이 주는 특별한 감정을 잠깐 동안만이라도 홀로 느끼고 싶었기 때문이었다. 사막의 고독이 여행자에게 주는 특별하고 편안한 느낌이 어떤 것인지 알고 싶었다.

그런데 갑자기 모래바람이 강하게 불기 시작했다. 실눈을 뜬 채 손수건을 꺼내 입과 코를 막으며 조금씩 더 발걸음을 옮겼지만 바람 때문에 가는 모래가 눈과 입을 파고들기 시작했다. 마치 금단의 땅에 들어온 이방인을 거부하듯 바람은 모래를 날리면서 나를 정면으로 막아서고 있었다.

얼마나 지났을까. 문득 뒤를 돌아보니 일행의 모습이 전혀 보이지 않았다. 바람 때문에 걸어 온 발자국도 거의 지워져가고 있었다. 너무나도 조용하고 적막해서 귓가를 스치는 작은 바람소리 외에는 아무것도 들리지 않고, 눈앞에는 잡티 하나 없이 너무나도 깨끗한 물결무늬의 모래언덕만이 끝없이 놓여 있었다.

갑자기 거대한 모래사막에 혼자 있다는 느낌이 이런 것이구나 하는 절대고독의 두려움이 엄습했다. 사막에서 길을 잃고 헤매게 되는 것이 순식간의 일이겠구나 하는 생각이 들었다. 만약 내가 여기서 잘못되기라도 하면 발자국이 지워지듯 어느 순간 모래바람이 나의 모든 삶을 삼켜버리고 마침내 흔적조차 남게 되지 않게 되겠구나 하는 불길한 생각도 들었다.

막상 홀로 남겨지면 사막에 대한 아련한 동경이 끔찍한 악몽으로 변하게 된다는 사실이 피부로 실감하게 되었다. 낭만과 공포를 동시에 지닌 두 얼굴의 사하라가 내게는 로마신화의 야누스처럼 생각되었다.

사하라 사막의 일출구경을 마치고, 다시 텐트로 내려와 컵라면으로 아침식사를 대신했다. 새벽에 사막의 모래언덕을 오를 때는 몰랐는데 내려오니 다들 무척 피곤해 보였다. 일출과 더불어 급상승하는 사막의 기온 탓도 있겠지만, 다들 낙타는 처음 타보는 것이라 낙타 등에서 떨어지지 않으려고 긴장을 많이 했던 모양이다. 깜깜한 새벽에 극도의 긴장 속에서 낙타 고삐를 꽉 움켜쥐고 사구를 오르는 일이 초보자에게 어디 쉬운 일이었겠는가?

우리는 텐트를 출발해서 사막에 인접한 흙집으로 된 마을들을 둘러보았다. 오랜 가뭄 탓인지, 우물마다 물을 뜨러 온 사람들의 행렬은 긴데, 퍼 올릴 물이 충분치 않아 좀처럼 그 줄이 줄어들지 않았다. 물을 길러 온 사람들은 대개 어린아이나 히잡(무슬림 여인들이 얼굴을 가리기 위해 머리에 쓰는 스카프)을 쓴 여인들이었는데, 물이 없어서 여간 걱정이 아닌 표정으로 뜨거운 땡볕 아래에서 마냥 기다리고 또 기다렸다. 노파 한 분이 더위 속에서 땀을 흘리고 있어 가지고 온 생수를 몇 개 나누어주고는 돌아섰다. 간간이 아침의 모래바람이 계속 이어지고 여인들은 잔뜩 움츠리며 고개를 숙였다.

마을 부근에는 마땅히 갈 만한 식당이 없어 현지 가이드인 알리의 집에서 점

심을 먹기로 했다. 식사와 곁들일 양파와 마늘, 오이도 몇 개 샀다. 알리의 집은 제법 커다란, 하지만 낡은 진흙 카스바의 한쪽에 위치하고 있었다. 카스바는 우리의 아파트처럼 공동주택으로 되어 있어서 수십 가구가 한 카스바에 기거한다.

정문으로 들어가면 한 지붕 아래 어두운 골목들이 여러 갈래로 나뉘어져 있고 가축을 기르는 축사와 집들이 서로 얽혀 있어 마치 미로를 구경하는 것 같은 기분이 든다. 외지인의 무단침입을 막기 위해 베르베르인들은 이렇게 카스바 속에서 공동체 생활을 하듯 살아가는데, 한 지붕 밑에 이토록 많은 사람들과 가축들이 같이 산다는 것이 쉽지 않아 보였다. 위생문제나 화재 등의 위험요소들이 많아 보였기 때문이다.

알리의 어머니와 누이동생이 점심식사를 준비했다. 모로코를 대표하는 전통음식으로는 꾸스꾸스(Couscous)와 따진(Tajine)이 있는데, 오늘 점심은 쇠고기 따진이다. 도자기로 된 뚝배기 그릇에 큼지막한 쇠고기 토막을 넣고 양파, 토마토, 고추 등 여러 가지 채소와 올리브유를 넣어 볶은 다음, 다시 물을 붓고는 푹 고아서 만든 요리다. 맛이 우리나라의 소갈비 찜과 거의 흡사해 입에 잘 맞는 편이었다. 모로코 사람들은 대개 찐 감자나 차파티 같은 밀가루 빵을 곁들여 먹는다.

이들은 보통 맨손으로 음식을 집어 먹는다는데, 알리의 집 역시 식기와 수저가 모자라서 모녀가 미안하다며 어쩔 줄 몰라 했다. 물론 우리는 음식점이 아니라는 것을 모두 이해했고 몇 명은 이들의 관습을 흉내 내어 손으로 음식을 먹으며 즐거워했다.

해외여행을 할 때, 특히 오지를 여행할 때는 식사나 잠자리 모두 입에 딱 맞는 것만 찾아다닐 수가 없다. 그런 때는 반대로 우리 방식을 버리고 그들과 같은 방식을 따라 해보는 것도 상당히 재미있다. 그들과 똑같이 먹고 마시면 그들의 문화를 더욱 깊이 이해하고 즐길 수 있다. 그런 유연함을 가진 사람만이 진정한 오지여행자라고 할 수 있으며, 그러한 것들이 오히려 오랫동안 기억에 남는다. 오지를 여행하다 보면 불편한 잠자리와 입에 맞지 않는 식사 때문에 불평하는 사람들이 간혹 있는데, 그런 사람들은 도전과 탐험이라는 오지여행의 참맛을 이해할 줄 모르는 사람들이다.

아라비아의 로렌스와 모래 폭풍 - 와르자자트, 마라케시

에르푸드의 허접한 호텔에서 하루를 묵은 일행은 이튿날 아침, 남쪽을 향해서 다시 이동했다. 중간에 검은 염소떼와 유목생활을 하는 베르베르인 노인 가족을 잠시 만났다. 나지막한 모래언덕으로 이어진 곳에서 사진을 몇 컷 찍고 다시 길을 재촉했다. 사막지역을 점차 벗어나 황량한 광야로 들어서더니 계곡들이 나타나고 오아시스가 보이는가 싶더니 언덕 위에 근사한 카스바가 하나 나타났다. 모로코가 이렇게 넓었나 싶을 정도로 몇 시간 동안 아무것도 없는 평원을 지나왔던 것이다. 이윽고 계곡은 점점 깊어지고 어느덧 깎아지른 절벽 사이로 시냇물이 흐르는 아름다운 곳으로 들어오게 되었다.

이곳은 토드라(Todra)라 불리는 거대한 협곡이다. 황량한 모로코에 생명줄 같은 물줄기가 깊은 산속에서부터 계곡으로 흐르는 정말 근사한 곳이었다. 깎아지른 절벽 위로는 일단의 외국인들이 암벽을 등반하는 아찔한 모습도 볼 수 있었다. 그 아득한 절벽 바로 밑에 위태로워 보이는, 그렇지만 내부는 더없이 근사한 식당에서 꾸스꾸스로 점심을 먹었다.

점심을 먹고 다시 길을 떠났다. 어쩌다 보이는 오아시스 외에는 풀 한 포기 나무 한 그루 찾아보기 어려운 황량한 들판이 계속해서 이어졌고, 지루해질 때쯤 인가가 한두 채 나타나는 듯싶더니 이윽고 버스는 와르자자트(Ouarzazate)에 도착했다. '이런 곳에 이렇게 좋은 호텔이 있다니….' 싶을 정도로 깨끗하고 분위기 좋은 호텔이 신기루처럼 나타나 일행을 기다리고 있었다.

이튿날 역시 우리는 아침 일찍 호텔을 출발해 부지런히 북쪽으로 달렸다. 오늘도 만만치 않은 거리를 달려야만 오후에 마라케시에 도달할 수 있기 때문이다. 일행은 먼저 와르자자트 지역 내 최고의 명소인 '아잇벤하투'라는 카스바에 도착했다. 이 카스바는 아틀라스 산맥 초입에 자리 잡고 있는 카스바로, 무려 1,000년에 걸쳐 공사가 계속되어서 오늘날과 같은 모습에 이르게 되었다고 한다.

현재 이곳에 살고 있는 가구 수는 얼마 되지 않는다. 하지만 중세의 모습을 간직한, 모로코에서 가장 아름다운 성채로 유명한 이곳은 17세기부터 모로코 남쪽 국경에 접한 국가 말리의 '팀북투(Timbuktu)'라는 곳으로부터 암염(巖鹽)을 거래하던 무역통로였고, 당시 아랍 상인들이 이곳에서 하루이틀씩 묵고 가던 때 가장 크게 번성했다고 한다. 이 카스바는 2세기경 로마 전성기 때의 모로코의 모습을 생생히 보여준다. 유명한 영화 '아라비아의 로렌스'와 '글래디에이터'에 배경으로 등장한 곳이기도 하다.

아잇벤하투 카스바를 구경한 우리는 다시 길을 서둘렀다. 모로코 최대의 산맥인 아틀라스 산맥을 넘기 시작하자, 산맥의 계곡은 황량하고 거칠고 위험해 보였다. 거기다 산맥을 오를 때만 해도 잔잔하고 맑았던 날씨가 산을 넘어 내려올 무렵에는 점점 사나워지기 시작했다. 그러더니 갑자기 짙은 황사와 함께 바람이 몰아쳐 앞이 잘 안 보일 정도로 거칠어졌다. 창문을 꼭꼭 닫아보았지만, 버스 안에서도 먼지가 느껴질 정도여서 손수건을 꺼내 코를 막아야 했다. 이런 것이 바로 모래폭풍이구나 싶었다. 다행인 것은 우리가 이미 사하라를 지나왔다는 사실이었다. 만일 지금 사막에 있었다면 어떻게 되었을까? 이 모래바람 속에서 숙박은 어떻게 하며 이동은 어떻게 했을까? 생각만 해도 아찔했다. 아쉽게도 그 날 이후로는 우리가 모로코를 떠나는 날까지 여태껏 보았던 맑고 푸른 하늘은 다시 보기 어려웠다.

몇몇 모로코 원주민 마을을 지나고 흙먼지로 앞이 잘 보이지 않는 길을 달려서 오후 4시경에 마라케시(Marrakesh)의 자말 엘프나 광장에 도착했다. 그래도

생각보다는 일찍 도착한 편이었다. 원래 이곳은 마라케시 최고의 광장으로 전통 물장수를 비롯하여 갖가지 전통공예품 상점, 그리고 관광객들로 하루 종일 붐비는 곳이다. 하지만 우리가 도착한 날은 바람이 몹시 불어서인지 다소 한산한 모습이었다. 우리 역시 거센 바람 때문에 오래 있을 수가 없어서 일찌감치 호텔에 체크인하고 쉬기로 했다. 그날 밤에는 하늘에 구멍이 뚫린 것처럼 밤새도록 많은 비가 왔다. 사막지역에서는 흔치 않은 일이었다.

마라케시는 남부 모로코와 알제리에 이르는 과거 대상로의 기점으로, 페스 다음가는 오랜 역사를 자랑하는 도시이기도 하다. 구 시가지는 붉은색으로 채색된 집들이 미로처럼 복잡하게 얽혀 있고 독특한 건물들이 눈길을 끈다. 이곳 역시 유네스코 세계문화유산으로 등재되어 있다.

마라케시라는 지명은 모로코라는 국명의 어원이기도 한데, 사실은 다른 나라에 이곳을 대표하는 왕국 이름으로 잘못 알려져서 그렇게 되었다는 얘기도 전해진다. 마라케시는 10~12세기에 서북아프리카에서 번성했던 알모라비드 왕조의 수도로 자신이 정복한 남부 스페인으로부터 안달루시아의 문화가 유입되면서 범이슬람 세계의 국제적인 도시로 탈바꿈했고, 이후 왕조가 바뀌면서 한때 쇠퇴하기도 했지만 16세기부터 다시 도시의 팽창과 발전이 계속되었다. 그래서 모로코라는 국명 역시 당시 북아프리카에서 가장 영향력 있는 도시로 발전을 거듭하던 마라케시에서 유래된 것이다. 현재는 아틀라스 산맥 북쪽의 풍요로운 농업지대의 중심지이며, 카사블랑카와 라바트 다음가는 모로코 제3의 도시다.

밤새 내리던 비는 아침이 되어도 좀처럼 그칠 줄을 몰랐다. 우리는 날씨 때문에 약간 실망했지만 모로코를 위해서는 잘된 일이었다. 왜냐하면 모로코는 지난 7년 동안 가뭄이 계속되어 민심이 흉흉해졌다고 한다. 농사를 지을 수가 없으니 서민들이나 농민들의 생활이 말이 아니었던 것이다. 그러니 모로코 사람들에게는 이번 비가 정말이지 단비라고밖에는 달리 표현할 수가 없다.

하지만 여행자인 우리는 비가 온다고 그냥 가만히 있을 수는 없어서 버스를 타고 마라케시에서 30km 정도 떨어진 계곡에 있는 전통 마을로 갔다. 비는 계속 내렸고, 우리가 산기슭에 도착하자 물 한 방울 흐르지 않았던 넓은 계곡은 붉은 흙탕물로 넘실대고 있었다. 게다가 여기저기서 갑작스레 흘러내린 돌과 흙더미로 길도 곳곳이 끊겨 있었다. 때문에 우리는 방문하려던 마을을 바로 눈앞에 두고 차를 돌려 마라케시로 되돌아왔다. 끊어진 길을 지나가기엔 너무 위험했기 때문이다.

마라케시로 돌아온 일행은 빗속에서 쿠추비아 모스크를 방문했다. 이 건물은 마라케시의 대표적인 이슬람 사원으로서 12세기에 지어진 것인데, 이곳에는 시

내 어느 곳에서나 보이는 높이 70m의 탑이 유명하다. 이 탑과 닮은 것을 스페인의 세비야(Sevilla)에서도 볼 수 있는데, 바로 무어인들이 스페인을 정복했을 때 세비야 대성당 옆에 건축해놓았기 때문이다. 스페인에서는 '히랄다' 탑이라고 부른다. 사원의 정면은 사우디아라비아의 메카를 향하고 있으며 무슬림이 아니면 절대 들어갈 수가 없어서, 우리 역시 빗속에서 사원을 한 바퀴 돌아볼 수밖에 없었다.

키스는 키스, 한숨은 한숨 – 카사블랑카

다음날, 그렇게 퍼붓던 비는 다행히도 그쳤지만 날씨는 꽤 쌀쌀했다. 이곳에서 카사블랑카로 향하는 길은 아틀라스 산맥 저편에서 보아왔던 황량한 경치와는 전혀 다르게 풍요롭고 기름진 평원이었다.

서너 시간쯤 달렸을까? 어느덧 카사블랑카에 도착한 일행은 교민회관에서 모처럼 한식으로 점심식사를 하고는 모하메드 5세 광장, 왕궁, 메디나 광장, 그리고 아프리카 최대의 회교사원인 핫산 2세 회교사원을 둘러본 후 아인디압 지역의 해변가와 별장지대까지 둘러보았다. 다시 교민회관으로 돌아와 한식으로 저녁을 먹고, 하얏트 호텔에 체크인해서 모로코의 마지막 밤을 지내게 되었다.

카사블랑카는 스페인어로 '하얀 집'이라는 뜻이다. 카사블랑카는 원래 베르베르인의 어항으로 15세기에 포르투갈인에 의해 건설되어, 18세기에 모로코 술탄에게 점령되었다. 18세기 후반에 무역항으로 재건되어 유럽과 미국의 무역업자들이 정착하게 되었고, 무역량과 액수가 탕헤르를 앞질러 모로코 제1의 항구도시가 되었다. 덕분에 카사블랑카는 아프리카 북서부에서 가장 큰 도시이자 상공업의 중심지이다.

하얏트 호텔의 1층 바에는 영화 '카사블랑카'의 주연배우인 험프리 보가트와 잉그리드 버그만의 대형 초상이 걸려 있었다. 우리나라 사람들이 스페인과 포르투갈을 관광할 때 이곳 모로코의 카사블랑카를 일정에 넣어 한 번쯤 방문한다고 하는데, 대부분 영화 '카사블랑카' 속의 바를 생각했다가 하얏트 호텔의 바에 가 보고는 실망한다고 한다. 나는 그 이야기를 듣고는 웃음을 참을 수가 없었다. 바

의 분위기도 영화와는 완전히 다를 뿐 아니라, 우선 영화 '카사블랑카'는 모로코에서 단 한 장면도 촬영하지 않았기 때문이다.

하지만 사람들은 험프리 보가트가 잉그리드 버그만을 향해 "당신의 눈동자에 건배!"라고 속삭이는 장면이 고스란히 남아 있을 거라고, 그리고 그들의 애절한 사랑이 묻어 있는 영화 속의 그 바가 그대로 있을 것이라고 기대하는 모양이다. 도시 이름이 영화 제목과 같을 뿐인데, 다들 큰 기대를 하고 왔다가 실망하고 돌아간다고 한다.

영화 카사블랑카는 2차 세계대전 중에 만들어진 영화로 당시의 전쟁 상황과 그 혼란 속에서 피어난 애절한 사랑을 다루고 있다. 전쟁 당시 실제로 미 공군의 중요한 전략적 기지였던 모로코의 항구도시 카사블랑카의 모습을 실감나게 묘사한 데다, 당대 최고의 배우였던 험프리 보가트와 잉그리드 버그만이 연인으로 등장하여 이룰 수 없는 사랑을 애잔하게 표현하면서 뭇 사람들의 애간장을 녹였던 영화였다. 전쟁 직후는 물론 오랜 세월 동안 사랑을 받아온 영화이지만 실제의 모든 장면은 미국 할리우드의 세트장에서 촬영되었다는 점이 다소 섭섭하다면 섭섭한 점일 것이다.

하지만 영화가 실제로 이곳에서는 촬영되지 않았다고 해도 영화에 나오는 카페처럼 꾸민 카페가 하나쯤 있으면 어떠랴? 기대를 가지고 온 관광객에게 그 기대를 채워주는 것 또한 멋진 일이 아닐까?

아테네의 파르테논 신전을 방문하는 관광객들은 그 신전 앞에 널려 있는 부서진 대리석 조각들을 수천 년 전 신전의 잔해로 생각하고 기념품으로 들고 가는 일이 많다고 한다. 이를 위해 그리스 정부는 매년 수 톤의 대리석 조각을 공수해 파르테논 신전 앞에 뿌려놓는 수고를 한다고 한다. 마찬가지로 카사블랑카 영화의 향수에 젖어 있는 관광객들 덕분에 하얏트 호텔의 바에서는 오늘 저녁도 제법 재

미를 보고 있을지도 모른다. 영화에 나오는 잔잔한 음악 'As Time Goes by'를 틀어주면서 말이다.

"이것만은 꼭 기억하세요. 키스는 키스, 한숨은 한숨일 뿐, 진실한 감정도 세월이 가면 날아가 버린다오…."

다음날, 카사블랑카를 떠난 일행은 온종일을 달려 최북단의 항구도시 탕헤르에 도착했다. 탕헤르는 아프리카 대륙의 북쪽 끝 지브롤터 해협에 면한 유서 깊은 항구도시다. 오래전부터 전략상의 요충지로서 7세기 말에는 아랍의 지배를 받았고 15세기부터는 포르투갈, 스페인, 그리고 영국 등으로 지배자가 바뀌다가 1648년에 비로소 모로코령이 된 후에도, 금세기 들어 다시 유럽열강의 쟁탈의 표적이 되어 분쟁에 휘말리기도 했던, 참으로 파란만장한 역사를 지닌 도시다.

탕헤르는 또한 파울로 코엘료의 소설 《연금술사》의 주인공 산티아고가 양

50마리 판 돈을 몽땅 사기당한 곳이자 점원으로 가게를 성공시킨 곳이기도 하며, 최근에는 액션영화 '본 얼티메이텀'의 숨 막히는 추격전을 촬영한 곳이기도 하다. 우리는 리프(Rif)라는 이름을 가진 호텔에 숙박하게 되었는데, 이 호텔은 영국 총리였던 윈스턴 처칠, 배우 엘리자베스 테일러 등의 유명인사가 묵었던 호텔로 유명세를 타기도 했다.

모로코에서의 마지막 날 아침, 우리는 배를 타고 지브롤터 해협을 건너 스페인으로 돌아왔다. 커다란 연락선에는 우리가 탄 대형 관광버스도 실려 있었다. 지브롤터에 도착하여 이민국에서 수속을 한 다음 다시 버스를 타려고 기다리는데, 아무리 기다려도 버스가 오지 않았다. 한참 후에 우리의 운전기사인 앙헬이 얼굴을 절레절레 흔들면서 불만이 가득한 표정으로 버스를 몰고 왔다.

"앙헬, 왜 이렇게 늦은 거예요?"

버스에 오르면서 그에게 물었다. 그의 대답이 놀라웠다.

"세관에서 버스를 검사하는데, 웬 모로코 꼬마 녀석이 엔진룸 안에 납작 엎드린 채 숨어 있더라고요."

한숨을 쉬며 그는 말을 이었다.

"모로코에서 먹고 살기 힘든 사람들, 특히 어린아이들이 일자리를 찾아 지브롤터를 건너는 버스나 트럭의 후미진 곳에 몰래 숨어 타고 스페인까지 밀항을 시도하는 일이 자주 있어요. 세관에 적발되어 끌려가는 걸 보니 한편으로 안쓰럽기도 하고 화도 나더라고요. 나도 경위서를 작성하느라 오랜 시간이 걸렸으니까요."

그의 다음 이야기가 충격적이었다.

"그래도 그 꼬맹이는 살아 있으니 얼마나 다행이에요? 얼마 전에는 모로코에서 넘어온 다른 관광버스의 엔진룸에서 꼬마 둘이 시체로 발견되었어요."

그 얘길 듣자 소름이 쫙 돋으면서도 한편으로는 다행이다 싶어 가슴을 쓸어내렸다. 스페인에서 자주 적발되는 모로코 사람들은 모두가 이렇게 목숨을 걸고 밀항을 시도한다고 한다. 모로코의 경제상황이 어떤지 단적으로 보여주는 사건이었다.

이러한 슬픈 사연들만 아니라면, 모로코는 아프리카나 유럽을 여행할 때와 비교할 수 없는 강렬한 매력을 지닌 나라다. 특이한 인종과 다채롭고 풍부한 문화와 역사, 그리고 다양한 기후와 지리적 특성을 가지고 있어 이국적이고 낯선 것들을 경험하고 싶어 하는 사람들에게 모로코는 결코 그들의 기대를 저버리지 않을 그런 곳임에 틀림없다.

[여행 일정 요약]

13박 14일(11월 2일 ~ 11월 15일) 1일 09시 50분 인천 공항 출발(파리 경유) ➡ 23시 10분 카사블랑카 도착 2일 카사블랑카 ➡ 라바트, 볼루빌리스, 메크네스를 거쳐 페스로 이동 3일 페스의 주요 지역 답사 4일 페스 ➡ 에르푸드를 거쳐 사하라 사막으로 이동 5일 사하라 사막 부근 마을 답사 후 에르푸드로 이동 6일 에르푸드 ➡ 토드라 계곡 거쳐 와르자자트로 이동 7일 와르자자트 ➡ 아잇벤하투 성채를 거쳐 마라케시로 이동 8일 마라케시의 주요 지역 답사 9일 마라케시 ➡ 카사블랑카로 이동 10일 카사블랑카 ➡ 탕헤르로 이동 11일 탕헤르 ➡ 지브롤터 해협을 건너 스페인 그라나다로 이동 12일 그라나다 ➡ 마드리드로 이동 13일 마드리드 주요 지역 답사 후 17시 스페인 출발(파리 경유) 14일 15시 20분 인천 공항 도착

10박 11일 1일 09시 50분 인천 공항 출발(파리 경유) ➡ 23시 10분 카사블랑카 도착 2일 카사블랑카 ➡ 라바트, 볼루빌리스, 메크네스를 거쳐 페스로 이동 3일 페스의 주요 지역 답사 4일 페스 ➡ 에르푸드를 거쳐 사하라 사막으로 이동 5일 사하라 사막 부근 마을 답사 후 에르푸드로 이동 6일 에르푸드 ➡ 토드라 계곡 거쳐 와르자자트로 이동 7일 와르자자트 ➡ 아잇벤하투 성채를 거쳐 마라케시로 이동 8일 마라케시의 주요 지역 답사 9일 마라케시 ➡ 카사블랑카로 이동 10일 07시 10분 카사블랑카 출발(파리 경유) 11일 07시 인천 공항 도착

국명 아프가니스탄 이슬람 공화국
인구 약 3,270만 명(2008년)
면적 65만 2,000㎢(한반도의 약 3배)
수도 카불(Kabul)
주요 언어 파쉬툰어, 다리어, 터키어, 기타
종족 파쉬툰(42%), 타지크(27%), 하자라(9%), 우즈벡(9%) 등
종교 이슬람교 99%(수니파 80%, 시아파 19%), 기타

세기의 영웅들이 남긴 상처의 기록들

—아프가니스탄—

10

아프가니스탄으로의 여행은 여행이라기보다는 차라리 위험천만한 모험에 가까웠다. 그럼에도 불구하고 이곳은 살아생전에 꼭 한 번 가보고 싶었던 곳 중 하나였다.

지리적으로 고대 실크로드에 속해 있는 이곳은 역사적으로 수많은 사건들을 겪었고 그 과정에서 다양한 문화가 녹아 스며든 독특한 곳이다. 알렉산더를 비롯한 수많은 세기의 영웅들이 이곳을 지나가며 자신들의 문화를 더해 새로운 불교미술이 꽃피는가 하면, 후에는 이슬람 세력이 지배하면서 이질적인 문화가 덧대어져 전혀 새로운 전통과 문화가 생성된 곳이기도 하다. 바부르가 무굴제국 창건의 초석을 다진 곳이 바로 이곳이며, 미국과 구 소련이 자신들의 야욕을 채우기 위해 대치했던 최전선이기도 하다.

그렇게 여러 나라의 침략을 받고 내전에 휩싸이면서, 갈기갈기 찢어진 상처투성이의 조각들을 누더기처럼 맞추어 간신히 국가 형태로 남아 있는 험하디험한 나라다. 그리고 그곳에서 아직까지 목숨을 부지하면서 살아가는 선량한 아프가니스탄 사람들의 진솔한 모습을, 비록 불편한 마음으로라도 반드시 보고 싶었다.

오랫동안 여행을 계획했지만 실행에 옮길 엄두가 나지 않던 차에 다행히 아프가니스탄 대사관이 우리나라에 설치되면서 관광 비자를 내준다는 소식을 들었다. 그 사실에 고무되어 2005년 여름 과감하게 지인들을 모아 꿈에 그리던 아프가니스탄 여행의 첫 발자국을 내딛게 된 것이다.

하지만 막상 방문해보니 상황은 생각보다 많이 열악했다. 곳곳에 매설되어 있는 지뢰와 쉴 새 없이 다니는 무장 차량들, 일자리를 찾기 위해 하염없이 기다리는 수많은 일용 근로자들, 총알과 대포로 산산이 파괴된 귀중한 역사적 건물들, 다리와 팔을 잃은 부녀자들과 배고픈 아이

들…. 하지만 대부분의 사람들은 강인하고 용감하게 여러 전쟁에서 살아남았고 시련을 이겨가면서 재건에 몰두하고 있는 표정이었다.

여행은 수도 카불(Kabul)을 중심으로 대표적인 도시인 마자리샤리프(Mazar-e Sharif)와 바미얀(Bamyan), 그리고 잘랄라바드(Jallarabad) 북부지방을 돌아보는 것으로 일정을 짰다. 꼭 한번 가보고 싶었던 남부의 칸다하르(Kandahar) 지역을 일정에 넣고 싶었지만, 테러집단인 탈레반이 그곳을 거점으로 활동하고 있어서 너무 위험했기 때문에 아쉽지만 계획에서 제외시켜야 했다.

지금도 계속되고 있는 내전과 외국의 간섭으로 고통을 겪고 있는 아프가니스탄이 하루 속히 재건되어 과거의 영광과 평화를 되찾았으면 좋겠다. 참고로 2007년 8월 7일 이후부터는 외교통상부에서 여권사용 등 허가서를 발급받은 후 비자신청이 가능해졌다.

ⓒ유인걸

눈물을 간직한 역사의 현장 – 페샤와르, 토르캄, 카이버 패스

방콕에서 파키스탄의 수도 이슬라마바드(Islamabad)로 향하는 비행기에 탑승한 승객들의 표정은 몹시 침울하고 가라앉아 보였다. 항공기는 에어버스로 정원이 260명 정도였지만, 그날 우리와 함께 탄 승객은 모두 합쳐 100명이 될까 말까 하는 정도였다.

남자 13명, 여자 5명으로 구성된 우리 일행들의 표정도 그렇게 밝지만은 않았다. 불과 1주일 전에 이슬라마바드에서 폭탄테러가 일어나 많은 사람들이 죽었다는 뉴스를 접했던 터라 마냥 유쾌하게 출발할 수는 없었다. 어찌 보면 너무 당연한 일이다.

사실 아프가니스탄 여행은 계획단계에서부터 그리 만만치는 않았다. 수년 전부터 생각은 했었지만 위험요소가 너무도 많다는 것을 생각하면 애초부터 조금은 무모한 시도였는지도 모른다. 어쨌거나 오랜 고민 끝에 계획은 실행에 옮겨졌고, 기다렸다는 듯이 생각보다 많은 사람들이 여행에 동참하기로 했다. 거기까지는 별 탈 없이 준비가 되는 듯했다. 하지만 출발을 20일 앞두고 아프가니스탄의 잘랄라바드 부근에서 미군 헬기가 추락해 5명이 전사하는 사고가 생겼고, 급기야 출발 1주일 전에는 이슬라마바드의 시내 한복판에서 폭탄이 터진 것이다. 그러니 여행의 출발이 그리 기분 좋을 리는 없을 텐데, 그래도 애초에 함께 가려고 했던 인원에서 단 두 사람만 취소했다는 것은 정말이지 뜻밖이었다.

아프가니스탄의 수도인 카불에 가려면 이슬라마바드에서 비행기를 타는 방법도 있지만 우리는 파키스탄의 국경을 넘어서 육로로 가고 싶었다. 덕분에 기원전 간다라 지방의 중심 지역이었던 고대도시 페샤와르(Peshawar)에서 조금은 불안한 하룻밤을 보내게 되었다.

파키스탄 내무부 페샤와르 분소에서 카이버 패스(Khyber Pass) 통행 허가를 받아낸 것은 오전 11시가 다 될 무렵이었다. 파키스탄에서 육로로 아프가니스탄으로 들어가는 경우, 파키스탄 서쪽 국경 관문의 하나인 토르캄(Torkham)을 통과해야 한다.

이 국경도시로 가기 위해서는 카이버 패스라는 고개를 넘어야 하는데, 이곳을 통과하고자 하는 외국인은 반드시 파키스탄 정부의 사전허가가 필요하다. 이 고개는 아프가니스탄과 파키스탄이 각자 자신들의 영토라고 주장하고 있는 분쟁지역이기 때문이다. 게다가 그곳에 살고 있는 수십만의 파쉬툰족 사람들은, 그 어느 쪽의 간섭도 거부한 채 스스로 자치정부를 구성하고 자치법령에 따라 살아가고 있는 민족이었다. 그래서 파키스탄 정부는 이곳을 위험지역으로 분류해놓고 있었다.

일찍 가서 빨리 허가를 받을 요량으로 동이 트자마자 서둘러 호텔을 나섰다. 관청에 도착한 건 아침 8시가 조금 지나서였다. 이곳 공무원들의 출근시간이 아침 8시니까 늦어도 9시면 허가서를 발급받을 줄 알았다. 하지만 책임자가 10시가 다 되어 나타나는 바람에 지루하게 기다려야 했다. 책임자의 서명 없이는 통행 허가증을 발급받을 수 없는데, 막상 그 책임자는 출근시간을 2시간이나 넘긴 후에야 나타난 것이다. '알리'라는 이름을 가진 현지 가이드가 11시가 다 되었을 때 서류를 들고 나왔다. 그러면서 파키스탄에서는 공무원들의 지각이 공공연한 일이라며 우릴 보고 허탈한 웃음을 지어 보였다.

허가증을 받은 일행은 페샤와르 경찰서로 이동해서 무장경관 2명을 차에 태

우고 드디어 카이버 패스를 오르기 시작했다. 파쉬툰족 자치지역에 들어서자 특이한 광경이 차창 밖으로 펼쳐졌다. 어설프기 짝이 없는 허름한 가게들이 길가에 즐비하게 늘어섰는데, 놀랍게도 그곳에서는 각종 권총과 소총들이 주인을 기다리고 있었다.

여기서 파는 무기들은 대부분 이 지역 근처의 다라(Darra)라는 마을에 있는 조그만 대장간 몇 곳에서 수공업으로 조악하게 만들어진 총기류다. 게다가 제대로 된 안전장치 하나 없이 길거리에서 총이 아무렇게나 팔리고 있다니 놀라지 않을 수가 없었다.

9·11 테러 이전까지만 해도 다라의 총기시장은 아프가니스탄의 '무자헤딘('성전의 전사'라는 의미로 '알카에다'와 동일한 의미. 무자헤딘은 페르시아어, 알카에다는 아랍어다)'을 비롯해서 중앙아시아의 상인들과 호기심 어린 외국인들의 방문이 많았지만 지금은 출입이 금지되어 외국인들은 들어갈 수가 없다. 그러나 다

라의 명성은 지금도 여전해서 수많은 총기류가 별다른 제재 없이 이를 필요로 하는 단체들과 밀거래되고 있다고 한다.

러시아의 아프가니스탄 침공 시절, 무자헤딘은 물론이고 파키스탄이나 아프가니스탄에서도 이들에 대해 전혀 간섭할 수 없었다. 곳곳에 밀수품 거래시장으로 보이는 장소들이 눈에 띄었고, 뭘 샀는지 검은색 비닐봉지를 든 노인의 손 반대편 어깨 위에는 소총 한 자루가 얹어져 있었다.

문득 멀리 보이는 열서너 살이 될까 말까 한 소년의 손에도 소총이 쥐어져 있는 것을 보았다. 이곳 사람들은 아기가 태어나 백일잔치를 할 때면 아기에게 줄 선물로 상 위에 권총 한 자루쯤 놓는 것이 일반적이라고 하니 기가 찰 노릇이었다. 두 나라 사이에서 자신들의 존재를 끊임없이 나타내려는 이들의 몸부림이 절박하다 못해 애처롭게 느껴졌다.

카이버 패스를 넘는 내내, 양쪽에 펼쳐진 파쉬툰족의 집들은 마치 중세의 성처럼 크고 견고해 보였다. 온통 진흙으로 지어진 이들의 집은, 밖에서는 내부를 볼 수 없도록 높은 담으로 둘러싸여 있었고, 네 귀퉁이에는 높은 망루를 만들어 외부의 적을 감시할 수 있도록 되어 있었다. 고개를 넘는 동안 정해진 한두 곳 이외에는 자동차를 세우는 것 또한 일체 금지되었고, 동승한 파키스탄 무장경찰은 끊임없이 길을 재촉했다. 이들 역시 이 지역에서 지체하는 것을 몹시 두려워하는 눈치였다.

카이버 패스는 생각보다 그리 높지 않았다. 고개의 정상이 해발 1,770m 정도였다. 하지만 신기하게도 이 고개를 사이에 두고 양쪽의 기후가 확연히 달라졌다. 페샤와르는 찌는 듯한 습기와 무더위가 기승을 부렸지만, 이 고개를 넘으니 건조한 바람으로 바뀌면서 기온은 좀 높아도 습하지 않아 견딜 만했다.

카이버 패스(현지인들은 강하게 '흐' 발음을 해서 '하이버 패스'라고도 부른다)는 역사적으로 무척 중요한 고개였다. 기원전 5세기에는 페르시아의 다리우스 대왕이, 그 이후에는 알렉산더 대왕이 인도를 정복하기 위해 넘었던 고개다. 수많은 상인들과 정복자, 그리고 군대가 이 고개를 넘었으며, 수많은 불교도들과 이슬람 교도들도 이 고개를 넘어 자신들의 정신세계를 찾아갔다. 풀 한 포기 찾기 어려운 삭막한 고개지만 수많은 역사와 눈물을 간직한 위대한 고개인 것이다.

우리는 차에서 내리자마자 몇 시간째 참고 있던 생리현상을 이곳저곳에서 흩어져 해결하고 있었다. 물론 이곳에 화장실은 없었다. 오지여행을 하다 보면 가끔은 인간의 가장 원초적인 욕구를 해결하는 일조차 쉽지 않을 때가 있다. 하지만 부족하면 부족한 대로 작은 것에도 감사하는 마음이 생기고, 부족한 가운데서 더 큰 만족이 있다는 것을 깊이 깨닫게 되기도 한다.

토르캄 국경에 도착한 일행은 우선 파키스탄 출입국 관리소에서 출국신고를 해야 했다. 컴컴하고 비좁은 사무실에서 한 사람씩 일일이 사진을 찍고 출국수속을 진행하는 출입국 관리소 공무원의 손길은 한없이 더디기만 했다.

사무실 안으로 한 사람씩 불러서 출입국 담당관 앞에 서면 사진촬영을 하고 여권의 기재사항과 비자를 체크한 후 출국 스탬프를 찍는다. 에어컨 시설이 없는 컴컴한 사무실 한편에서는 먼지가 덕지덕지 내려앉은 구식 선풍기가 붕붕 소리를 내면서 돌아가고, 담당관의 손가락은 최대한 느리게 컴퓨터의 자판을 두드리고 있었다.

잠시 후, 리더가 누구냐고 묻기에 내가 대답을 했더니 아프가니스탄에 무슨 이유로 가느냐고 질문했다. "관광입니다."라고 대답하자 웃으면서 "대단합니다." 하고 말했다. 관광 목적으로 이 국경을 넘는 외국인 단체 여행객은 우리가 처음이라면서, 여러 가지 위험요소가 많으니 조심하라고 거듭 당부한다.

내가 그에게 아프가니스탄에 가본 적이 있느냐고 물었더니 담당관은 자신도 한 번도 가본 적이 없다고 했다. 코를 맞대고 있는 옆 나라임에도 불구하고 의외로 아프가니스탄에 가본 파키스탄 사람은 그리 많지 않다. 이웃이나 친구가 아프가니스탄에 갔다 왔다는 소식을 들으면 구름처럼 몰려와 그곳 사정에 대해 묻곤 한단다.

아프가니스탄이나 파키스탄이나 오십 보 백 보라고 생각해왔던 나의 이러한 생각은 아프가니스탄 여행을 마치고 파키스탄으로 다시 돌아왔을 때, 180도 바뀌게 되었다.

출국수속을 마친 일행은 국경을 넘은 후, 이번에는 아프가니스탄에서 마중 나온 여행사의 버스로 갈아탄 후 현지 가이드와 함께 아프가니스탄 출입국 관리소를 향했다. 잠시 후 도착한 아프가니스탄의 출입국 관리소. 다시 입국수속을 해야 하는데, 놀랍게도 이곳에는 컴퓨터 한 대 없이 노트에 손으로 일일이 입국자들의 명단을 적고 비자관계를 작성한 후 스탬프를 찍어준다.

그럼에도 불구하고 이들은 파키스탄의 담당자들과는 달리 무척 친절하고 일을 처리하는 속도도 빨랐다. 아프가니스탄 정부는 2004년부터 관광객들에게 관광비자를 발급해주고 있었고, 관광객들에게 최대한 편의를 제공하려고 노력해왔다고 한다. 웬만한 통제구역도 관광객들에게는 입장을 허락해줄 정도로 호의적이었다. 이것은 아프가니스탄을 여행하는 동안 곳곳에서 피부로 느낄 수 있었다.

출입국 사무실 밖으로 보이는 국경 풍경은 실로 애처로웠다. 세관 수속이 따로 없는 두 나라 사이의 국경은 전쟁통의 피난길과 다름없는 풍경이었다. 인파가 북적이고 다들 무언가를 찾아, 또는 일거리를 찾아 헤매고 있었다.

기다란 막대기를 든 양국의 국경 경찰들은 연신 사람들의 동태를 감시하며 외국인들의 사진촬영을 금지시켰다. 그중에서도 실로 애처로운 광경은 기껏해야 예닐곱 살 정도로 보이는 어린아이들이 자동차 부품인 듯한 쇳덩이를 어깨에 메고 끊임없이 양국 사이의 국경을 넘나들고 있는 모습이었다.

너무 힘들어서 옆을 쳐다볼 기력조차 없어 보이는 아이들, 그 아이들의 고단한 얼굴과 거친 손, 온통 검은 기름때로 얼룩져 있는 머리와 옷은 보기만 해도 가슴이 찢어지는 느낌이었다. 가끔씩 반짝이는 눈빛만이 간신히 아직 살아 있음을 증명하는 듯했다. 너무 가슴이 아파서 간식으로 먹으려 했던 빵과 몇 푼 안 되는 돈을 아이들의 주머니에 구겨 넣어주었다.

아이들은 잠시 곁눈질로 나의 얼굴을 올려다볼 뿐 고맙다는 표현조차 제대로 하지 못했다. 땀과 눈물로 얼룩진 그 아이들의 지친 얼굴은 차마 눈을 마주치기도 미안할 정도였다. 이토록 어린 나이에 이들이 감당하는 삶의 무게는 어깨에 걸머멘 쇳덩이보다도 더 무거워 보였다.

파쉬툰과 하자라, 평화는 오직 멜론과 오렌지뿐 – 잘랄라바드

아프가니스탄 입국수속이 끝난 일행은 두 대의 차량에 나누어 타고 잘랄라바드로 향했다. 국경을 출발한 지 채 5분도 안 돼서 길 왼편에 커다란 미군기지가 나타났다. 막 작전에서 돌아온 듯한 장갑차와 험비 여러 대가 뽀얀 흙먼지를 피우면서 부대로 들어서고 있었고, 장갑차 위에는 미군들이 당장이라도 사격할 태세로 기관총을 잡고 있었다. '아, 드디어 아프가니스탄에 도착했구나!' 하는 것을 실감하는 순간이었다. 일행들 역시 긴장감으로 얼굴이 굳어지기 시작했다.

길 양쪽의 바위 언덕에는 빨간 페인트가 칠해져 있었다. 대인지뢰가 매설되어 있다는 경고표시다. 탈레반이 물러간 후 새 정부에서는 외국의 협조를 받아 본격적인 지뢰 제거작업에 나섰지만 현재까지 제거된 것은 100만 개 정도다. 그러나 아직도 1,000만 개 이상의 지뢰가 전국에 묻혀 있어 사람들의 생명을 위협하고 있다고 한다.

1시간쯤 달렸을까? 길 좌우로 멜론을 파는 노점들이 즐비하게 나타났다. 이곳의 멜론은 우리나라 수박을 2개 합친 것만큼 길고 거대하다. 대부분 아프가니스탄의 북쪽지방에서 생산되는 멜론은 7월부터 9월까지가 제철인데, 한 조각 잘라서 입에 넣으니 문자 그대로 입에서 살살 녹았다. 멜론 한 조각으로 목을 축이고 다시 길을 재촉해서 잘랄라바드의 호텔에 도착한 것은 오후 3시가 조금 넘어서였다. 늦었지만 호텔에서 점심을 먹었다.

스핑가르(Spingarh)라는 이름을 가진 호텔이었는데, 지금은 허술한 시설에 에어컨도 시원치 않은 호텔이지만 내전 이전에는 꽤나 알려진 고급 호텔이었다고

한다. 그것을 증명하듯 넓은 정원이 아름답게 꾸며져 있었다. 탈레반 점령 시에는 이 호텔에 묵었던 3명의 외신기자들이 탈레반에 붙잡혀 카불로 향하는 도중 살해되었다고 한다. 이들을 기리기 위한 애도의 글이 호텔의 입구 벽에 새겨져 있었다. 아직도 호텔의 벽 이곳저곳에는 내전 당시 흔적으로 보이는 총탄 자국들이 남아 있었다.

잘랄라바드는 아프가니스탄의 5대 도시(카불, 마자리샤리프, 헤라트[Herat], 칸다하르, 잘랄라바드) 중 하나로 파키스탄으로 이어지는 관문이다. 기원전부터 사람들이 살았고 16세기 중반에 무굴제국 3대 황제 악바르가 도시로 건설했다. 이곳에 살고 있는 대부분의 사람들은 파쉬툰족으로, 아프가니스탄 전체 인구 중 절반 가까이 되는 다수민족인 셈이다.

이들의 생김새는 인도나 페르시아, 또는 파키스탄의 다수를 차지하는 사람들처럼 일단 선이 굵다. 그리고 검은 피부와 검은 머리, 짙은 구레나룻과 수염, 쌍꺼풀이 진 커다란 눈과 긴 속눈썹을 가졌다. 탈레반도 대부분 이 민족에 속한다.

사실 '아프가니스탄'의 '아프간'이라는 말은 '파쉬툰'과 같은 의미로, 아프가니스탄을 해석하면 '파쉬툰의 땅'이라는 뜻이 된다. 당연히 파쉬툰은 자신들의 땅이라는 생각을 갖고 있고, 하자라인, 우즈벡인, 타지크인 등의 이민족이 자기네 땅에서 같이 산다는 것을 몹시 불쾌하게 생각한다.

특히 전체 인구의 10% 정도밖에 안 되는 하자라인들이 마자리샤리프와 바미얀 등의 북부지방에 살면서 대다수의 파쉬툰이 살고 있는 남부지방에 비해 좋은 환경과 넉넉한 생활을 영위하고 있는 것에 대해 탈레반은 몹시 못마땅하게 생각했다. 더욱이 같은 무슬림이면서도 이들 하자라인들은 대부분이 시아파로서 파쉬툰이 추구하는 수니파와는 다른 형태의 믿음을 갖고 있다. 그런 이유로 탈레반은 이들 시아파도 바미얀의 불상과 다를 바 없는 우상숭배자라고 몰아붙였고, 북부를 점령하고 많은 사람들을 학살하기도 했다.

잘랄라바드는 탈레반 점령 당시 악명 높은 알카에다 훈련기지가 있었던 지역으로 우리에게도 잘 알려진 곳이지만, 실제로는 역사적으로도 매우 중요한 지역 중 하나다. 마케도니아의 알렉산더 대왕이 이 지역을 점령한 후 그리스 문화가 전파되었고, 후에 인도 마우리아 왕조의 아쇼카 대왕에 의해 곳곳에 불교가 전해지게 되었을 때 간다라 미술이 탄생하게 되었다.

간다라 양식은 인도와 그리스의 문화가 혼합된 독특한 미술양식으로, 간다라 지방은 지금의 파키스탄 서부 페샤와르와 스왓 분지 일대를 가리킨다. 잘랄라바드 역시 간다라 지방의 중심으로 당시 주요한 불교 문화권에 속해 있었기 때문에 한때는 1,000여 개의 불탑이 부근에 조성되었던 적도 있다.

아쉽게도 그 불탑들은 현재 남아 있지 않다. 발굴된 귀중한 문화재는 카불 박물관에 소장되어 있었지만, 그것마저 탈레반에 의해 대부분 파괴되거나 도둑들에 의해 약탈당해 박물관에조차 아무것도 남아 있지 않다고 한다. 정말 안타까운 일이 아닐 수 없다.

점심식사를 마친 후 우리는 시내로 나와 아프가니스탄 마지막 왕 자히르샤의 묘와 정원을 방문했다. 자히르샤는 1933년 암살당한 아버지의 뒤를 이어 19세의 나이에 왕위에 올라 40년 동안 왕위를 유지했으나 1973년 외유 중 그의 사촌동생이자 전 총리가 쿠데타를 일으켜 공화제를 선언함으로써 왕위를 잃어버린 비운의 마지막 왕이다. 권력에 눈이 멀어 쿠데타를 일으킨 사촌동생의 정권도 불과 5년밖에는 유지되지 못했다. 한 치 앞을 볼 수 없는 것이 우리의 인생이라는 것을 다시 실감하게 된다.

자히르샤의 무덤은 한때 골프장으로 이용되던 정원 한가운데 모셔져 있는데, 바로 옆에는 그를 위한 모스크가 지어져 있고 많은 사람들이 저녁시간에 예배를 드리고 있었다. 자히르샤의 부친인 나디르샤의 묘가 카불에 있는 것을 보면 잘랄라바드 역시 한때 얼마나 중요한 도시였는가를 짐작케 한다.

잘랄라바드는 또한 오렌지로도 유명한 고장인데, 매년 5월이 되면 오렌지 축제가 열린다. 우리는 자히르샤의 묘를 방문한 후 2km 떨어진 샤히 정원을 방문했다. 샤히 정원은 악바르의 정원이라고도 불리는데, 원래 인도 무굴제국의 악바르 대제에 의해 처음 조성된 정원이기 때문이다.

우리는 다시 잘랄라바드의 시내 바자르(bazar, 시장, 아랍어로는 수크라고 한다)로 향했다. 재래시장에는 파쉬툰족 사람들로 붐비고 있었다. 카메라를 들고 버스에서 내리자, 사람들은 신기한 듯 쳐다보며 외국인을 보려고 몰려들었다. 몰

려온 사람들, 대부분 남자들이었던 그들의 시선은 우리 일행 중 여성들의 얼굴에 일제히 집중되었다.

탈레반이 물러가고 시간이 많이 흘렀음에도, 대부분의 아프가니스탄 여성들은 이른바 부르카라는 특별한 옷을 입고 다닌다. 부르카는 차도르나 스카프와는 달리 머리끝에서 발목까지 전신을 완벽하게 가린다. 눈이 있는 곳은 망사로 되어 있어 여인들은 밖을 볼 수 있어도 밖에서는 안쪽이 전혀 보이지 않는다.

아프가니스탄에서는 9세가 넘으면 여성은 반강제로 부르카나 차도르를 입어야 한다. 따라서 집 밖에서 성인 여성의 얼굴이나 머리카락을 본다는 것은 실제로 불가능하다. 그러니 이곳 남자들이 하얀 피부에 윤기 나는 머리카락을 가진 우리나라 여성들을 보고 눈을 떼지 못하는 것이 어쩌면 너무나 당연한 일인지 모른다는 생각이 들었다. 몇몇 짓궂은 남자들은 우리 일행을, 아니 우리 여인들의 뒤를 졸졸 따라다니다가 군중 사이로 불현듯 엉덩이를 만지거나 꼬집고는 냅다 달아났다. 심지어 걸인들까지 생업을 접고 따라왔다.

여성들은 비명을 지르고, 주변의 녀석들은 깔깔대고 웃었다. 그러다 보니 인파는 점점 많이 모였고 급기야 일행의 안전이 걱정스러울 정도로 모여들게 되었다. 군중이 모이면 무슨 일이건 생길 수 있기 때문에 자리를 피해야겠다는 생각이 들었다. 우리의 현지 가이드는 마난이라는 이름의 26세 청년이었는데, 그도 같은 생각을 했는지 다급히 나를 부르더니 일행 모두 빨리 버스에 탑승시키라고 했다. 위험하다는 것이었다.

마난 가족의 생이별 이야기 – 잘랄라바드

마난은 원래 마자리샤리프 출신으로 하자라인이었다. 전체 인구의 10%를 차지하는 하자라인은 생김새가 우리와 너무나도 비슷하게 생겼는데, 상당수는 쌍꺼풀 없는 작은 눈을 가지고 있고, 피부 색깔도 몽골인과 비슷하다. 이들은 13세기 칭기즈칸이 이곳을 점령하고 나서 잔류한 후예들이라고 하는 설이 있는데, 확실한 것은 아무도 모른다.

처음 본 사람들은 한국인으로 착각할 정도로 마난은 우리와 닮았다. 마난은 마자리샤리프에서 무역상인 아버지와 의사인 어머니 밑에서 그럭저럭 유복하게 살았었다고 한다. 하지만 이 친구의 행복한 생활이 한순간에 박살난 건 러시아에 의해서가 아니라 탈레반에 의해서였다.

앞서 말한 것처럼 탈레반의 거점도시인 칸다하르는 아프가니스탄 남부에 위치한 도시로 사막과 스텝으로 이루어진 다소 척박한 지방이다. 이들은 마자리샤리프를 비롯한 힌두쿠시 북쪽의 사람들이 풍요롭게 사는 것에 대한 강렬한 증오심을 품고 있었고, 같은 무슬림이라도 시아파를 추종하는 이들을 이단으로 규정했다. 그래서 자신들의 세력을 키운 후 이들을 모두 몰아내기로 마음먹었다.

왕정이 무너지고 공화정을 시작한 지 5년이 지난 1978년 공산 세력에 의한 쿠데타가 일어나 공산정권이 수립되었으나, 이듬해 9월 다시 쿠데타가 일어나 공산정권이 무너졌다. 이에 1979년 12월, 공산정권 수호라는 명분 아래 구 소련군이 침공하여 다시 공산정권이 수립되었다. 그 후 구 소련 점령군 타도를 목표로 여러 반군 단체들이 게릴라전을 시작했고, 10여 년간 지루한 소모전이 지속되다

1989년 2월 국내 사정 등 여러 가지 이유로 10만 명에 달하는 소련군이 철수하게 되었다.

소련군이 철수하자 무자헤딘의 공격이 다시 거세졌고 마침내 구 소련의 지원을 받던 공산정권은 소련의 철군 3년 후인 1992년 4월 붕괴되고 만다.

1992년 공산정권을 무너뜨리고 카불을 점령한 무자헤딘 세력은 신정부 구성을 둘러싸고 주도권 다툼을 벌이며 무력충돌을 계속해 내전이 끊이지 않았으며 무정부 상태에 빠졌다. 이때 1996년 혜성처럼 등장한 오마르의 탈레반 세력이 카불을 점령했고 이슬람 국가 수립을 선포했다. 국토의 대부분을 차지한 탈레반은 북부의 반 탈레반 세력과 내전을 지속했으나 나라는 잠시 안정을 찾는 듯했다.

탈레반(Taliban)의 원래 뜻은 '이슬람 율법학교(마드라사)의 학생'이다. 몰라 오마르라는 선생님이 있었다. 그는 칸다하르의 한 마드라사를 운영하던 소박한 선생님이었는데, 내전이 발발하던 당시 부근의 무자헤딘 병사들이 오마르가 살고 있는 마을의 소녀 두 명을 납치해서 폭행하는 사건이 발생했다. 주민들이 오마르에게 하소연을 했고, 오마르는 공부하던 학생들과 함께 몇 자루의 소총만 들고 무자헤딘의 막사를 찾아가 소녀들을 구출하고, 지휘관을 잡아 목을 매달아 죽여버렸다.

마을의 주민들은 환호했고, 오마르는 마을의 영웅으로 추대되어 더욱 존경을 받게 되었다. 얼마 후 이와 비슷한 사건이 이웃 마을에서 발생하게 되었고, 그곳 주민의 신고를 받은 오마르는 다시 학생들을 데리고 무자헤딘의 막사를 찾아가 일망타진해버렸다. 이후 오마르의 공적은 삽시간에 소문이 퍼져 나가 급기야 이웃 파키스탄의 무슬림 청년들도 오마르의 부하가 되겠다고 스스로 찾아오게 되었다.

오마르는 어느 날 갑자기 칸다하르의 영웅이 되어, 아프가니스탄 역사의 전면

에 부상하게 되었다. 세력이 급속히 확장되자 오마르는 여세를 몰아 다른 무자헤딘들을 뿌리 뽑고자 했다. 그가 내세운 기치는 '올바른 이슬람 국가를 건설하는 것'이었다. 탈레반은 아프가니스탄의 내전을 종식시킬 마지막 희망인 것처럼 보였다.

하지만 처음 그가 가졌던 이상은 시간이 지나면서 조금씩 이상한 방향으로 변질되기 시작했다. 급기야 북부 지역 점령 후 시아파 무슬림에 대한 탄압과 폭정, 대규모 민간인 학살을 자행하게 되었고 그것이 결국 자신의 무덤을 파게 된 결정적 이유가 되었다.

2001년 9·11테러 사건이 발생하자 탈레반 정권은 주범으로 지목된 오사마 빈라덴을 넘겨주기를 거부했고, 이에 격분한 미국과 영국의 공격으로 마침내 정권이 무너졌다. 탈레반은 무지와 폭력성으로 나라를 극도의 혼란에 빠지게 했으며 대규모 학살과 바미얀의 불상 파괴라는 어처구니없는 일을 저지르기도 했다.

마난의 가족도 탈레반이 북부지역을 점령하고 학살을 저지를 때 흩어졌다고 한다. 마난의 아버지와 어머니, 그리고 동생은 입고 있던 옷 한 벌이 전부인 채로, 말 그대로 돈 한 푼 없이 이웃나라 우즈베키스탄으로 탈출했다. 마난만 빼고 말이다. 마난은 한동안 부모의 생사도 알 수 없었다고 한다.

당시 눈앞에서 사촌과 친구들이 탈레반 군에 끌려가 처형당하는 광경을 목격해야 했던 마난은 간신히 몸만 빠져나와 혼자서 파키스탄으로 넘어갔다. 거기서 난민으로 생활하다가 그곳 여행사 사장의 눈에 띄어 교육을 받고 탈레반 괴멸 후 아프가니스탄에 돌아와 이 지역을 맡아 가이드로 일하게 되었다. 그야말로 젊은 나이에 산전수전을 다 겪은 친구였다.

최근에 자신의 부모님이 핀란드에서 난민자격으로 살고 있다는 소식을 듣게 되었지만, 핀란드 정부로부터 앞으로 8년이 지나야 서로 만날 수 있다는 통보를 받은 상태였다. 자라 보고 놀란 가슴 솥뚜껑 보고 놀란다고, 그가 잘랄라바드의 파쉬툰족 사람들을 보고 몹시 두려워하는 것은 충분히 이해가 갔다.

길가의 아이스크림 집에서 부르카를 쓴 여인 2명이 아이스크림을 사고 있는 것이 신기해서 몰래 사진을 찍고는 일행들을 불러 아이스크림을 먹어보자고 했다.

아이스크림 가게 주인은 큰 조각얼음이 가득 찬 통 안에 빈 양철통을 넣고, 그 안에 설탕과 향신료를 섞은 우유를 약간 넣더니 손으로 양철통 내부의 벽면에 얇게 발랐다. 그러고 나서 양철통을 얼음통 속에서 아래위로 몇 번 움직였더니 양철통 안에 바른 우유가 금세 얼어서 아이스크림이 되었다. 가게 주인은 이것을 손으로 훑어 꺼내어 건네준다. 진짜 수제 아이스크림이다.

이런 작업을 반복해서 만든 일정량의 아이스크림을 약간의 당면과 함께 그릇에 담아 내놓는데, 맛이 특이하고 향긋하다. 아이스크림 한 그릇은 우리 돈으로

300원 정도였는데 한 입 먹어보니 굉장히 맛이 좋았다.

너도나도 아이스크림 그릇을 받아들고 먹기 시작했다. 그런데 갑자기 이런 외지에서 그다지 위생적으로 보이지 않는 아이스크림을 먹고 배탈이라도 나면 어떡하나 하는 생각이 스쳤다. 사람들에게 그만 먹으라고 주의를 주려고 했지만, 아뿔싸! 일행 대부분이 이미 아이스크림 그릇을 깨끗이 비운 상태였다. 순식간에 다 해치운 것을 보면 우리 입맛에도 잘 맞는 모양이었다. 하지만 아니나 다를까 그날 밤 일행 중 5명이 배탈을 호소했다. 아이스크림이 원인임에 틀림없었다.

점심식사를 느지막이 한 관계로, 저녁은 9시가 되어서야 호텔식당에서 먹었다. 회교 국가인 아프가니스탄에서는 술을 마시는 것이 금지되어 있다. 이것은 이웃나라 파키스탄에서도 마찬가지다. 하지만 세상 살면서 술 없는 나라가 어디 있던가? 우물가에서 숭늉을 찾아보기로 했다.

호텔 주인에게 맥주 얘기를 꺼냈더니 잠시 기다리라고 한다. 잠시 후 그는 러시아 맥주와 하이네켄 몇 캔을 조심스레 꺼내오는 것이었다. 가격은 캔 하나에 미화 4달러. 결코 만만치 않은 가격이었지만 감지덕지였다. 아프가니스탄에서 맥주라니 감사할 따름이다.

저녁을 먹고 있는데, 마난이 급히 나를 보자고 했다. 이유를 물으니, 내일 카불로 가야 하는데 정상적으로 아침식사를 하고 떠나면 아무리 빨라도 밤 9~10시나 돼야 도착할 것 같다면서 걱정을 했다. 왜냐고 물으니 중간에 도로 포장공사를 하는 구간이 있는데, 이곳의 도로 포장공사는 한두 차선씩 나누어서 하는 것이 아니라 한 번에 왕복 차선을 다 하기 때문에 그 구간은 차량이 전면 통제된다는 것이다. 설마 그럴 리가 있느냐고, 이해가 안 된다고 했더니 가서 보면 안다고 한다. 그래서 다른 길로 돌아가야 하는데, 그렇게 되면 예정보다 4~5시간이 더 소요된다는 것이었다. 그러면 어떻게 해야 하느냐고 묻자, 새벽 4시에 출발해서 아예 도로공사를 시작하기 전에 그곳을 통과해버리자는 것이었다. 분명 돌아가라고 통제하는 초소의 군인이나 경찰이 있을 텐데, 그들에게는 몇 푼 쥐어주면 된다고 했다. 결국 우리는 그렇게 하기로 의견을 모으고 일찍 잠자리에 들었다.

300년의 역사를 지닌 동서 교통의 요충지 – 카불

다음날 우리는 예정대로 새벽 4시에 호텔을 출발했다. 날은 아직 캄캄했고, 털털거리는 비포장도로의 먼지만이 텅 빈 도시의 새벽을 깨우기 시작했다. 호텔을 출발한 차량 두 대는 어느덧 아침 햇살을 받으며 막 새로 포장된 듯 깨끗한 아스팔트 위를 달리고 있었다. 기분 좋게 달리던 차는 갑자기 흙먼지 속의 비포장도로로 다시 접어들어 비틀거리면서 속도를 늦추기 시작했다.

벌써 아침 7시. 3시간을 달려왔지만 앞으로 카불까지는 4시간을 더 가야 한다. 그런데 갑자기 검문소가 나타나더니 차를 세웠다. 군인인지 경찰인지 불분명한 제복을 입은 사나이들이 길을 막고 차량들을 우회시키고 있었다. 이곳이 바로 마난이 말하던 검문소인 듯했다. 마난이 급히 내려서 책임자인 듯한 사람들과 한참 동안 얘기했다. 잠시 후 마난이 그들을 데리고 초소 안으로 잠시 들어갔다 나오더니 결국 바리케이드가 활짝 열렸다.

도로포장 공사는 중국인들이 하고 있었다. 이 길은 카불과 잘랄라바드, 그리고 파키스탄의 페샤와르로 이어지는 주요 국도 중 하나인데, 전체 도로포장 공사를 중국이 한다는 얘기를 듣고 적잖이 놀랐다. 1970년대 초 우리나라의 근로자들이 중동에 나가서 도로와 항만, 플랜트 공사를 하던 것이 떠올랐다. 이제는 그런 공사를 중국이 많이 맡아서 하는 모양이다.

나중에 알게 된 일이지만 마난은 우리가 중국인과 너무 닮았기 때문에 서로 의사소통이 되는 줄 알았던 모양이었다. 그래서 우리가 공사구간을 통과하지 못하게 되면 중국인 책임자와 이야기해보라고 나에게 귀띔하곤 했었다. 처음엔 그 얘기가 무슨 말인지 몰랐는데, 아프가니스탄 여행을 마치고 카불을 출발해서 잘랄라바드로 돌아오는 길에 그 말이 무슨 뜻인지 비로소 알게 되었다. 다행히 도로공사는 아직 시작되지 않았고, 우리는 무사히 공사지역을 빠져나올 수 있었다.

예상보다 3시간이 더 걸려 오후 2시쯤 마침내 수도 카불에 도착했다. 카불 시내가 한눈에 내려다보이는 언덕 위에 우리의 베이스캠프인 인터콘티넨탈 호텔이 위치하고 있었다. 어렵게 먼 길을 달려온 터라 다들 피곤한 얼굴들이었지만, 점심식사를 마치고 카메라를 든 일행은 생소하고 낯선 나라에 대한 호기심으로 오히려 생기가 도는 듯했다.

카불은 300년의 역사를 지닌 동서 교통의 요충지다. 북쪽에 힌두쿠시 산맥이 바라보이는 고원에 위치하고 있으며 나라 전체로 보면 북동쪽 구석에 있다. 도시의 해발고도는 약 1,800m로 기후는 건조한 편이다. 1979년 구 소련군이 진주한 이래 10여 년 동안 구 소련군과 무자헤딘 간의 교전장소가 되었으며, 1989년 구 소련군이 퇴각한 후에는 종교집단들의 내전으로 인해 점령당하는 수난을 겪었다. 1996년에는 탈레반에 의해 점령당했고, 2001년에는 반군 세력인 북부동맹이 탈환했다.

호텔을 나선 우리가 제일 먼저 찾아간 곳은 박물관이었다. 하지만 그날은 어쩐 일인지 박물관의 문이 굳게 닫혀 있었다. 하지만 박물관보다도 박물관으로 향하는 대로 양옆의 풍경이 우리에겐 더 생생하게 다가왔다. 아직도 내전의 상처를 그대로 지니고 있는 파괴된 건물의 잔해와 수십 발의 총탄과 포탄 자국으로 얼룩진 아파트가 보였다. 박물관 바로 앞에 있는, 한때는 무척 우아하고 아름다웠을 다룰아만 궁전은 수백 발의 총탄 자국이 그대로이고 지붕도 일부 내려앉은 흉한 모습으로 서 있었다. 현재는 캐나다군의 진지로 사용되고 있었다. 다룰아만 궁전 저편에는 한때 오사마 빈 라덴이 머물렀던 궁전의 부속 궁이 있는데, 그

곳 역시 군사기지로 사용되고 있었다.

아쉽지만 박물관은 내일 다시 오기로 하고 발길을 돌려 무굴제국의 시조 바부르 정원으로 향했다. 바부르는 무굴제국의 창시자로서 아버지는 티무르의 후손이고 어머니는 칭기즈칸의 동생의 후손이었다. 뚜렷한 세력 없이 중앙아시아를 떠돌던 바부르는 자신의 본거지였던 중앙아시아가 아닌 인도 쪽으로 눈을 돌려 16세기에 무굴제국이라는 인도 역사상 가장 위대한 제국을 건설한 인물이었다.

'무굴' 또는 '무갈'이라는 말의 어원은 몽골에서 비롯되었고, 따라서 무굴제국은 몽골인의 제국이라는 뜻도 된다. 바부르는 온화한 기후를 지닌 카불을 매우 좋아했으며, 특히 정원을 좋아했다. 그래서 그는 주요 도시에 기하학적인 정원을 조성해놓고, 정자 아래에서 술을 마시면서 음악 듣는 것을 즐겼다고 한다. 그는 자신이 죽으면 정원에 묻어달라고 할 정도로 정원을 좋아했다고 한다. 실제로 바부르 대제의 묘는 카불의 무굴 정원 안에 작은 대리석관으로 소박하게 남아 있었다.

바부르의 정원을 구경한 후 나디르샤의 묘가 있는 언덕으로 향했다. 나디르샤는 앞서 말한 마지막 왕 자히르샤의 부친으로 아프가니스탄 역사상 가장 숭앙받았던 왕 중의 하나다. 그는 헌법을 제정하고 의회를 연 훌륭한 왕이었지만 반대세력에 의해 암살당하고 만다.

그의 묘는 카불의 서쪽 언덕 위에 아름답게 조성되어 있었는데, 이곳 역시 내전을 피해갈 수 없었는지 곳곳이 파괴되고 총알 자국이 선명해서 보는 이들을 안타깝게 했다. 어느덧 해는 기울고 카불에는 먼지바람이 일기 시작했다. 한때를 풍미했던 왕의 묘는 너무나도 쓸쓸하고 애처롭게 그 먼지바람 속에서 방치되어 있었다.

전쟁의 상흔을 딛고 일어선 사람들 – 마자리샤리프

이튿날 아침, 카불을 출발한 우리는 힌두쿠시 산맥 북쪽의 마자리샤리프로 향했다. 그곳은 우리 가이드인 마난의 고향이기도 하다. 가는 길에 살랑 패스(Salang pass)를 넘는데 앞서가는 차량들이 엄청난 매연을 뿜어내고 있었다. 엉덩이에서 뿜어 나오는 시꺼먼 매연 때문에 차 자체가 안 보일 정도였다. 창문을 아무리 꼭꼭 닫아도 최루탄처럼 스며들어오는 매캐한 연기는 막을 수가 없었다.

아프가니스탄에서는 석유와 천연가스가 생산된다. 그러나 정유시설이 없다 보니 휘발유와 경유, 그리고 전력은 이웃 우즈베키스탄에서 수입을 한다고 한다. 수입된 연료는 불량석유와 적당히 혼합돼서 주유소에서 팔리고, 그런 불량 연료를 사용하는 차량들은 고도가 높은 이 지역의 희박한 산소와 어우러져 짙은 매연을 발생시킨다.

잠시 후 고개를 넘자, 갑자기 눈앞이 탁 트이는 평원이 펼쳐졌다. 이곳은 샤마리 평원이라고 하는데, '한숨의 평원'이라는 별명을 가지고 있기도 하다. 여기는 탈레반이 무고한 시민 5만 명을 학살한 후 시신을 아무렇게나 구덩이 속에 파묻었던 곳이다. 그 시신들은 아직도 제대로 수습되지 않았다고 한다. 탈레반 시절에는 이곳뿐만 아니라 전국적으로 100만 명 이상의 사람들이 학살되었고, 그 시신들은 제대로 된 비석 하나 없이 곳곳에 묻혔다.

계곡에서 차를 정차한 후 잠시 쉬고 있는데, 일단의 미군 차량 행렬이 고개를 오르고 있었다. 여러 대의 무장 험비와 지프, 대형 트럭으로 이루어진 행렬은 긴장감을 고조시켰다. 험비 위로, 장전한 기관총을 겨누고 있는 미군들의 얼굴엔

팽팽한 긴장감이 엿보였다. 언제 위에서 적이 공격해올지 모르니 대비하는 것이었다. 우리도 그 뒤를 따라 고개를 올랐다. 이 고개는 힌두쿠시의 일부로 살랑 패스라고 부르는데, 카불에서 북부지방까지 단거리로 이어주는 유일한 고개로 군사적, 상업적으로 매우 중요한 도로다. 고개로 이어지는 길은 해발 3,360m에서 터널로 이어졌다. 이 터널은 길이 2.7km에, 또 4.5km의 눈사태 방지용 간이 터널까지 더해져 총 길이는 무려 7km에 달한다. 이 대단한 터널은 구 소련이 1958년부터 6년간 공사해서 건설한 것이다.

마침 터널 안에서 작은 공사를 하고 있어서 아까의 미군 행렬과 우리 차량도 터널 앞에 멈춰 서게 되었다. 아프가니스탄에서는 군 차량이나 시설의 촬영은 엄격히 금지되어 있었지만 사진을 꼭 한번 찍어보고 싶었다. 우리는 지레 포기하지 말고 한국인의 '하면 된다'는 정신으로 물어보기나 해보자고 했다.

우리는 차에서 잠시 내려서 군인들에게 다가갔다. 그리고 "우리는 한국에서 온 사진작가들인데 당신네들 사진을 좀 찍어도 되겠습니까?" 하고 묻자, 병사 중 하나가 자기도 한국에서 근무한 적이 있다면서 흔쾌히 사진을 찍으라고 하는 것이었다. 일행은 미군 병사들의 사진을 찍기 시작했다. 저 밑의 계곡에는 소련 탱크로 보이는 전차가 기울어진 채 버려져 있었고, 미군들도 탱크와 계곡을 배경으로 자기들끼리 기념사진을 찍기 시작했다.

이윽고 차량이 다시 움직이기 시작했다. 카불에서 마자리샤리프까지의 거리는 약 310km. 잘 포장된 도로라면 별 문제가 없겠지만 이런 도로사정으로는 결코 만만치 않은 거리다. 또한 반드시 오늘 중에 가야 했다. 도중에 하루 숙박할 만한 마땅한 도시가 없기 때문이다. 그런데 우리가 나눠 탄 두 대의 버스 중 뒤에 가던 버스가 고장이 나고 말았다. 앞차는 이를 모르는 채 이미 시야에서 사라져버렸고 뒤차에 탄 사람들만 덩그러니 남았다. 운전기사가 차를 고쳐보려고 안간힘을 쓰는 것을 그저 지켜보는 수밖에는 별 도리가 없었다.

부근에는 옛날 실크로드 시절 나그네들이 잠시 쉬어갔을 것으로 보이는 토굴이 있었다. 시간도 보낼 겸 토굴이라도 구경하려고 했더니 운전수가 더듬거리는 영어로 "마인, 마인!" 한다. '마인(mine)'이라는 말은 '지뢰'라는 뜻. 우리는 겁에 질려 구경하는 걸 포기했다.

아직도 4시간이나 더 가야 하는데 벌써 날이 저물기 시작했다. 주변에는 황량한 들판과 산 외에는 아무것도 없었다. 이렇게 있다가는 밤에 무슨 일이 닥칠지 모를 일이었다. 운전기사도 점점 불안해했다. 나는 지나가는 빈 트럭이라도 잡아서 타고 가려고 했지만 모두 유조차나 고철을 잔뜩 실은 트럭뿐이라 방법이 없었다.

이젠 해도 완전히 넘어가 어둠이 조금씩 밀려들고 있었다. 앞차와도 연락이 안 되서 불안감은 점점 더했다.

그때 앞차가 되돌아왔다! 2시간 앞서가던 지점에서 아무리 기다려도 우리가 오지 않자 무슨 일이 생긴 것이 틀림없다고 직감하고 일행을 그곳에 내려놓고는 되돌아온 것이었다. 서둘러 그 차에 짐을 옮겨 싣고 있는데, 기다리고 있어야 할 앞차의 일행이 빈 트럭을 타고 되돌아왔다. 왜 돌아왔느냐고 물으니 그쪽도 너무 불안해서 길에서 마냥 기다리고 있을 수만은 없었다고 한다.

결국 마자리샤리프에 도착한 것은 예정 시각보다 3시간이 늦은 밤 10시가 다 되어서였다. 그나마 가로등조차 잘 보이지 않는 밤길을 능숙하게 운전할 줄 아는 운전기사 덕분이었다. 밤인데도 기온은 30℃ 아래로 떨어지지 않았고, 이곳 최고의 호텔이라는 파랫(Farat) 호텔에는 에어컨 딸린 방이 별로 없었다. 일행 모두 에어컨 있는 방에서 묵을 수가 없게 된 것이다.

사실 이곳에서 에어컨 없이 잠을 자기란 거의 불가능에 가까운 일이다. 샤워를 해도 온몸에서 흐르는 땀으로 시트는 금세 축축하게 젖고 만다. 에어컨 있는 방을 다른 사람들에게 양보한 내 룸메이트는 벌떡 일어나더니 호텔 밖 주차장에서 자겠다고 이불을 들쳐 안고 나갔다. 그 사람은 해병대 출신이라고 했는데, 역시 귀신 잡는 해병은 극한 상황에서도 잘 대처해 나가는구나 싶었다. 그렇지 않아도 더위 때문에 잠을 설치는 판인데, 간신히 선잠이 들면 밤새 포탄과 지뢰가 터지는 악몽에 놀라 깨곤 했다.

그래도 마자리샤리프의 아침은 생각보다 상쾌했다. 먼지와 스모그로 가득한 카불의 아침과는 사뭇 다른, 맑은 하늘과 깨끗한 공기를 만날 수 있었다. 우리 일행은 아침 코스로 기원전 5세기 페르시아의 속국이었던 박트리아의 수도 박트라(Baktra)로 향했다. 현재 이름은 '발흐(Balkh)'로 지금은 당시의 역사적 유물

은 찾아볼 수 없겠지만 역사적으로 워낙 중요한 곳인 데다 당시의 성벽이 남아 있는 것이라도 직접 눈으로 확인하고 싶어서였다.

그날 발흐는 마침 장날이었다. 많은 사람들이 장터에 모여 맛있는 것을 먹고 수다를 떨며, 쇼핑을 즐기고 있었다. 장터에는 양떼를 몰고 나타난 사람도 있고, 택시의 트렁크에 네댓 명이 끼어 앉아 타고 온 사람들도 있었다. 노새와 당나귀를 타고 온 사람들까지 합세하니 정신이 쏙 빠질 만큼 부산했다. 감자, 양파, 풋고추를 파는 행상부터 옷가게, 음식점, 빵집, 향신료가게 등이 빼곡히 늘어서서 호객을 하고 야단법석이다. 역시 사람 사는 곳은 어디나 별반 다르지 않은가 보다.

부르카를 입은 여성들이 옷가게에서 울긋불긋한 옷을 고르고 있었는데, 남에게 보여주지도 못할 옷을 왜 사는지 궁금했다. 가끔씩 노점에서 브래지어를 골라 부르카 속에서 입어보는 여성도 눈에 띄고, 놀랍게도 부르카에 하이힐을 신은 여성도 자주 볼 수 있었다.

결혼한 여자들의 경우, 남편 이외의 남자에게 얼굴을 보여주는 것은 심한 경우 자살행위나 다름없다. 실제로 외간남자와 이야기를 나누었다는 이유만으로 자살을 강요당하는 경우도 심심찮게 벌어지고 있는 것이 아프가니스탄의 현실이다. 여자는 남편의 종이나 다름없는 존재로 취급되고 있어 여성들의 지위 향상이 시급하지만 여전히 현실적으로는 쉬운 일이 아니다. 아프가니스탄의 근대화가 진행되었던 20세기 중반에 잠시 부르카의 착용이 주춤하는 듯했으나 탈레반에 의해 다시금 강제적으로 모두 착용해야만 했고, 이제는 더더욱 벗기 어려워졌다고 한다.

복잡한 시장통에서도 특히 사람들의 눈길을 끈 것은 약장사였다. 역시 어딜 가나 시골 장터에서 사람을 끌어 모으는 것은 약장사인가 보다. 많은 사람들에게 둘러싸인 가운데 약장사는 손에 약병을 들고 한참 신나게 외쳐대고 있었다. 자세히 보니 그것은 붉은색의 머큐로크롬 종류로 상처 난 데 바르는 약이다. 마침 넘어졌는지 무릎에 생채기가 난 아이를 나오라고 하더니 상처에 발라준다. 그 모습이 재미있어서 사람들 어깨 너머로 바라보고 있으려니 둘러싼 사람들이 모두 약장수는 보지 않고 나를 쳐다보는 것이 아닌가?

부리부리한 눈들이 모두 나를 바라보자 약장수는 김이 빠졌는지 목소리를 더욱 높여 약의 효과를 외친다. 이런, 내가 약장수보다 더 인기가 있다니! 과거 우리의 1970년대에도 낯선 외국인의 모습은 좋은 구경거리였으리라. 아무래도 내가 약장수의 장사에 방해가 되는 것 같아 서둘러 자리를 옮겼다.

그 후로도 장터에서 만난 사내들은 저마다 자기 사진을 찍어달라고 우리를 졸졸 쫓아다녔다. 부르카 입은 여자들을 찍고 싶은데, 그녀들은 하나같이 내 시선을 피해 도망치듯 걸음을 재촉한다. 어차피 부르카 때문에 얼굴이 보이지도 않으니 피하고 자시고 할 필요도 없어 보였지만, 좌우간 여자들은 극도로 경계하는 기색이 역력했다. 게다가 경찰들도 여인들의 사진을 찍으려고 하면 도끼눈을 뜨고 우리를 막아섰다.

하즈랏 알리의 묘와 달디단 블랙베리의 불화 – 발흐, 카불

발흐는 그 옛날 박트리아의 수도였다. 기원전 4세기 마케도니아의 알렉산더 대왕이 페르시아의 아키메네스 왕조의 수도인 페르세폴리스를 공격하자 당시 페르시아의 속령이었던 박트리아의 베소스가 일단의 군대를 이끌고 알렉산더에 대항했지만, 결국 페르시아가 정복당하자 자연히 이곳도 보복공격을 당해 한순간에 멸망했다. 이제는 당시의 유물이 하나도 남아 있지 않지만, 흙벽돌로 축성된 당시의 성벽만 남아 과거의 영광을 짐작케 할 뿐이었다.

이곳에는 중세의 시인이자 성인으로 추앙받고 있는 아부 나스르 파르사의 묘와 기념 사당이 장터 옆에 소박하게 있었다. 이곳에도 기원전 2세기 이후에는 불교가 유입되어 여러 곳에 불탑이 조성된 적이 있었지만 9세기에 이슬람이 들어오면서 가장 크고 오래된 불탑의 자리 위에 '9개 기둥의 모스크'라는 의미의 '노군밧 모스크(Nogunbat Mosque)'가 지어졌다. 이 모스크는 아프가니스탄에서 가장 오래된 것으로 문화부에 의해 보호되고 있었다. 벽돌과 흙으로 지어진 이 작은 모스크는 9개의 기둥과 더불어 천장에 아름다운 조각과 문양이 새겨져 있어 당시의 아름다운 모습을 다소나마 엿보게 한다.

마자리샤리프로 돌아온 일행은 하즈랏 알리의 묘를 방문했다. 하즈랏 알리는 이슬람교의 창시자인 마호메트(또는 무하마드)의 유일한 사위로 시아파의 창시자로 알려져 있다. 후계자를 정하지 못하고 갑자기 서거한 마호메트의 뒤를 이어 몇 사람이 정통 칼리프를 자처하며 권력다툼을 벌였다. 이 와중에 칼리프 서열 네 번째인 하즈랏 알리는 자연히 밀려나게 되었고, 이를 완강히 거부하던 알리

의 추종자들에 의해 시아파가 탄생되게 된 것이다.

시아파는 원시 이슬람교인 수니파에 반해 일종의 수정(修整), 또는 개정된 이슬람교로 불교의 소승불교와 대승불교처럼 약간 다른 노선을 취하는 종파라고 보면 된다. 알리의 묘가 이곳에 위치하게 됨으로써 이곳을 중심으로 중앙아시아와 힌두쿠시 북쪽의 지역은 시아파를 믿게 되었고 산맥 남쪽 지역들은 수니파를 따르게 된 것이다.

수니파와 시아파는 이라크를 비롯한 다른 나라에서도 그러하듯 이곳에서도 갈등을 빚고 있었다. 그것이 극단적으로 표출된 것이 바로 탈레반 정부 하에서의 시아파 학살 사건이다. 그러고 보면 하즈랏 알리의 묘 자체가 이토록 멀쩡하게 보존되어 있는 것이 어찌 보면 놀랍고도 다행스러운 일이다.

한 사람의 묘 치고는 그 크기와 미적 수준이 실로 대단한 작품이라는 생각이 들었다. 푸른 돔과 연한 하늘색의 타일로 건축된 알리의 묘는 언뜻 보면 거대한 모스크를 연상케 한다. 묘가 안치된 내부의 중앙 홀에는 무슬림 이외는 들어갈 수도 없고 사진촬영도 금지되어 있으므로 아쉬운 대로 외부만 구경해야 했다. 특이한 광경은 묘의 동쪽에 수많은 흰색 비둘기가 사육되고 있었는데, 때때로 무리를 지어 푸른 돔 위를 나는 모습이 장관이었다. 이 비둘기들은 알리의 묘가 있는 곳에서는 결코 배설하는 일이 없다고 하는데, 그래서인지 주변의 대리석 바닥은 실제로 배설물 하나 없이 깨끗했다. 정말 그렇게 기특한 비둘기가 있는지는 믿거나 말거나다.

호텔로 돌아오니 호텔 직원들이 어제 그토록 찜통 같았던 몇몇 방에 새로 에어컨을 설치하고 있었다. 한국산 에어컨이었다. 설치하던 종업원은 '메이드 인 코리아'를 외치면서 웃었다. 나도 모르게 어깨가 약간 으쓱거렸다.

쾌적한 잠자리를 기대했지만, 아프가니스탄의 전기 사정을 미처 생각 못한 게 실수였다. 우즈베키스탄에서 수입해서 쓰는 전기는 여름철이면 특히 부족한데, 그래서 수시로 에어컨이 멈추는 것을 감수해야 했다. 그나마 에어컨이라도 생기니 그날 밤은 천국이 따로 없었다.

다음날 아침, 우리는 다시 카불로 이동했다. 아프가니스탄의 여름은 본격적으로 과일이 생산되는 계절이다. 앞서 맛보았던 마자리샤리프 멜론을 비롯해, 살랑 패스 부근에는 뽕나무 열매인 오디가 제철이었다.

계곡 부근의 허름한 노점 앞에 차를 세우자 주인인 듯한 노인이 플라스틱 소쿠리에 오디를 한가득 담더니, 힌두쿠시의 용설수 계곡물에 오디를 대충 씻어서 우리에게 내놓았다. 영어로는 블랙베리(Blackberry)라고 하는데, 어찌나 달고 맛있던지, 한 움큼을 집어 입에 털어 넣고는 다 씹기도 전에 손이 다시 소쿠리로 갔다. 둘이 먹다가 하나 죽어도 모른다는 말이 실감 났다. 생전 처음 먹어본 오디인데, 이토록 맛있는 줄은 정말 몰랐다. 이 오디는 힌두쿠시의 높은 지역에서만 나는 특산물인 셈이다.

바미얀으로 가는 지역에는 복숭아가 많이 난다. 복숭아의 크기는 기껏해야 살구나 매실 정도나 될까? 아무튼 무척 작은 편인데도 당도는 엄청 높다. 입에 하나 넣고 살짝 깨물면 안에 있는 씨가 분리되고 톡 하고 뱉으면 그만이었다. 이렇게 달디단 복숭아 또한 난생 처음이었고, 이렇게 작은 복숭아도 처음 보았다. 복숭아와 살구를 우리 돈으로 2,000원어치 샀을 뿐인데, 다섯 명이 아무리 먹어도 다 못 먹을 만큼 많았다. 결국 남은 것은 짓물러진 채로 버릴 수밖에 없었다.

카불에 돌아오니 어느덧 저녁이었다. 내일은 탈레반이 파괴한 거대한 불상으로 유명한 바미얀으로 가는 날이었다. 늦어도 새벽 6시에는 출발해야 하는데, 도대체 몇 시간이나 차를 타야 할까 걱정이었다. 아프가니스탄에서는 거리를 km 단위로 이야기하지 않고 시간 단위로 이야기한다. 그래서 여기서 그곳까지 거리가 얼마나 되느냐고 물으면, 몇백km라고 대답하는 대신 12시간, 또는 14시간 거리라고 대답하는 것이다. 물리적 거리와 관계없이 도로사정에 따른 시간 거리로 계산하는 것이 더 합리적일지도 모른다.

저녁을 먹을 때 마난에게 내일 가는 바미얀까지 얼마나 걸리느냐고 물어보았다. 마난은 아마 잘하면 해가 떨어지기 전에 호텔에 닿을 수 있을 거라고 대답했다. 가만히 계산을 해보니 해가 저녁 8시쯤에 떨어지던데, 그렇다면 새벽 6시에 출발해서 최소한 14시간을 가야 한다는 얘기였다.

카불의 인터콘티넨탈 호텔은 아프가니스탄 유일의 5성급 특급호텔이다. 하지만 말이 특급호텔이지, 시설과 서비스는 태국의 4성급 호텔보다도 못한 수준이었다. 각 방에 설치된 에어컨은 있으나 마나 할 만큼 성능이 떨어져 오히려 마자리샤리프의 호텔 방이 그리워질 정도였다.

샤워를 하려고 욕실을 살펴보니 사람은 둘인데 수건이 하나밖에 없어서 하나 더 갖다 달라고 부탁했다. 그랬더니 2시간 만에, 그것도 가르쳐준 방 번호를 잊어버려서 이 방 저 방을 헤매다가 겨우 가져다주는 것이 아닌가? 전화로 당직 지배인을 찾아 한바탕 불평을 늘어놓았더니 죄송하다며 사과를 하러 오겠다고 했다. 나는 굳이 올 것까지는 없으니 앞으로 주의해달라고 말한 후 잠을 청했다.

너무 더워서 옷을 벗고 자고 있었는데, 자정쯤 됐을까? 누군가 계속 방문을 두드렸다. 잠결에 주섬주섬 옷을 입고 나가 보니 지배인이 사과를 하겠다며 찾아온 게 아닌가? 하도 어이가 없어서 지금 몇 시인 줄 아느냐고, 잠을 깨우러 왔느냐고 다그치자 연신 미안하다면서 돌아갔다.

잠시 화가 나기도 했었지만 이내 괜한 짓을 했다고 후회했다. 이제 겨우 내전을 끝내고 잘 살아보겠다고 발버둥치는 나라에 와서 잘못을 사과하러 온 지배인에게 호통을 쳐 돌려보낸 것이 마치 약한 나라를 식민지로 거느리고 거드름을 피우는 제국주의자가 된 것 같은 느낌이 들었다. 대체 이 나라에 뭐 하나 풍족한 게 있다고, 그냥 조금 참으면 되는 것을 가지고 수건 하나 때문에 여러 사람을 괴롭힌 것일까? 생각이 여기에 이르자 오히려 내가 지배인에게 사과하고 싶어졌다. 다시 문을 열고 뛰어나갔지만 지배인은 벌써 자기 방에 자러 가고 없었다.

폐허가 된 역사 속을 거닐다 – 바미얀

다음날 우리는 예정대로 새벽 6시 정각에 호텔을 나섰다. 바미얀까지 가는 길은 마자리샤리프로 가는 길과는 완전히 다르다고 했다. 높은 고개도 2개나 넘어야 하고 아직 포장이 안 된 길은 무척 험해서 일반 버스로는 가기 어렵다는 것이다. 그래서 우리는 4륜구동 미니버스 4대로 길을 떠났다.

앞차에서 일으키는 흙먼지는 고스란히 뒤따르는 차들에 골고루 분배되어 승객들을 괴롭혔다. 게다가 차에는 에어컨이 작동하지 않아서 수시로 창문을 열고 닫기를 반복해야 했다. 차를 타고 가긴 했지만, 차 안에 앉아 있는 것조차 쉬운 일은 아니었다. 저마다 마스크나 손수건으로 얼굴을 가리고 강행군을 했다.

산길로 들어서 우나이 패스(Unai pass)를 거쳐 하이작 패스(Hajigak pass)에 오르고서야 차에서 잠시 내릴 수 있었다. 차에서 내린 일행은 멀리 힌두쿠시의 설산을 촬영하며 심호흡을 했다. 해발 3,500m의 높은 고개라 호흡은 약간 거칠어졌다. 여름옷을 입은 일행들의 얇은 옷자락 사이로 차가운 바람이 사정없이 파고들었다. 오늘은 온탕과 냉탕을 왔다 갔다 한다.

고개를 내려오자 또 다른 풍경이 펼쳐졌다. 힌두쿠시를 배경으로 나지막한 언덕에 논과 배추밭, 그리고 감자밭이 푸르게 펼쳐진, 이상향과 같은 평화로운 풍경이었다. 마자리샤리프 가는 길에는 황량한 들판에 끝없이 펼쳐진 밀밭이 많이 눈에 띄었었는데, 이곳 바미얀으로 가는 길에는 골짜기마다 감자밭이 고랑을 메우고 있었다. 옅은 보랏빛의 감자꽃이 만발한 밭을 보고 있노라니 이곳 농촌의 살림은 그럭저럭 넉넉하게 느껴졌다.

이 지역에 사는 사람들은 대다수가 하자라족으로 쌍꺼풀이 없는 눈은 우리나라 사람과 상당히 많이 닮아 있다. 우리를 보고는 자기들도 의아해할 정도였다. 자신들과 같은 하자라인인 줄 알고 자주 아프간어로 무어라고 말을 거는데 우리가 알아듣지 못하자 오히려 신기한 듯 다시 한 번씩 쳐다보곤 했다.

이곳의 하자라족 여인들은 부르카를 입는 대신 원색의 스카프를 쓰고 강렬한 색의 옷을 입는다. 마치 사리를 입은 인도 여인을 연상케 했다. 인물은 그다지 눈에 띌 정도는 아니고 몸매도 대부분 그저 그렇다. 인물로 따지자면 역시 파쉬툰족이 월등하다.

파쉬툰 남자들은 부리부리한 눈에, 수술을 해도 그렇게 나올 수 없을 것 같은 뚜렷한 쌍꺼풀, 큼직하고 날선 콧날과 짙은 눈썹들은 하나같이 영화배우 감이었다. 남자들이 이 정도인데 하물며 여자들은 어떠랴? 아랍계의 여인들과 흡사한 골격과 인물을 가진 파쉬툰 여인들은 부르카를 쓰지 않았다면 뭇 사내들의 은근한 눈길을 피하기 어려울 것 같다는 생각도 들었다. 혹시 그런 이유 때문에 차도르나 부르카를 입어야 하는 것 아닐까? 이렇게 날선 콧날과 굵은 선을 지닌 이들을 보다가 인천 공항에 도착하니 우리나라 사람들은 어찌나 하나같이 접시 코 당신들이던지….

길인지 하천인지 구별이 안 가는 이상한 도로를 몇 개 지나고 다시 비포장도로에 접어들었다. 그렇게 한참을 달리자 어느덧 해가 저물기 시작했다. 예상대로 이미 14시간을 달리고 있는 것이다. 길가에 러시아제 탱크 한 대가 포신을 힘없이 떨어뜨리고 주저앉아 있었다. 내전 때 사용되었던 것으로 보이는 이 커다란 탱크가 길가에 방치되어 있다니 야간에는 무척 위험할 것 같은데, 치우지도 못하고 있는 걸 보면 워낙 크고 무거운 쇳덩이라 그것을 치우는 것 또한 이들에게는 그리 쉬운 일이 아닐 거라는 생각이 들었다. 이런 일은 정부에서 팔을 걷어

붙이고 나서야 하는데, 전국적으로 방치되어 있는 전차들을 다 치운다는 것이 그리 쉬운 일이겠는가. 2004년부터 외국인 관광객을 맞이하기 위해 많은 전차들이 치워졌다고는 하지만 아직도 수많은 전차들이 여기저기 버려진 채 녹슬어가고 있었다. 고철 값만 해도 상당할 텐데….

일행 중 몇몇 사람들이 화장실에 가고 싶다고 했다. 하지만 멀리 보이는 허접한 집 서너 채 외에는 화장실이 있을 만한 곳이 없어서 일단 무작정 차를 세웠다. 화장실이 없는 곳에 가면 남자들은 그런대로 대충 해결할 수 있는데 언제나 여자들이 문제였다. 아무래도 근처의 지형지물을 이용하는 것이 좋을 듯한데 마침 저만치 돌무덤이 하나 보여서 그리로 가도록 권했다.

그런데 어디서 나타났는지 한 무리의 남자들이 꾸역꾸역 모여들더니 우리의 여자들을 따라가는 것이었다. 앞을 가로막고 안 된다고 했지만 이 녀석들은 마약 먹은 사람들처럼 빙글빙글 웃으면서 요리조리 빠져나가 계속 여인네들을 쫓아갔다. 여인들은 비명을 지르며 뛰다시피 도망을 갔다. 난감해서 악만 쓰고 있는데, 노인 한 분이 녀석들에게 무어라고 큰 소리를 치자 갑자기 혼비백산해서 도망을 가는 것이다. 그 노인은 마을의 원로로 사람들에게 존경을 받는 인물이었던 모양이다. 가이드를 통해 얘기를 들으니 그 녀석들은 여인들의 맨얼굴을 본 게 처음이라 너무 신기해서 그냥 쫓아간 것이라고 한다. 짐작은 했지만 정말이지 여성들이 여행하기에는 힘든 나라로구나 하는 생각이 들었다.

캄캄해져서야 겨우 호텔에 도착했다. 호텔 이름은 '루프 오브 바미얀(Roof of Bamyan)', 즉 '바미얀의 지붕'이라는 뜻이다. 호텔 주인은 터프한 중년의 하자라인인데, 어디서 배웠는지 영어를 썩 잘했다. 우리 가이드인 마난은 파키스탄의 외국인 학교에서 미국인에게 영어를 배운 탓인지 정확하고 깔끔하게 영어를 구사했다. 이렇게 아프가니스탄에서 만난 몇몇 현지인들은 생각보다 영어를 잘해서 적잖이 놀라웠다. 오히려 10여 년간 지배했던 구 소련의 영향으로 러시아어를 더 잘할 줄 알았는데, 그렇지 않다는 것이 이상할 정도였다.

우리는 구 소련이 아프가니스탄을 침공해서 1989년에 물러날 때까지 아프간 사람들에게 온갖 만행을 저질렀다고 생각하지만, 이곳 사람들의 생각은 약간 다른 듯했다. 소련이 점령했을 당시에는 일반인의 생활이 오히려 넉넉한 편이었다는 것이다.

물론 이들이 구 소련의 지배를 환영한 것은 아니었지만, 당시 소련은 경제와 정치, 치안, 교육 등 여러 면에서 아프가니스탄의 지위를 격상시키고자 노력했다고 한다. 하지만 이들의 노력은 이를 시기한 미국의 지원을 받은 무자헤딘들의 계속된 괴롭힘과 끝없이 들어가는 전비를 견디지 못하고 수포로 돌아가고 말았다. 구 소련이 해체됨과 동시에 철수해버렸기 때문이다.

바미얀의 아침 공기는 무척 쌀쌀해서 이제까지 맛보지 못했던 한기를 오랜만에 폐부 깊숙이 느낄 수 있었다. 상쾌한 찬 공기가 머리를 맑게 청소해주는 듯했다. 물론 간밤에는 에어컨도 필요 없었고, 오히려 따뜻한 담요가 그리울 정도였다. 맑은 아침 햇살을 받으며 바미얀의 거대한 불상이 있던 서쪽 감실(龕室)이 조금씩 밝아 오기 시작했다. 감실은 불상(佛像)이나 신주(神主), 또는 기타 여러 가지 물건을 안치시키기 위하여 만든 공간이다. 석굴, 고분 등의 벽 가운데를 깊이 파서 석불을 안치하거나, 묘 주인공의 초상을 그려놓은 곳도 역시 감실이라고 한다.

텅 비어 있는 거대한 감실 아랫부분에는 탈레반의 폭파작업으로 주저앉은 불상의 잔해가 그대로 쌓여 있었다. 일행은 한결같이 한숨을 쉬며 아쉬움을 토로

했다. 폭파되기 전에 왔었더라면 좋았을 텐데 하고 말이다. 그 말이 꼭 '우리가 와본 다음에 폭파되었더라면….' 하는 이기적인 허탈감 같아서 약간은 미안한 마음도 들었다.

이러한 탈레반의 문화유산 파괴는 우리 같은 범인들에게도 깊은 시름과 안타까움을 안겼다. 이곳을 찾는 관광객은 현재까지는 극소수라서, 감실 입구에는 철책이 쳐져 있고 한참 후에 관리인이 와서 자물쇠를 열어준다. 매표소는 따로 없지만, 관리인에게 입장료 3달러, 카메라 휴대비 3달러를 지불해야 하고, 돈을 내면 영수증도 만들어주는 것을 보면 나름대로 관리를 하고 있는 모양이었다. 물론 폭파된 잔해는 작은 돌멩이 1개도 가지고 나갈 수 없다.

불교가 아프가니스탄에 전파된 것은 기원전 2세기경이었다. 바미얀 석불들은 6세기경에 세워졌으며 그리스 조형미술의 영향을 받은 간다라 양식이었다. 혜초

의 《왕오천축국전》에서도 이를 간략히 언급한 부분이 있다. 2001년 3월 8일과 3월 9일, 이슬람 국가를 포함한 국제사회의 반대에도 불구하고 이슬람 근본주의를 내세운 탈레반 정권은 로켓탄을 이용해 석불들을 파괴했고, 현재는 흔적만 남아 있을 뿐이다.

서쪽 감실의 입구에는 독일 고고학자들의 막사가 보였는데, 바미얀의 석굴들을 연구하려는 건지 복원하려는 것인지는 알 수 없었다. 소문에 의하면 일본 정부가 자금을 들여서 바미얀의 석불들을 복원할 예정이라고 하는데, 어디까지가 사실인지는 가이드인 마난도 확실히 모른다고 했다. 하긴 복원을 하려고 해도 그 시점을 언제로 해야 하는지부터가 문제다. 왜냐하면 불상을 마지막으로 완전히 주저앉힌 장본인은 탈레반이지만, 실은 그 이전부터 많이 훼손된 상태였기 때문이다.

1222년경 칭기즈칸이 이곳을 점령했을 때 일부 훼손되었을 것이라는 의견도 있고, 이후 무굴제국의 6대 황제였던 아우랑제브에 의해서 훼손되었을 것이라는 주장도 있다. 타지마할을 만든 아버지 샤자한을 감금한 아우랑제브는 무굴제국의 황제들 중 가장 호전적인 성격을 지닌 데다 불교를 아주 싫어했기 때문에 인도 내에 있는 불상과 불탑들 역시 가장 많이 훼손시킨 인물이다.

아무튼 탈레반이 전 세계의 호소와 협박에도 굴하지 않고 바미얀의 불상을 파괴하려고 했을 때만 해도 이미 그 이전에 불상의 얼굴 부분은 형체를 알아볼 수 없을 정도로 훼손된 상태였다. 따라서 과거의 모습으로 복원한다는 것은 그렇게 간단치 않다는 데 문제가 있다.

과연 불상의 얼굴 부분을 무슨 근거로 어떤 모습으로 어떻게 복원할 것인가? 아무도 본 적 없고, 아무런 기록도 없는 상태에서 불상을 잘못 복원하면 그것 자체가 웃음거리가 될 우려가 있다. 고고학자들이 의논해서 결정할 문제겠지만 개인적으로는 차라리 지금 그대로, 무너진 파편이 쌓여 있는 그대로 보존되기를 바라는 마음이다.

아침식사를 마치고 일행은 두 그룹으로 나누어 돌아다니기로 했다. 한 그룹은 바미얀에서 3시간 거리에 위치한 반다미르 호수를 구경하는 것이고 다른 그룹은 바미얀 시내의 주요 유적을 돌아보는 것이었다.

반다미르 호수로 향하는 그룹을 떠나보내고, 나머지 일행은 바미얀 시내에서 1.5km 떨어진 '샤흐르이골골라(Shahr-e-Gholghola)'라 불리는 언덕으로 향했다. 샤흐르이골골라는 영어로 'City of Scream', 즉 '비명의 도시'라는 뜻이다. 이 이름은 13세기 칭기즈칸이 바미얀을 정복한 직후 한 중국인 역사학자가 우연히 바미얀에 도착하여 밤에 잠을 청하는데 어디선가 늑대와 독수리들의 울음소리가 끊임없이 들려왔다고 한다. 다음날 그 소리를 따라 이곳에 와보니 늑대와 독수리 떼가 산더미처럼 쌓인 사람들의 시체를 뜯어먹는 것을 목격하고 '비명의 도시'라는 이름을 붙인 것이라고 한다.

원래 이곳은 도시라기보다는 하나의 요새로서 잘라주딘 호라즈미(Jalajudin Horazmi)라는 이름을 가진 곳인데, 칭기즈칸의 군사들에 의해 철저히 파괴된 직후 세상에 알려지게 되었다. 언덕 위에는 당시의 모습을 가늠할 수 있는 사람들의 거처와 망루들이 폐허가 된 채 남아 있고, 그곳에서 오르면 바미얀 시가지와 석굴의 전경이 한눈에 들어왔다.

지금도 이렇게 접근하기가 어려운데 13세기에 이곳에 온다는 게 얼마나 힘든 일이었을까? 그리고 당시에 무슨 이유로 이렇게 힘든 지역에 불상을 조성했던 것일까? 실크로드의 다른 곳처럼 교통의 요충지도 아닌 이곳에 왜 이런 엄청난 작품을 만들어놓은 것일까? 나의 짧은 생각으로는 인도의 아잔타(Ajanta)나 엘로라(Ellora)처럼 불상을 조성하기에 가장 알맞은 지형을 형성하고 있다는 점이 여러 이유 중 하나였을 것 같다. 게다가 다른 지역과 동떨어져 있으니 수도사들이 수도에 정진하기에 좋은 환경을 지니고 있다는 것도 장점이 될 수 있지 않을까?

실제로 바미얀에는 뉴스에 등장했던 초대형 불상만 있었던 것이 아니라 불상 주변의 절벽에도 수많은 작은 석굴이 있어서 수도사들이 장기간 묵으면서 수행을 하는 승방의 모습을 연상케 한다. 6세기부터 8세기에 걸쳐 조성된 이러한 석굴들은 그 숫자가 700여 개에 달하고 대부분 내부에는 아름다운 프레스코 벽화로 장식되어 있었지만, 그동안 모두 도굴당하고 이제는 아무것도 남아 있지 않다.

당나라의 현장이 7세기에 방문할 당시에는 이곳에 10여 개의 사원과 수천 명의 승려들이 있었다고 한다. 비명의 도시에서 한눈에 내려다보이는 바미얀 석굴군은 여전히 당시의 평화로운 신심의 분위기를 지니고 있었다. 텅 빈 대불상들의 감실만이 뼈아픈 내전의 고통을 전해주는 듯했다.

"굿바이 테러리스트!" 다시 카불로 - 쉬바르 패스, 카불

바미얀은 정말 아름다운 곳이었다. 국토의 대부분이 삭막한 산악과 사막으로 형성되어 있는 것을 감안하면 짙은 숲과 계곡과 하얀 설산이 어우러진 바미얀은 정말 이상향과 같은 곳이었다. 아프가니스탄에서 가장 아름다운 곳을 꼽으라면 나는 단연 바미얀을 꼽겠다. 불상 없이 텅 비어 있는 감실만 본다는 것은 안타까운 일이지만, 바미얀은 자체의 아름다운 풍광과 쾌적한 기후만으로도, 그리고 그에 더해 세계적으로도 불가사의한 반다미르 호수와 함께 아프가니스탄 최고의 관광지임에 틀림없다.

바미얀에서 10km 정도 동쪽으로 나가면 깎아지른 절벽 위에 이른바 레드 시티(Red City)라는 요새의 유적이 보인다. 원래 이름은 '샤흐르이조하크(Shahr-e-Zohak)'다. 바미얀 분지의 동쪽 입구에 위치하여 이곳으로 들어오는 외지인을 감시하고 일종의 통행세를 부과했던 곳으로 보이는데, 바미얀에 들어오려면 반드시 이곳을 지나쳐야 했다.

그러나 이곳 역시 칭기즈칸의 무력 앞에 힘없이 무릎을 꿇고 파괴당하고 만다. 칭기즈칸이 가장 사랑하는 손자인 무투켄이 이 성을 공략하다가 전사하자, 그는 자신이 직접 보복을 하기로 결심한다. 앞서 이야기한 비명의 성 샤흐르이골골라가 본거지였는데, 그곳을 함락시킨 후 바미얀의 모든 생명체를 철저히 파괴하고 죽여버린 것이다.

절벽 위에 붉은 흙벽돌로 지어진 샤흐르이조하크의 유적은 멀리서 보아도 근사했다. 더욱이 저녁 햇살을 받아 이미 떠 있는 달과 함께 어우러진 이 성에 한 번 올라가 보고 싶었지만 그곳에는 여전히 지뢰가 많이 매설되어 있어서 그나마

저 정도라도 보존되고 있는 것이라는 설명에 포기하고 말았다. 기회가 되면 꼭 한번 올라가보고 싶은 곳이다.

다음날 새벽 우리는 서둘러 바미얀을 떠났다. 카불에 좀 더 일찍 돌아가 쉬고 싶었기 때문이다. 그래도 다들 수많은 오지를 함께 여행했던 베테랑 오지여행자들인지라 이 정도의 차량이동은 별로 큰 무리가 아니었다. 그런데 갑자기 맨 앞 차에 타고 가던 마난이 내게 달려와서는 "어제 왔던 길로는 되돌아갈 수 없게 되었다."고 알려왔다. 어제 오후에 힌두쿠시 산맥에서 녹은 물이 저녁 내내 흘러내려와 아침시간에는 수위가 최고에 이르므로 부분적으로 하상(河床)으로 이동했던 그제의 그 길로는 다시 갈 수가 없다는 것이다.

이틀 전 오후에 이 계곡을 통과할 때만 해도 이게 과연 길일까 싶을 정도로 물이 흐르는 하천 바닥을 4륜구동 차량으로 비틀거리면서 간신히 지나온 기억이 생생했다. 힌두쿠시는 밤이 되면 급격히 기온이 떨어져 얼어붙기 때문에 물이 내려오지 않고 그것은 다음날 오후나 되어서야 계곡에 영향을 주기 때문에 그렇게라도 이동을 할 수 있었던 것이었다.

결정을 하는 데는 오래 걸리지 않았다. 달리 방법이 없었기 때문이다. 다른 길로 돌아서 갈 수 밖에 없다. 우리는 지름길인 오른쪽 길을 포기하고 왼쪽 길로 접어들었다. 길의 상태는 왔던 길보다는 대체적으로 좋은 편이었으나 돌아가는 길이었으므로 먼 길이었다. 하지만 그 길도 그리 지루하진 않았다.

중간에 쉬바르 패스(Shibar pass)라는 해발 3,000m 고개를 넘었는데, 이 고개는 또한 기원전 4세기에 알렉산더 대왕이 박트리아를 정복하고 바미얀 왕국을 침공하기 위해 넘었던 역사적인 고개였다. 고개의 중턱에는 또 다른 정복자의 흔적이 남아 있었는데, 역시 소련제 탱크였다. 버려진 지는 꽤 오래된 것 같은데,

페인트칠은 아직 여전했다. 건조한 날씨 때문에 이렇게 오래 보존되고 있는 모양이었다.

고개를 넘자 기사들이 약속이나 한 듯 차를 세웠다. 시간도 없는데 웬일인가 했더니 약수터가 있다고 한다. 아프가니스탄에서 가장 유명한 약수터라는 이곳은 알렉산더 대왕 역시 고개를 넘기 전에 목을 축인 곳이라고 한다. 믿거나 말거나지만 그럴듯하게 들렸다. 거대한 바위틈 밑에서 솟아나오는 샘물이 어찌나 차고 맛있는지 벌컥벌컥 마셨더니 마난이 너무 마시면 10분 이내로 배가 고파진다고 경고했다. 그만큼 신기한 물이라는 것이다. 운전기사들은 물병에 있던 물을 버리고 모조리 약수를 채우기 시작했다. 물이 얼음처럼 차가워서 이후 몇 시간은 시원한 물을 즐기면서 이동할 수 있었다.

어느덧 다시 해가 기울고 차들은 카불 근교의 도로 위를 달리고 있었다. 갑자기 검문소가 나타나 차들이 멈춰 섰다. 경찰 한 명이 차 안의 일행을 하나씩 하나씩 의심스러운 눈초리로 살피기 시작했다. 일행 중 한 분이 "위 아 투어리스트(We are tourist)!"라고 경찰에게 얘기하자, 경찰이 갑자기 소스라치게 놀라면서 되물었다.

"아 유 테러리스트(Are you terrorist)?"

정말로 그렇게 생각했던 모양이었다. 그도 그럴 것이 오는 길에 흙먼지가 하도 심해서 모두들 모자를 푹 눌러쓰고 마스크 대신 손수건으로 복면을 하고 있었기 때문에 누가 봐도 얼핏 보면 복면강도나 무장강도였다. 오해가 가시고 한참을 웃던 경찰은 경례를 하면서 잘 가라고 인사했다. "굿바이 테러리스트!"라면서….

다음 날, 카불의 아침은 여느 때처럼 소란스럽게 시작되었다. 아침 7시밖에 안 됐는데도 시내는 차들로 넘쳐났다. 카불 시내는 포장되지 않은 도로가 많아서 언제나 흙먼지로 가득하다. 우리는 첫날 문이 닫혀서 보지 못했던 카불 박물관으로 다시 발길을 옮겼다. 카불 박물관의 입장료는 우리 돈으로 2,000원 정도다. 하지만 여기도 카메라 휴대요금(camera fee)을 별도로 받고 있었는데, 카메라는 1대당 3,000원, 비디오카메라는 8,000원 정도다.

워낙 구경하기 힘든 곳이라 아낌없이 카메라를 들고 입장했지만 볼 만한 것은 탈레반에 의해 부서진 것을 간신히 다시 이어붙인 불상 몇 점과 옛날 동전 몇 개, 스투파의 파편으로 보이는 부처의 일생을 그린 부조 두어 점이 고작이었다. 1층과 2층을 모두 보는 데 걸린 시간은 불과 10분 정도였다. 에어컨이 있는 것도 아니고 그렇다고 볼 만한 유물들이 많이 있는 것도 아니어서 실망이 컸다.

밖으로 나온 우리는 한 무리의 무장군인들이 우리와 차량을 에워싸고 있는 것을 보고 깜짝 놀랐다. 알고 보니 맞은편 다룰아만 궁전을 기지로 사용하고 있는 캐나다 군인들이 관측 탑에서 우리 쪽을 관찰하다가 커다란 카메라를 잔뜩 메고 나타난 우리 일행이 수상해 보였는지 급히 중무장을 하고 출동한 것이었다.

장교인 듯한 사나이가 총을 들고 우리에게 다가오더니 "뭐 하는 사람들이냐?"고 물었다. 관광객이라고 대답하자 깜짝 놀라더니 "아프가니스탄에 관광객이, 그것도 이렇게 단체로 들어온 건 처음 본다."고 하면서 어디서 왔느냐고 물었다. 한국에서 왔다고 대답하자 "코리아? 유 노우 동두천?(Korea? You know Dongduchon?)" 하고 되묻는 것이 아닌가. 알고 보니 이 친구는 한국의 동두천에서 근무한 적이 있다고 한다. 아직도 김치가 생각난다면서 손짓으로 부하들에게 총을 치우도록 명령했다. 우리나라에 미군과 유엔군이 주둔한다는 사실이 이렇게 유용하게 이용될 때도 있구나 하는 새삼스런 생각에 웃음이 터져 나왔다.

그는 자신들의 기지는 촬영하지 말라는 당부와 함께 철수하기 시작했다. 우리는 느긋한데, 박물관을 지키던 경찰들이 오히려 더 쩔쩔매며 기지로 돌아가는 군인들의 뒤통수를 향해 거수경례를 하는 모습이 어쩐지 우스꽝스럽게 보였다.

카불 박물관을 나와 외국인들이 자주 찾는다는 일종의 쇼핑거리 치킨 스트리트(Chicken Street)로 나왔다. 이곳은 이름 그대로 원래는 닭이 거래되던 시장터였으나 지금은 작은 선물가게들이 옹기종기 어깨를 대고 외국인 관광객을 상대로 장사를 하는 곳이다. 고만고만한 가게들의 모습은 하나같이 허술하기 그지없었다. 그래도 일행 중 물건을 볼 줄 아는 안목이 있는 분들은 오래된 명품시계를 헐값에 사는 순발력을 보이기도 했다.

나는 아프가니스탄의 특산물이라는 주먹만 한 청금석 돌을 하나 샀다. 무게를 달아서 파는 이 돌은 지중해의 바닷물처럼 짙은 코발트빛을 지니고 있는데 가공만 잘하면 터키석 못지않은 가치를 지닐 만하다는 생각이 들었다. 아프가니스탄

에서만 발견되는 돌이니까 말이다.

호텔로 돌아가는 길에 깨끗하고 세련된 건물이 눈에 들어왔다. 마난은 그것이 한국 정부에서 지어준 병원이라고 말했다. 우리나라도 아프가니스탄에 뭔가 도움을 주고 있다는 생각이 들어 기뻤다.

오후에는 유난히 더워서 그냥 각자 쉬기로 했다. 내일은 다시 잘랄라바드를 거쳐 국경을 넘고 파키스탄의 페샤와르까지 가야 하기 때문에 오늘은 일찍 쉬는 것이 좋겠다고 판단했기 때문이다. 게다가 내일의 여정은 이번 여행 중 최장거리를 이동하는 것이기도 하다. 또 새벽 4시에는 출발해야 하므로 충분한 휴식이 필요했다.

카불에는 한국식당이 하나 있다. 수년 전에 한국에서 식당을 운영한 경험이 있는 중국인이 카불에 중식과 한식을 겸한 식당을 차렸다고 한다. 이 사람은 어느 한국인 여행자에게 삼겹살을 팔다가 체포되어 지금까지 3년째 감옥에서 수감생활을 하고 있다고 한다.

이슬람 국가 중에서도 아프가니스탄은 무척이나 엄격한 규율이 있어 돼지고기를 일절 먹지 못하게 하고 있다. 아프가니스탄에서 돼지고기를 팔다가 걸리면 3년, 먹다가 걸리면 8년간 옥살이를 해야 한다.

각자 휴식을 취하고 있던 늦은 오후, 아이스크림을 먹으러 가자는 마난을 따라 함께 시내로 나섰다. 사나운 모래바람이 시내를 온통 흙먼지로 채우고 있었다. 시내 가운데로는 카불 강이 관통하는데, 지금은 여름이라 바짝 말라 있었고 말라버린 강바닥에는 바자르가 열리고 있었다. 5년 전 여름, 지금처럼 말라버린 카불 강 위에 바자르가 처음 형성되기 시작했다고 한다. 바자르의 규모는 날이 갈수록 점점 커져서 옷, 카펫, 생필품, 식료품, 채소 등 없는 게 없을 정도로 많은 가게들이 모여 들었다.

그러던 어느 날 밤 얘기치 않은 폭우가 이틀 동안 쏟아졌고, 폭우가 진정된 다음날 아침 이곳에 온 상인들은 자신들의 가게가 강물에 완전히 잠겨버린 것을 목격해야만 했다. 이후부터 이 바자르를 '타이타닉 바자르'라 불렀다고 한다. 전쟁의 상처 속에서도 이런 유머가 만들어진 것이 오히려 애써 여유를 부린 것 같아 안쓰럽게만 하다.

버스로 강 위를 달린 극적인 엑소더스 – 페샤와르, 이슬라마바드

다음날 새벽, 아프가니스탄 여정을 마치고 파키스탄으로 향했다. 이곳으로 올 때의 경험을 바탕으로 두 대의 버스기사들은 최선을 다해 운전을 하기 시작했다. 이 날은 도시락을 준비할 시간이 없어서 먹을 거라곤 빵과 음료수, 그리고 멜론이 전부였다. 게다가 사람이 18명인데 마난은 멜론을 겨우 2개만 사가지고 왔다. 물론 나에게 꾸중을 듣긴 했지만, 이 새벽에 문을 연 과일가게가 없으니 그도 어쩔 수 없는 노릇이었다. 하지만 다행히도 버스는 생각보다 빨리 목적지들을 지나갔다.

아침 7시, 공사구간으로 들어가는 길과 3시간 정도 돌아서 가야 하는 우회도로의 교차점에서 검문소의 군인이 우리 차를 세웠다. 공사구간이니 그쪽으로는 못 들어간다는 시늉을 하는 것이 보였다. 마난과 나이 지긋한 운전기사가 내려서 군인에게 한참 사정 이야기를 하자, 자기가 결정할 문제가 아니라는 듯이 안으로 들어가 상관을 깨웠다.

잠이 덜 깬 듯 눈을 비비며 단추도 제대로 채우지 않고 나온 직속상관은 다시 이야기를 듣더니 고개를 옆으로 흔들면서 또 자신의 상관을 깨우러 옥상으로 올라갔다. 위를 올려다보니 옥상의 침상에서는 초소의 최고 지휘관이 얇은 군용 담요를 덮고 곤히 잠들어 있었다. 부하는 감히 상관을 잘못 깨웠다가는 큰일 나는 게 아닐까 하는 두려움으로 조심스럽게 다가가 귓속말로 지휘관을 깨웠다. 일행의 눈은 모두 상관의 얼굴에 꽂혔다. 저 친구의 결정에 따라 우리의 3시간이 결정될 판이었다.

하지만 속삭이는 말을 못 들었는지 상관은 미동도 없었고, 부하는 이번엔 조심스레 몸을 흔들어 깨우기 시작했다. 드디어 상관이 눈을 뜨고 부하를 올려다본다. 부하는 다급하게 거수경례를 하고 자초지종을 설명했다. 듣고 있던 상관은 이내 우리가 통과해도 좋다고, 부하에게 통과시키라고 명령했다. 그래도 무슨 소린지 잘 못 알아듣자, 한심하다는 듯 침대에서 벌떡 일어나 아래를 내려다보며 말단 병사에게 빨리 바리케이드를 치우라고 손짓했다. 우리는 차 안에서 지휘관을 향해 들리지도 않을 "땡큐!"를 외치며 손을 흔들었다. 검은색의 구레나룻이 얼굴의 반을 덮은 그는 팬티만 입은 채였다. 지휘관은 다시금 침대에 눕더니 우리를 향해 손을 흔들고는 이내 다시 잠을 청했다.

검문소를 무사히 통과하고 몇 시간을 달린 우리는 다시 커다란 난관에 봉착했다. 도로공사가 시작된 것이다. 처음 마난이 말했을 때 믿지 않았던 일이 벌어지고 있었다. 장비의 이름은 알 수 없지만 도로의 왕복차선에 꼭 맞도록 도로포장 차량이 조립되어 있었고, 이 공사가 진행되는 동안에는 결코 도로를 통과할 수 없다는 것이 자명해졌다. 앞서 출발했던 몇 대의 차량도 공사장 앞에서 꼼짝없이 멈추어 서 있었다. 마난은 책임자인 중국인에게 날 데려갔다. 사정을 해보라는 얘긴데, 내가 생김새가 그들과 같으니까 서로 말이 통하는 줄 알았던 모양이었다.

나는 "니 하오!" 하고 인사한 다음 "Do you speak English?" 하고 물었다. 당연히 중국인 노동자는 눈만 꿈뻑꿈뻑하더니 중국말로 "메이요(모르겠다)." 하면서 손을 가로젓는다. 난감했다. '이들 중 누군가는 영어를 할 텐데….' 하는 생각이 들어 중국인들 사이로 다니면서 영어를 할 만한 사람을 찾아보았다. 관상을 보아하니 좀 똘똘하게 생긴 감독관처럼 보이는 친구가 눈에 띄었다. 영어를 할 줄 아느냐고 물었더니, "A little." 하면서 "Where are you from?" 하고 묻는다. “Korea!”라고 대답하자 “We are friends.”라면서 웃는 것이었다. 사람 하나는 제대로 만났다.

“미안하지만 우리가 오늘 중으로 국경도 넘어야 해서…. 급해서 그러는데, 저 차량을 잠시 치워줄 수 있겠느냐?”고 물었더니 할 수는 있지만 해체하는 데 4시간 이상 걸린다는 것이었다. 갑자기 눈앞이 캄캄해졌다. 방법이 없겠느냐고 다시 묻자, 옆에 흐르는 카불 강을 따라 1km가량만 우회하면 된다는 것이다. 말이 쉽지 4륜구동 지프도 아닌 버스로 물이 흐르는 강바닥을 따라 이동한다는 것이 말처럼 쉬운 일인가. “안전할까?” 하고 되묻는 내게 중국인 감독관은 “글쎄….” 하고 얼버무렸다.

나로서는 중요한, 그리고 매우 시급한 결정을 해야 하는 절박한 순간이었다. 이쪽 도로를 통과하지 않으면 6시간 넘게 돌아서 가야 하고, 그렇게 되면 오늘 중으로 파키스탄 국경을 넘기 어려울 수도 있기 때문이었다. 그러면 호텔 하나 없는 국경 검문소에서 하룻밤을 꼬박 차 안에서 앉은 채로 보내야 하는데, 힘든 것은 둘째 치고 과연 그것이 안전하기나 할지도 의문이었다. 잘랄라바드에 탈레반이 출현해서 미군이 급파되었다는 뉴스를 어제 저녁에 들은 터였다, 담배를 하나 피워 물었다. 마난은 빨리 결정하라고 계속 재촉했다.

나는 결국 운을 시험해보기로 했다.

길게 늘어선 다른 차들 옆에 서서 운전수들이 팔짱을 낀 채 우리를 바라보고 있었다. 흥미롭게 바라보는 그들의 시선을 느끼며 우리의 버스 두 대가 차례로 강바닥으로 내려갔다. 물이 얕게 흐르는 바닥은 거의 자갈길이었고, 군데군데 깊은 웅덩이가 있었다. 두 대의 버스 중 귀여운 늦둥이 딸을 데리고 온 나이 지긋한 노인 기사가 앞장섰다. 여행 중 줄곧 느낀 것이지만 이 노인은 다른 차의 젊은 기사보다 운전 솜씨가 좋았다.

겨우 1km 거리가 이렇게 긴장되면서도 지루하게 느껴질 줄은 정말 몰랐다. 순간이 영원처럼 길게 느껴진 것 역시 이번이 처음이었다. 차창 밖을 바라보니 저 멀리 공사장의 모든 사람들과 공사 차량들, 그리고 공사가 끝나기만을 기다리는 모든 트럭의 운전수들이 하던 일을 멈추고 혀를 끌끌 차면서 우리를 바라보고 있었다.

버스는 좌우로 쏠리며 계속 비틀거렸다. 차 바닥과 돌이 쿵 하고 부딪치며 강물이 버스의 계단까지 들어오기 시작했다. 일행들은 머리를 창밖으로 내밀고 흙탕물과 자갈 위로 요동치며 굴러가는 버스의 바퀴를 굳은 표정으로 지켜보고 있었다. 10여 분 동안 그렇게 강바닥을 비틀거리면서 움직이던 두 대의 버스는 마침내 무사히 공사구간을 지나 아스팔트 위에 안착했다.

일행은 기사들에게 박수를 보내며 환호했다. 지금도 그때 위험을 무릅쓰고 최선을 다해 운전해준 우리의 두 운전기사 양반들에게 진심으로 감사하고 있다.

파키스탄 국경에 도착하니 지난번 우리를 안내했던 알리가 마찬가지로 차량 두 대를 대동하고 마중을 나왔다. 짐을 옮겨 싣고 아프가니스탄을 떠나면서 우리는 마난과의 헤어짐을 아쉬워했다. 마난은 어린 나이에 산전수전을 다 경험한 탓인지, 무척이나 어른스럽게 일장 연설을 했다. 이번에 아프가니스탄에 와주셔서 너무 고맙고, 관광객들이 많이 옴으로써 아프가니스탄이 더 빨리 재건될 수 있다며 그동안 불편하게 한 점이 너무 많아서 죄송했다고 말이다. 우리는 그의 말을 경청하면서 아프가니스탄의 빠른 재건을 기원했다.

그동안 아프가니스탄에서 고생을 많이 해서인지 페샤와르의 호텔에 도착했을 때 그다지 피곤함을 느끼지는 못했다. 그러나 처음 아프가니스탄으로 출발할 때

와는 달리 파키스탄이 이토록 선진국(?)인 줄은 몰랐다. 모든 것이 아프가니스탄에 비해 풍족하고 세련되어 보였다.

다음날 방콕을 거쳐 서울로 돌아오는 비행기 안에서 2주 남짓 여행했던 아프가니스탄의 수많은 얼굴들과 풍경들이 주마등처럼 다시 한 번 눈앞을 스쳐 지나갔다. 하지만 대부분 애절한 장면들이었다. 바미얀의 부서진 불상과 도굴당한 승방의 벽화들, 그곳에서 맞은편으로 멀리 보이던, 칭기즈칸에 의해 철저히 파괴된 비명의 성, 카불 시내의 장터에서 만난 부르카 입은 동냥하는 여인, 지뢰로 불구가 된 아이들, 소련군의 신음이 들리는 듯한 버려진 전차들, 멀쩡한 비석이라고는 하나도 없는 공동묘지들, 약탈당한 박물관, 지붕이 내려앉은 왕궁, 폐허가 되어버린 마을, 그리고 국경에서의 참담한 광경들….

그러나 또 한편으로는 급속히 재건되고 있는 아프가니스탄의 모습도 함께 오버랩 되었다. 위성전화밖에는 안 되는 줄 알았지만 벌써 외국 통신회사들이 전화선을 복구하고 있었다. 도시는 수많은 차들로 몸살을 앓을 정도였고 시골의 시장에도 먹을 것만은 비교적 넉넉해 보였다. 어느 시장에도 과일과 채소는 넘쳐났고 갖가지 생필품도 구비되어 있었다. 또한 주요 도로는 이미 상당수 포장 중이고 아마도 몇 년 후면 파키스탄 못지않은 도로망을 갖추게 될 것 같았다. 도로포장을 하려면 그동안 버려졌던 전차들도 빠르게 회수할 것이고 지뢰 제거작업도 꾸준히 이어질 것이다. 무엇보다도 전쟁의 상처를 겪은 사람들 치고는 대부분 표정들이 밝고 희망적이었다는 사실이 기뻤다.

마음 한편으로는 빨리 전쟁의 상처를 씻고 재건되었으면 하는 바람을 가지고 있으면서도, 다른 한편으로는 그 재건이 좀 더디게 이루어져서 더 많은 사람들이 전쟁의 상처가 어떤 것인가를 직접 와서 보고 느꼈으면 좋겠다는 이율배반적인 생각이 들어 머릿속이 복잡했다. 우리가 여행 기간 동안 보았던 버려진 탱크와 장갑차들이 이 땅에서 모두 치워지고, 비포장 계곡길이 시원한 아스팔트로 말끔히 포장되고, 포탄 자국이 선명하던 왕들의 묘와 건물들의 잔해가 모두 치워지고 나면, 과거의 유물 하나 제대로 남아 있지 않은 아프가니스탄에 사람들은 과연 무엇을 보러 올까? 이런 안타까움(?)이 밀려오는 것은 나만의 오만함과 이기심인지, 아직도 잘 모르겠다.

[여행 일정 요약]

17박 18일(7월 3일 ~ 7월 17일) 1일 10시 40분 인천 공항 출발(방콕 경유) ◎ 23시 30분 이슬라마바드 도착 2일 이슬라마바드 ◎ 페샤와르로 이동 3일 페샤와르 ◎ 토르캄 국경을 넘어 아프가니스탄의 잘랄라바드로 이동 4일 잘랄라바드 ◎ 카불로 이동 5일 카불 ◎ 마자리샤리프로 이동 6일 마자리샤리프와 발흐의 주요 지역 답사 7일 마자리샤리프 ◎ 카불로 이동 8일 카불 ◎ 바미얀으로 이동 9일 바미얀 주요 지역 답사 10일 바미얀 ◎ 카불로 이동 11일 카불 주변의 주요 지역 답사 12일 카불 출발 다시 국경을 넘어 페샤와르로 이동 13일 페샤와르 ◎ 이슬라마바드로 이동 14일 21시 10분 이슬라마바드 출발(방콕 경유) ◎ 12시 30분 델리 도착 ◎ 올드델리 답사 15일 07시 05분 인천 공항 도착

• 아프가니스탄 여행은 다른 일정을 추가하지 않았다. 주요 지역을 어느 정도 만족스럽게 둘러보려면 최소한 보름 정도의 시간이 필요한데, 이보다 짧으면 제대로 여행을 할 수가 없다. 또한 이 일정에 포함되지 않은 지역은 아직 위험 지역이라서 접근이 어렵기 때문에 일정을 더 길게 잡는 것도 별 의미가 없다.

지은이

이정식(사진작가, 오지여행 전문가)

해외여행이라는 단어조차 생소했던 1970년대부터 세계 곳곳을 탐험하기 시작한 오지여행 전문가이자 사진작가다. 우리나라 해외여행 1세대로 지난 30여 년간 65개국 이상의 나라를 다녀왔다. 까까머리 중학생 시절부터 여행을 워낙 좋아해서 주말마다 무작정 발길 닿는 곳으로 떠나곤 했던 그는 1981년부터 본격적으로 여행을 업(業)으로 삼고 세계를 누비기 시작했다.

잘 알려진 유럽이나 미주, 아시아 주요 국가 외에 라오스, 미얀마, 네팔, 스리랑카, 미크로네시아, 파푸아뉴기니, 요르단, 예멘, 레바논, 시리아, 모로코, 탄자니아, 케냐, 말리, 나미비아, 에티오피아, 파키스탄, 아프가니스탄, 이란, 방글라데시, 볼리비아, 마다가스카르, 캄차카, 카라코람하이웨이, 차마고도, 실크로드, 라다크, 샹그릴라, 히말라야, 동티베트 등 과거 쉽게 접근할 수 없었던 지역들을 '선발대'가 되어 다녀오곤 했다. 미개척 여행지들을 다니며 여행자들을 위한 정보를 모으고, 여행 인프라를 구축하고, 최적의 루트를 짜다 보니 어느새 국내에서는 '걸어 다니는 오지여행 백과사전'으로 통하게 되었다.

KBS '세상은 넓다' 1회에 출연했으며, '도전 지구탐험대' 등 다양한 여행정보 프로그램에 코디네이터로 참여하기도 했다. 신문, 잡지, 라디오 방송 등에 오지여행에 관한 인터뷰는 물론이고 여행 관련 칼럼을 수차례 기고했다.

가장 좋아하는 곳은 천 가지 색깔을 가진 나라 '인도'이고, 앞으로의 목표는 아직 가보지 못한 곳을 남김없이 가보는 것이다. 요즘은 남극대륙과 러시아의 쿠릴열도 여행 계획을 세우고 있으며, 언젠가 실크로드의 전 여정을 처음부터 끝까지 탐험해 보려고 한다. 기회가 주어진다면 아프가니스탄 사람들을 위해 봉사활동을 하고 싶다는 소박한 꿈도 가지고 있다.

이 책에 나온 여행지와 여행정보에 관해 더 자세히 알고 싶다면, 저자가 운영하고 있는 인터넷 오지여행 웹사이트 http://ozi.co.kr에서 확인할 수 있다.